高等职业技术教育机电类专业系列教材
机械工业出版社精品教材

变频器应用基础

第2版

主　编　石秋洁
副主编　肖　平　陈忠仁
参　编　唐　锋　何业军
主　审　张燕宾

U0379783

机 械 工 业 出 版 社

本书主要内容包括：认识变频器，变频与变压，变频调速时电动机的机械特性，提高转矩的方法，变频器的各种频率参数，变频器的加速与减速，变频器的控制端子及外接控制电路，变频调速系统闭环控制，变频器的安装、调试及干扰防范，变频调速拖动系统的设计，风机、水泵类负载变频调速应用实例，其他各类负载变频调速应用实例，变频器与其他设备的通信，高压变频及其应用，以及附录。

本书的特点是：将实验、实操融入到各项目中，在实验中提出问题、验证问题。本书从实用、实操的角度分析讲解，淡化理论，便于理解和接受。应用部分邀请变频专家编写，内容既新颖实用，又避免了理论计算。

本书可作为高职、中职和培养技能型人才的本科院校的电气、机电类专业的教材，也可作为短期培训班的教材，还可供相关工程技术人员参考。

为方便教学，本书配有免费电子课件及模拟试卷等，凡选用本书作为授课教材的学校，均可来电索取。咨询电话：010 - 88379375；电子邮箱：cmpgaozhi@ sina. com。

图书在版编目（CIP）数据

变频器应用基础/石秋洁主编 . —2 版 . —北京：机械工业出版社，2012. 12（2022. 1 重印）

高等职业技术教育机电类专业系列教材　机械工业出版社精品教材

ISBN 978-7-111-40243-5

Ⅰ . ①变…　Ⅱ . ①石…　Ⅲ . ①变频器 – 高等职业教育 – 教材

Ⅳ . ①TN773

中国版本图书馆 CIP 数据核字（2012）第 257223 号

机械工业出版社（北京市百万庄大街22 号　邮政编码100037）

策划编辑：于　宁　责任编辑：于　宁　王宗锋

版式设计：霍永明　责任校对：张　媛

封面设计：鞠　杨　责任印制：单爱军

北京虎彩文化传播有限公司印刷

2022 年 1 月第 2 版第 15 次印刷

184mm×260mm · 16 印张 · 395 千字

36 501—38 400 册

标准书号：ISBN 978-7-111-40243-5

定价：46. 80 元

电话服务　　　　　　　　　　网络服务

客服电话：010-88361066　　机 工 官 网：www. cmpbook. com

　　　　　010-88379833　　机 工 官 博：weibo. com/cmp1952

　　　　　010-68326294　　金 书 网：www. golden-book. com

封底无防伪标均为盗版　　机工教育服务网：www. cmpedu. com

前　言

本书第 1 版是 2003 年出版的高等职业技术教育机电类专业系列教材。它以介绍变频器应用为主要内容，并且第一次构架了变频器应用的教学体系，也是该类教材的第一个版本。随着更多的学校将《交流调速》改成了《变频器应用基础》，该教材受到了广大师生的热烈欢迎，近 10 年来，先后重印 16 次。随着变频应用技术的不断成熟，其应用领域也在不断扩展，因此迫切需要对该教材在内容和形式上进行补充和更新。

本书第 2 版以任务驱动形式编写，从解决问题的方面入手，切入项目或任务，并且补充了大量的实例、实验，不论是在形式还是在内容上都有了一个很大的飞跃。

本书补充了大量实验，在实验的构思上，尽量采用简单的设备，以兼顾到设备不全的学校。如 PID 闭环实验，在实验构思上摆脱了依靠成套设备的局限，反馈信号取自电位器，同样可以完成 PID 调节。

本书由广东省中山市中等专业学校石秋洁高级讲师任主编，广东省中山职业技术学院的肖平副教授、陈忠仁副教授任副主编，参加编写的还有广东明阳龙源电力电子有限公司的唐锋工程师和广东省中山职业技术学院的何业军老师。其中，石秋洁编写项目四、五、六、七、十、十二、十三及附录，并对全书进行了统稿；肖平编写项目一、二、三、九；陈忠仁编写项目十一；唐锋编写项目十四；何业军编写项目八。

本书由湖北省宜昌市自动化研究所张燕宾高级工程师主审。

在该书的编写过程中，还得到了广东明阳龙源电力电子有限公司的孙文艺、卢章辉两位副总经理和广东中山华源机电设备有限公司曾华春总经理的大力协助，在此一并表示衷心的感谢！

编　者

目　录

项目一　认识变频器

一、学习目标

1）了解变频器的内涵、变频器的组成原理。
2）了解异步电动机的结构、常见开关元器件的种类。
3）掌握变频器的接线、常规操作、参数测量。

二、问题的提出

变频可以节能，这是一般人都有的认识，变频为什么可以节能，变频的真正内涵是什么？变频器是如何工作、如何组成、如何操作的？这些是本项目所要解决的问题。

任务一　变频的内涵

随着变频空调、变频冰箱走入成千上万普通百姓的生活，人们对变频的认识就是节能，至于为什么能节能，大多数人并不关心。下面以空调为例来说明变频与不变频的区别。

普通空调：当室内实际温度与设定温度有差别时，压缩机起动工作，两温度差逐步缩小，直至它们基本相等时，压缩机停止工作。当室内实际温度与设定温度再度不同时，压缩机又起动，如此周而复始，以保证室内实际温度基本维持在一恒定的范围以内。可以看到：普通空调工作时压缩机的工作速度一定，它是以额定转速运行的。

变频空调：当室内实际温度与设定温度有差别时，压缩机起动工作，随着两温度差逐步缩小，压缩机的转速逐步降低，直至室内实际温度与设定温度基本相等时，压缩机以低速运转，维持一个低水平的制冷量，以保证室内实际温度基本维持在一恒定的范围以内。可以看到：变频空调工作时压缩机的速度是变化的，这就是它与普通空调的区别所在。

变频的内涵就是给电动机调速。

一、变频调速的原理

1. 异步电动机的结构

异步电动机由定子、转子及其他附件组成。

1）定子。异步电动机的定子由定子铁心和三相绕组构成，其中，三相绕组在空间上互差 $2\pi/3$ 电角度均匀地安放在定子铁心的槽内。三相绕组按适当方式（星形或三角形）连接后与三相电源相接，自电源吸取电功率。

2）转子。异步电动机的转子主要由转子铁心和转子绕组构成，它是电动机输出机械能、带动负载旋转的部分。其中，转子绕组自行闭合，不与电源相接；转子的功率是由定子吸取的电功率经电磁感应得来的。根据转子绕组的形式不同，异步电动机又可以分为笼型和绕线转子型两种。

2. 异步电动机的旋转原理

1）旋转磁场。在空间上互差$2\pi/3$电角度的三相定子绕组$U_1 - U_2$、$V_1 - V_2$、$W_1 - W_2$中通入在时间上互差$2\pi/3$相位角的三相交变电流i_U、i_V、i_W后，它们的合成磁场将是一个旋转磁场。两极旋转磁场示意图如图1-1所示。

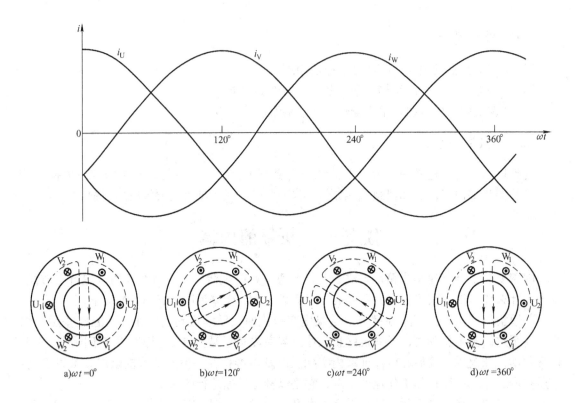

图1-1 两极旋转磁场示意图

磁场旋转的转速（即同步转速）n_0可用下式表示：

$$n_0 = \frac{60f_1}{p} \qquad (1\text{-}1)$$

式中，f_1为电流的频率；p为旋转磁场的磁极对数。

由式（1-1）知，如果频率可以调节成f_x的话，则同步转速n_{0x}也随之调节成

$$n_{0x} = \frac{60f_x}{p}$$

这是变频调速的基本原理。

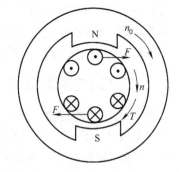

图1-2 异步电动机的工作原理图

2）异步电动机的旋转。在图1-2中，转子绕组切割旋转磁场，可以看做是磁场静止、转子绕组向反方向旋转切割磁力线，由右手定则可判断转子绕组中的电流方向，如图中所示。根据左手定则，载流的转子绕组在磁场中受到电磁力的作用，形成电磁转矩T，在T的作用下转子"跟着"定子的旋转磁场旋转起来。

3）转差率。由于转子绕组和旋转磁场之间必须有相对运动，转子绕组才能切割磁力

线，才能产生感应电流，从而产生电磁转矩，因此转子转速 n 与旋转磁场转速 n_0 之间一定存在着一个差值，我们把这个差值叫转差，用 Δn 表示，即

$$\Delta n = n_0 - n$$

转差 $n_0 - n$ 的存在是异步电动机运行的必要条件。如果频率调节为 f_x，则转差 Δn_x 可用下式表示：

$$\Delta n_x = n_{0x} - n_x \tag{1-2}$$

式中，n_{0x}、n_x 分别为频率为 f_x 时的同步转速及转速。

转差 $n_0 - n$ 与同步转速 n_0 的比值称为转差率，用 s 表示，即

$$s = \frac{n_0 - n}{n_0}$$

转差率的大小同样也能反映转子转速和电动机的工作状态，由上式可知：

$$n = n_0 (1 - s) = \frac{60 f_1}{p} (1 - s) \tag{1-3}$$

电动机在额定状态时，转子转速 n 通常与 n_0 相差不大，因此额定转差率一般都比较小，其范围 $s_N = 0.01 \sim 0.05$。例如：某 4 极（2 对磁极）电动机，在额定状态时，同步转速 $n_0 = 1500 \text{r/min}$，额定转速 $n_N = 1460 \text{r/min}$，$s_N \approx 0.027$。不同功率、不同磁极时的 n_0、n_N 之间的关系见表 1-1。

表 1-1　不同功率、不同磁极时的 n_0、n_N 之间的关系

p	$2p$	n_0/(r/min)	n_N/(r/min)	Δn/(r/min)	s	备　注
1	2	3000	2900	100	0.033	5.5~7.5kW
			2930	70	0.023	11~18.5kW
			2970	30	0.01	45~160kW
2	4	1500	1460	40	0.027	11~15kW
			1470	30	0.02	18.5~30kW
			1480	20	0.013	37~315kW
3	6	1000	960	40	0.04	3~5.5kW
			970	30	0.03	7.5~30kW
			980	20	0.02	37~250kW

二、变频器的构成框图

变频器是一种将工频交流电转换成任意频率交流电的仪器，并且可以拖动电动机带负载运行，因此它又是一个驱动器。变频器的构成框图如图 1-3 所示。

1. 主电路

输入：R、S、T 接工频电源。

输出：U、V、W 接电动机。

变频器首先将工频交流电整流成直流，再经过逆变将直流变成交流，在逆变的过程中实现频率的改变，通常主电路的电流很大。

2. 控制电路

控制电路是指图 1-3 中除主电路以外的部分。

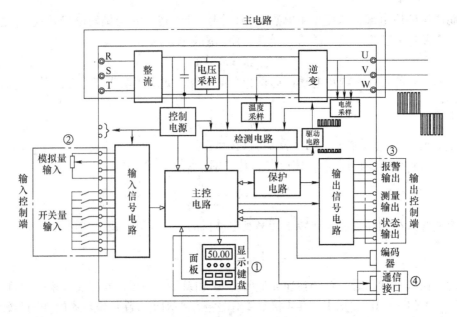

图1-3 变频器的构成框图

1）输入：有面板、输入控制端子、通信接口三种方式。给变频器的指令，如给定频率（希望变频器输出的频率）、起动信号等通过某一种输入端口进入变频器的CPU，从而实现对逆变电路的控制。

2）输出：有面板、输出控制端子两种方式。

变频器的输出频率、错误信号、工作状态可以通过上述端口输出。在输入/输出的过程中，具体选择哪种设备，可以通过操作模式（也叫控制通道）的选择来完成。图1-3中：面板①主要用于近距离、基本控制；输入输出控制端子②和③主要用于远距离、多功能控制；通信接口④主要用于多电动机、系统控制。

3）驱动电路：逆变电路主要由6只逆变管组成的逆变桥组成，逆变管始终处在交替的导通、关断状态。控制逆变管的导通、关断信号由CPU经计算确定，再由驱动电路使其具有一定的驱动功率，从而驱动逆变管工作。

4）保护电路：变频器在工作过程中实时采样主电路的直流电压、输出电流及逆变管的温度，一旦出现超标，保护电路将给出过电压、过电流及高温报错并关断逆变管，通过输出设备给出错误报警及错误代码。

任务二 变频器的主电路

一、变频器的分类

1. 按照变频器的用途来分

1）专用变频器。专用变频器是针对某一种（类）特定的控制对象而设计的，这种变频器均是在某一方面的性能比较优良，如风机用变频器、水泵用变频器、电梯及起重机械用变频器、中频变频器等。

2）节能型变频器和通用变频器。常见的中小容量变频器主要有两大类：节能型变频器和通用型变频器。

① 节能型变频器。由于节能型变频器的负载主要是风机、泵等二次方律负载，它们对调速性能的要求不高，因此节能型变频器的控制方式比较单一，一般只有 **V/F** 控制，功能也没有那么齐全，但是其价格相对要便宜些。

② 通用型变频器。通用变频器是变频器家族中数量最多、应用最广泛的一种，通用型变频器主要用在生产机械的调速上。生产机械对调速性能的要求（如调速范围，调速后的动、静态特性等）往往较高，若调速效果不理想则会直接影响到产品的质量，所以通用型变频器必须使变频后电动机的机械特性符合生产机械的要求。因此这种变频器功能较多，价格也较贵。它的控制方式除了 **V/F** 控制，还使用了矢量控制技术。因此，在各种条件下均可保持系统工作的最佳状态。除此之外，高性能的变频器还配备了各种控制功能，如 PID 调节、PLC 控制、PG 闭环速度控制等，为变频器和生产机械组成的各种开、闭环调速系统的可靠工作提供了技术支持。

2. 按变频器的主电路结构来分

1）交—交变频器。它是将频率固定的交流电源直接变换成频率连续可调的交流电源，其主要优点是：没有中间环节，变换效率高。但其连续可调的频率范围窄，一般在额定频率的 1/2 以下（$0<f<f_N/2$），故主要用于容量较大的低速拖动系统中。

2）交—直—交变频器。它是先将频率固定的交流电整流后变成直流，再经过逆变电路，把直流电逆变成频率连续可调的三相交流电，由于把直流电逆变成交流电较易控制，因此在频率的调节范围以及变频后电动机特性的改善等方面，都具有明显的优势。目前，使用最多的通用型变频器均属于交—直—交变频器。

另外，从滤波方式来分，可以分为电压型变频器和电流型变频器。

二、交—直—交变频器的主电路

对于使用最广泛的交—直—交变频器来说，从结构上可将其分成整流、逆变和制动三部分。交—直—交电压型变频器主电路如图 1-4 所示。

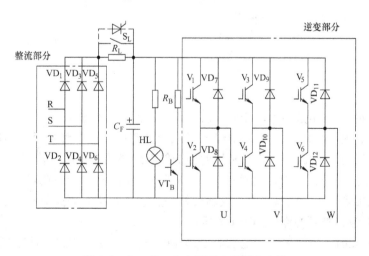

图 1-4　交—直—交电压型变频器主电路

现对图1-4中各部分的作用作如下说明。

1. 整流部分（交—直）

整流器是变频器中用来将交流变成直流的部分，它可以由整流单元、滤波电路及开启电流吸收回路组成。

1）整流单元：$VD_1 \sim VD_6$。图中的整流单元是由 $VD_1 \sim VD_6$ 组成的三相整流桥，它们将工频380V的交流电整流成直流，该平均直流电压可用下式表示：

$$U_D = 1.35U_L = 1.35 \times 380V = 513V$$

2）滤波电路：C_F。图中滤波电容 C_F 的作用是对整流电压进行滤波，使直流电压保持平稳。值得指出的是，C_F 是一个大容量的电容器，它是电压型变频器的主要标志，它通常是由多个同规格的小容量电容器并、串联而成。滤波电容及均压电阻如图1-5所示。由于电容参数的离散性，C_1、C_2 的值不会完全相等，为均衡 C_1、C_2 两端的电压，并入了均压电阻 R_{C1}、R_{C2}，若 $C_1 < C_2$ 则 $U_{C1} > U_{C2}$，此时通过 R_{C1}、C_2 的充电电流相对较大，以保证 C_1、C_2 两端的电压基本相等。

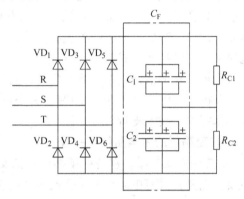

图1-5 滤波电容及均压电阻

如果均压电阻总是被烧坏，则最可能的原因是与其并联的电容器有损坏。

对电流型变频器来说，滤波的元件是电感。电流型变频器的滤波元件如图1-6所示。

3）开启电流吸收回路：R_L、S_L。在电压型变频器的二极管整流电路中，由于在电源接通时，C_F 中将有一个很大的充电电流，该电流有可能烧坏二极管，容量较大时还可能形成对电网的干扰，影响同一电源系统的其他装置正常工作，所以在电路中加装了由 R_L、S_L 组成的限流回路。刚开机时，R_L 串入电路，限制 C_F 的充电电流，充电到一定的程度后，S_L 闭合将其切除。

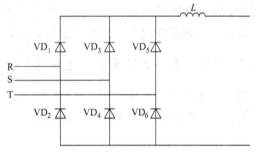

图1-6 电流型变频器的滤波元件

2. 逆变部分（直—交）

逆变部分的基本作用是将直流变成交流，是变频器的核心部分。

1）逆变桥。图1-4中，由 $V_1 \sim V_6$ 组成了三相逆变桥，逆变管导通时相当于开关接通，逆变管截止时相当于开关断开。现在常用的逆变管有绝缘栅双极晶体管（IGBT）、大功率晶体管（GTR）、门极关断（GTO）晶闸管、功率场效应晶体管（MOSFET）等。

2）续流二极管 $VD_7 \sim VD_{12}$。由于电动机是一种感性负载，因此其电压、电流之间有一个相位差 Φ。续流二极管的作用如图1-7所示。

当 u_1、i_1 同相时，电源做功，电动机工作在电动状态，此时电容通过逆变管向电动机放电。

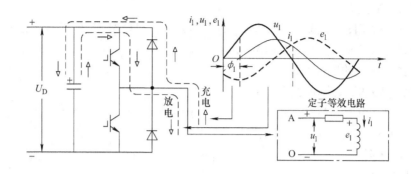

图1-7　续流二极管的作用

当 u_1、i_1 反相时，电动机做功，电动机工作在发电状态，此时电动机通过续流二极管向电容充电。

大家都知道，发电状态时，电动机是将自己储存的能量回馈电网，但在变频器中，由于直流部分将电动机与电源分开，电动机的能量只能给电容充电，如果电动机持续工作在发电状态，就有可能使直流侧过电压。

3. 制动部分

（1）制动电阻 R_B　变频调速在降速时处于再生制动状态，电动机是将自己储存的能量回馈电网，但回馈的能量到达直流电路，会使 U_D 上升，这是很危险的。因此，需要将这部分能量消耗掉，电路中的制动电阻 R_B 就是用于消耗该部分能量，如图1-4所示。

（2）制动单元　制动单元由大功率晶体管 VT_B 及采样、比较和驱动电路构成，其功能是为放电电流 I_B 流过 R_B 提供通路。当直流侧电压升高到极限值时 VT_B 导通，R_B 接入放电回路，如图1-4所示。

三、逆变原理

在组成交—直—交变频器的各电路中，逆变电路的工作较为复杂，现通过下述模型予以说明。

1. 单相逆变模型的工作原理

在图1-8所示的单相逆变电路的原理图中，当 S_1、S_4 同时闭合时，U_{ab} 电压为正。S_2、S_3 同时闭合时，U_{ab} 电压为负。

开关 $S_1 \sim S_4$ 轮番通断，可以将直流电压 U_D 逆变成交流电压 u_{ab}。

可以看到在交流电变化的一个周期中，一个臂中的两个开关，如 S_1、S_2 交替导通，每个开关导通 π 电角度。因此，交流电的周期（频率）可以通过改变开关通断的速度来调节，交流电压的

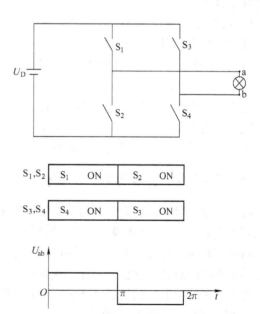

图1-8　单相逆变电路的原理图

幅值为直流电压幅值 U_D。

课堂练习：对于图1-8来说，假设 U_{ab} 的频率为 f，现调节 U_{ab} 的频率为 $3f$，试画出开关 $S_1 \sim S_4$ 的动作顺序图及 U_{ab} 的波形图。

2. 三相逆变模型的工作原理

三相逆变电路的原理图如图1-9所示。

图中，$S_1 \sim S_6$ 组成了桥式逆变电路，这6个开关交替地接通、关断就可以在输出端得到一个相位互相差 $2\pi/3$ 的三相交流电压。

当 S_1、S_4 闭合时，u_{U-V} 为正；当 S_3、S_2 闭合时，u_{U-V} 为负。

用同样的方法可得：

S_3、S_6 同时闭合和 S_5、S_4 同时闭合，得到 u_{V-W}；S_5、S_2 同时闭合和 S_1、S_6 同时闭合，得到 u_{W-U}。

为了使三相交流电 u_{U-V}、u_{V-W}、u_{W-U} 在相位上依次相差 $2\pi/3$；各开关的接通、关断需符合一定的规律，其规律在图1-9b 中已标明。根据该规律可得 u_{U-V}、u_{V-W}、u_{W-U} 波形如图1-9c 所示。

观察6个开关的位置及波形图，可以发现以下两点：

1）各桥臂上的开关始终处于交替打开、关断的状态，如 S_1、S_2。

2）各相的开关顺序以各相的"首端"为准，互差 $2\pi/3$ 电角度。如 S_3 比 S_1 滞后 $2\pi/3$，S_5 比 S_3 滞后 $2\pi/3$。

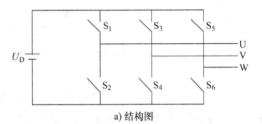

a) 结构图

b) 开关的通断规律

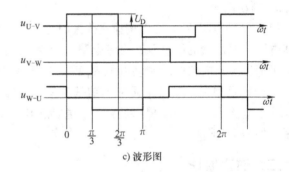

c) 波形图

图1-9 三相逆变电路的原理图

上述分析说明，通过6个开关的交替工作可以得到一个三相交流电，只要调节开关的通断速度就可调节交流电频率，当然交流电的幅值可通过 U_D 的大小来调节。需要说明的是，这个交流电不是正弦波，而且交流电的正负半周之间有 $\pi/3$ 的死区，如图1-9c 所示。

四、变频器中的半导体开关器件

经上述分析可知，逆变电路的工作是在逆变管高频率的通断下完成的。如果输出的交流电频率为50Hz，逆变管则需每 $0.01s$ 通断一次（通断频率为100Hz），参见图1-9。如此高的通断速度普通的开关器件是不能胜任的。直到大功率晶体管开关器件技术成熟，才使得逆变电路具有实用意义，这也是为什么直到现代变频器才得以推广应用的原因。

电力电子开关器件的发展经历了以下几个阶段。

1. 门极关断（GTO）晶闸管

门极关断晶闸管是在普通晶闸管（SCR）的基础上发展而来的。从结构上来说，它有三个极：阳极（A）、阴极（K）、门极（G），其工作特点是：它是通过门极信号进行接通和关断的晶闸管，其工作特点如下。

（1）导通条件　在门极和阴极之间加一正向电压，即 G（+）、K（−），GTO 晶闸管导通。

（2）关断条件　在门极和阴极之间加一反向电压，即 G（−）、K（+），GTO 晶闸管关断。GTO 晶闸管基本电路如图 1-10 所示。GTO 晶闸管可以方便地通断，是一种无触点开关，因此成为逆变电路中的主要开关元件。但是 GTO 晶闸管的关断需极大的反向脉冲，控制容易失败，工作频

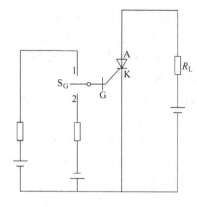

图 1-10　GTO 晶闸管基本电路

率也不够高，所以 GTO 晶闸管在中小容量变频器中已经被新型的大功率晶体管（GTR）所取代，但是在大容量变频器中，GTO 晶闸管以其工作电流大、耐压高的特性，仍得到普遍应用。

2. 大功率晶体管（GTR）

1）结构。大功率晶体管又叫双极型晶体管（BJT），GTR 在结构上常采用达林顿结构的形式，即由多个晶体管复合组成大功率的晶体管，同时还可将反相续流二极管与 GTR 组成一个模块。GTR 模块的内部电路如图 1-11 所示。

GTR 也像普通的晶体管一样，有三个极，分别是基极（B）、发射极（E）、集电极（C）。

2）GTR 的工作特征。像普通的晶体管一样，GTR 也有三种工作状态，即放大、饱和、截止。在电力电子应用领域中，GTR 主要工作在开关状态，即饱和和截止状态。

由于 GTR 工作在大功率电路中，因此管子的功耗是一个

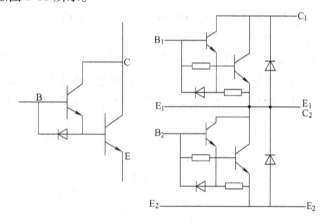

图 1-11　GTR 模块的内部电路

不容忽视的问题，GTR 在截止和饱和状态时其功耗是很小的，但是在放大状态时其功耗将增大百倍，因此，逆变电路中的 GTR 在交替切换的过程中是不允许在放大区稍做停留的。GTR 具有自关断能力，还具有开关时间短、饱和压降低、安全工作区宽等特点，因此广泛用于交流调速、变频电源中。在中小容量的变频器中，它曾一度占据了主导地位。GTR 所需的驱动功率较大，故基极驱动系统较复杂，从而使工作频率难以提高，这是 GTR 存在的不足之处。

3. 功率场效应晶体管（MOSFET）

MOSFET 与场效应晶体管一样，也有三个极，分别是源极（S）、漏极（D）和栅极（G），管子的连接及工作特性也基本与场效应晶体管一样。MOSFET 是一个电压控制型器

件，所需的驱动功率很小，使用方便，开关频率比较高。其缺点是击穿电压及工作电流都不是特别大，所以应用不是特别广泛。

4. 绝缘栅双极晶体管（IGBT）

IGBT 是一种结合了大功率晶体管（GTR）和功率场效应晶体管（MOSFET）两者特点的复合型器件，它有三个极：集电极（C）、发射极（E）、栅极（G）。IGBT 的基本电路如图 1-12 所示，控制信号为 u_{GE}，输入阻抗很高，$I_G \approx 0$，它既有 MOS 器件的工作速度快、驱动功率小的特点，又具备了大功率晶体管的电流大、导通压降低的优点。

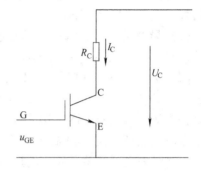

图 1-12　IGBT 的基本电路

由于 IGBT 性能优良，已全面取代了大功率晶体管而成为中小容量电力变流装置中的主力器件，并广泛用于交流变频调速、开关电源及其他设备中。同时，IGBT 的单管容量也不断提高，并开始进入中、大容量的电力变流装置中。目前，单管 IGBT 的各项指标参数提高很快，用 IGBT 作为逆变器的变频器容量也从原来的250kVA 有了大幅提高。

任务三　变频器操作实验

要使变频器工作、电动机旋转，需要完成以下几个内容。

1. 变频器的主电路接线

变频器的主回路端子：通常用 R、S、T 表示工频电源的输入端；U、V、W 表示变频器的输出端，变频后的交流电通过该端子送给电动机。变频器在实际应用中，还需要和许多外接的配件一起使用，如低压断路器、交流接触器等。变频器的主接线如图 1-13 所示。

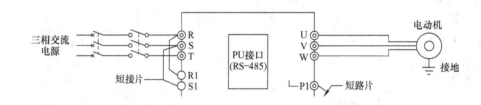

图 1-13　变频器的主接线

图 1-13 中，PU 接口（RS-485）可以与其他设备相连，如操作面板、PLC、触摸屏（GOT）等。

2. 输入给定频率、给出变频器运行信号

给定频率：希望变频器输出的频率。

变频器运行信号：变频器按照给定频率向电动机输出电压，电动机旋转。

以上两项，当选择不同的操作模式时（也叫控制通道），可以通过操作面板、输入端子、上位机完成。

常用变频器的通道选择功能见表 1-2。

表 1-2　常用变频器的通道选择功能

型号	功能码	功能名称	可选数据码
三菱 FR-A700	P. 79	操作模式选择	0：面板选择；1：PU；2：外部；3：组合1；4：组合2
		给定频率通道	
森兰 SB70	F0—01	给定频率通道	0：F0—00 数字给定；1：通信给定；2：UP/DOWN 调节值；3：AI1
	F0—02	运行命令通道	0：操作面板；1：端子；2：通信控制
富士 G11S	F01	频率设定	0：键盘设定；1：端子（0～+10V）设定；2：端子（4～20mA）设定
	F02	运行操作	0：键盘操作；1：由外部端子输入运行命令

一、变频器面板及工作模式介绍

三菱 FR-A 系列变频器的控制面板如图 1-14 所示。

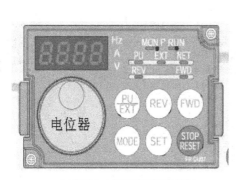

a) 三菱FR·A700变频器控制面板　　　　b) 三菱FR·A540变频器控制面板

图 1-14　三菱 FR-A 系列变频器的控制面板

1. 面板介绍

1）各发光二极管的含义见表 1-3。

表 1-3　发光二极管的含义

发光二极管	含义	说明
Hz	显示频率时，灯亮	变频器的显示内容可以是输出频率、电压、电流中的任意一个，也可以通过设置显示其他内容
V	显示电压时，灯亮	
A	显示电流时，灯亮	
MON	显示器处于监视模式时，灯亮	
EXT	外部操作模式时，灯亮	EXT、PU 灯同时亮时，表示变频器为组合操作模式
PU	面板（PU）操作模式时，灯亮	
REV	电动机反转	
FWD	电动机正转	
RUN	变频器运行时，灯亮	正转时灯亮，反转时灯闪

2) 各按键的功能见表1-4。

表1-4 按键的功能

按键	说明
MODE	可用于选择操作模式和给定模式
SET	用该键确认给定的频率和参数，或读出功能码中的数据
面板电位器或▲/▼	●用于连续增加或降低运行频率。旋转电位器可改变频率 ●在参数给定模式旋转电位器，则可连续给定参数
REV	用于给出反转指令
FWD	用于给出正转指令
STOP/RESET	●用于停止变频器的运行 ●用于保护功能动作输出停止时，使变频器复位（故障时）

2. 变频器的工作模式

三菱 A700 变频器有三种工作模式，分别是监视模式、参数设定模式和报警历史查询，按动"MODE"键，可在三种模式之间进行切换。三菱 A700 变频器的三种工作模式如图 1-15 所示。

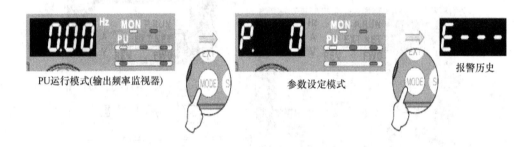

图 1-15 三菱 A700 变频器的三种工作模式

三菱 A500 变频器有五种工作模式，分别是监视模式、频率给定模式、参数设定模式、操作模式和帮助模式。

1) 监视模式：MON 灯亮，在该模式下，显示器显示变频器的输出电压、输出电流、输出频率等参数。如监视频率时，Hz 灯亮。在该模式下，连续按动"SET"键，监视内容可在频率、电流、电压之间进行切换。三菱 A700 变频器的监视模式如图 1-16 所示。

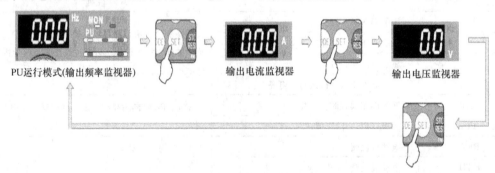

图 1-16 三菱 A700 变频器的监视模式

2）操作模式（也叫运行模式）：该模式用来确定给定频率和电动机的起动信号是由外部给定还是由操作面板给定。操作模式有外部操作（EXT）、PU 操作、PU 点动操作三种。A700 变频器没有单独列出，但操作过程中是用"PU/EXT"键切换的。A500 变频器可用"▲/▼"键在三种操作模式中进行切换，A500 变频器的外部操作屏幕显示为"OP. nd"。三菱 A700 变频器的操作模式变化如图 1-17 所示。

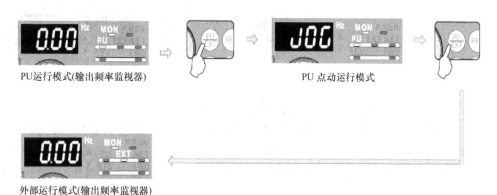

图 1-17　三菱 A700 变频器的操作模式变化

① PU 操作（PU 运行）：给定频率、电动机的起动信号都是从操作面板给出。此时 PU 灯亮，显示器显示 PU 。

② PU 点动操作（PU 点动运行）：给定频率从操作面板上用数字量给出，电动机的起动信号由面板给出。此时 PU 灯亮，显示 JOG 。

③ 外部操作（外部运行）：给定频率、电动机的起动信号都是通过变频器控制端子给出。此时 EXT 灯亮。

3）给定频率的调整：该过程在 PU 操作模式下（PU 灯亮）才有效，是从面板上预置给定频率的（Hz 灯亮）。A700 变频器是在监视频率的情况下，用面板电位器来调整的；A500 变频器用"▲/▼"键改变频率值，调整完成时，要按住"SET"键 1.5s，将给定频率写入才有效。图 1-18 是将给定频率从 0Hz 改成 50Hz 的操作过程。

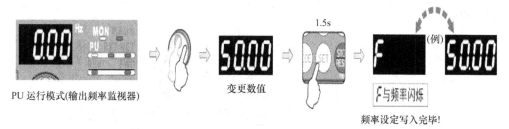

图 1-18　三菱 A700 变频器给定频率的调整

4）参数设定模式：该模式在 PU 操作模式下（PU 灯亮）有效，也是从面板上预置参数的。图 1-19 是将功能码 P. 79 的值预置为 2 的实例 。在参数设定模式 P. 0 状态下，调节面板电位器至 P. 79（A500 变频器用"▲/▼"键增减），按下"SET"键读取 P. 79 中原来的值为 0，更改为 2 后，按下"SET"键 1.5s 写入预置值并更新。需要说明的是，在 A700 系列变频器中 P. xx 与 Pr. xx 是等价的。

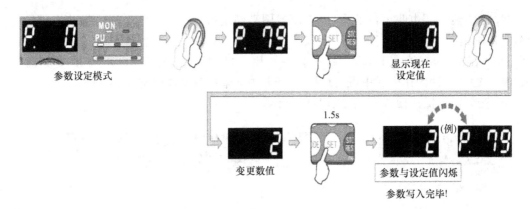

图 1-19　三菱 A700 变频器的参数调整

5）"全部清除"操作：该功能是清除所有输入的参数，恢复到变频器的出厂设置。在使用变频器前建议使用该功能。A700 变频器在参数设定模式下，旋转面板电位器使数值变小至 Pr. C，继续旋小电位器至 ALLC，如图 1-20 所示，将其数值由 0 变 1 后写入即可。

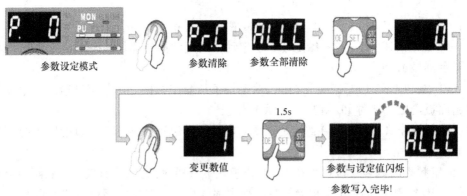

图 1-20　全部清除

A500 变频器的"全部清除"操作在帮助模式中，如图 1-21 所示。选中"ALLC"选项，其操作过程同上。

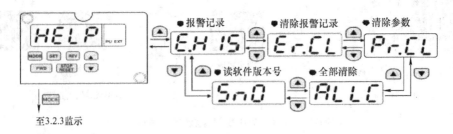

图 1-21　帮助模式

二、变频器的面板操作及运行

（一）操作目的

了解并熟悉变频器各种运行模式的操作及显示特点。

熟练掌握变频器运行方式的切换和参数的预置方法。

（二）操作内容

1. 熟悉变频器的面板操作

仔细阅读变频器的面板介绍，掌握在监视模式下（MON 灯亮）显示 Hz、A、V 的方法，以及变频器的操作方式，PU 操作（PU 灯亮）、外部操作（EXT 灯亮）之间的切换方法。

1）全部清除操作。在操作开始前要进行一次"全部清除"操作，使变频器的所有参数恢复为出厂设置（此时 P. 79 = 0），步骤如下：

- 确认变频器的 PU 灯亮，即使变频器工作在 PU 操作模式。
- 按"MODE"键至参数设定模式。
- 旋转面板电位器使数值变小，至 ALLC。
- 按"SET"键，请参阅"面板介绍"一节。

2）参数预置。在操作变频器时，通常要根据负载和用户的要求，向变频器预置一些参数，如：上、下限频率，加、减速时间等。

例如：将上限频率预置为 50Hz，上限频率的功能码为 P. 1 = 50，预置可按下列步骤进行：

- 按"MODE"键改变变频器的工作模式，直至参数给定模式，此时显示 P. 。
- 旋转面板电位器改变功能码，使功能码为 1。
- 按"SET"键读出原数据。
- 旋转面板电位器更改，使数据改为 50。
- 按住"SET"键 1.5s 写入给定。

如果此时显示器交替显示功能码 P. 1 和参数 50.00，则表示参数预置成功（即已将上限频率预置为 50Hz）。否则预置失败，必须重新预置。试预置下列参数：

下限频率为 5Hz（P. 2）；加速时间为 10s（P. 7）；减速时间为 10s（P. 8）。

2. 变频器的运行

1）试运行。变频器正式投入运行前应试运行。试运行可选择运行频率为 5Hz 点动运行，此时电动机应旋转平稳，无不正常的振动和噪声，能够平滑地增速和减速。

① PU 点动运行。

- 按"MODE"键至"监控模式"，MON 灯亮。
- 按"PU/EXT"键至 PU 点动操作（即 JOG 状态），PU 灯点亮。
- 按住"REV"或"FWD"键，电动机旋转，松开则电动机停转。

② 外部点动运行。

- 按图 1-22 接线。
- 预置点动频率 P. 15 为 6Hz。
- 预置点动加减速时间 P. 16 为 10s 。
- 按"MODE"键选择"监控模式"。
- 按"PU/EXT"键选择外部操作模式，EXT 灯亮。
- 保持起动信号（变频器正、反转控制端子 STF 或 STR）为 ON，即 STF 或 STR 与公共点 SD 接

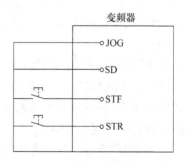

图 1-22 外部点动接线图

通，点动运行。

2）变频器的 PU 运转。

PU 运转就是利用变频器的面板直接输入给定频率和起动信号。

- 预置基本频率 P.3 为额定频率 50Hz。
- 预置给定频率为 60Hz：按"MODE"键选择"监控模式"，同时 Hz 灯亮，旋转电位器至 60。
- 按"FWD"（或"REV"）键电动机起动。测出相关数值，并将数值填入表 1-5。
- 旋转面板电位器，按表 1-5 中的频率值改变给定频率，读出各相应电压值并将结果填入表 1-5 中。

表 1-5 转速及电压测量值

频率/Hz	60	50	40	30	20	5
输出电压/V						

（三）思考题

1. 预置点动频率 P.15 = 6Hz 时，是在什么样的操作模式下？在外部操作模式下（EXT 灯亮时）能输入参数值吗？

2. 给定频率为 60Hz、50Hz 时，变频器对应的输出电压有何特征？

三、变频器的外部运行、组合运行

（一）操作目的

了解外部、组合运行与 PU 运行的差别。

掌握外部及组合运行的方法。

（二）操作内容

操作之前应当先做"全部清除"的操作，此时 P.79 = 0。

1. 外部运行

外部运行：就是给定频率及电动机的起动信号，都是通过变频器控制端子的外接线（外部）来完成，而不是用变频器的操作面板输入的。

给定频率：用外接电位器的模拟电压给定，电位器接 10、5 端，中间抽头接 2。外接频率给定电位器的接线如图 1-23 所示。

起动信号：STF（或 STR）处给出。

1）按"MODE"键至操作模式，用"PU/EXT"键使外部操作模式 EXT 灯亮（或直接设定 P.79 = 2）。

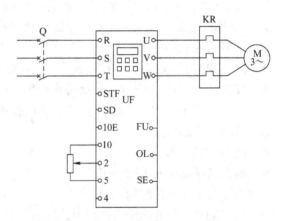

图 1-23 外接频率给定电位器的接线

2）使起动开关 STF（或 STR）处于 ON，表示运行的 RUN 灯点亮（如果 STF 和 STR 同时都处于 ON，电动机将不起动）。

3）加速→恒速。将外接频率给定电位器慢慢旋大，显示频率数值从 0 慢慢增加至 50Hz。

4）减速。将外接频率给定电位器慢慢旋小，显示频率数值回至 0Hz，电动机停止运行。

5）反复重复 3）、4）步，观察调节电位器的速度与加、减速时间的关系。

6）要使变频器停止输出，只需将起动开关 STF（或 STR）置于 OFF 即可。

2. 组合运行

组合运行是指给定频率和起动信号分别由操作面板和外接线给出。其特征就是 PU 灯和 EXT 灯同时发亮，通过预置 P.79 的值可以选择组合运行模式。

1）组合运行模式 1。当 P.79 = 3 时，选择组合运行模式 1，其含义为：起动信号由外接线给定，给定频率由操作面板给出。

- 预置 P.79 = 3。
- 预置基本频率 P.3 = 50Hz。
- 预置转矩提升（电压补偿）P.0 = 20。
- 使起动开关 STF（STR）处于 ON，RUN 灯亮。
- 给定频率用面板电位器来预置，预置值为 50Hz。

2）组合运行模式 2。当 P.79 = 4 时，选择组合运行模式 2，其含义为：起动信号由操作面板的 FWD（或 REV）给出，而给定频率由外接电位器给出。

- 预置 P.79 = 4。
- 按下面板上的"FWD"（或"REV"）键，RUN 灯亮。
- 加、减速：将外接电位器旋动从小→大，观察频率的变化。
- 将频率顺序调至 65Hz、55Hz、45Hz、35Hz、25Hz、15Hz、5Hz，记录相对应的电压。

3. 各种运行模式的混合使用

1）预置上限频率为 60Hz。

2）预置加、减速时间为 10s。

3）分别用 PU 运行、外部运行、组合运行三种运行模式，使变频器运行在 50Hz 的频率下。

4）记录以上三种操作的步骤。

任务四　变频器相关内容拓展

一、变频器的应用

变频调速已被公认为最理想、最有发展前途的调速方式之一，其优势主要体现在以下几方面。

1. 变频调速的节能

采用变频调速后，风机、泵类负载的节能效果最明显，节电率可达到 20% ~ 70%，这是因为风机、水泵的耗用功率与转速的三次方成正比例，当用户需要的平均流量较小时，风机、泵的转速较低，其节能效果是十分可观的。而传统的挡板和阀门进行流量调节时，耗用功率变化不大。由于这类负载很多，约占交流电动机总容量的 60%～70%，因此它们的节能就具有非常重要的意义。据不完全统计，我国已经进行变频改造的风机、泵类负载约占总容量的 40% 以上，年节电约 400 亿千瓦时。由于风机、水泵、压缩机在采用变频调速后，可以节省大量电能，所需的投资在较短的时间内就可以收回，因此在这一领域中，变频调速应用也最多。目前应用较成功的有恒压供水，中央空调，各类风机、泵的变频调速。特别值得指出的是恒压供水，由于使用效果很好，现在已形成了典型的变频控制模式，广泛应用于城乡生活用水、消防等行业。恒压供水不仅可节省大量电能，而且延长了设备的使用寿命。一些家用电器，如家用空调器的调频节能也取得了很好的效果。

对于一些在低速运行的恒转矩负载，如传送带等，变频调速也可节能。除此之外，原有调速方式耗能较大者（如绕线转子异步电动机等），原有调速方式比较庞杂、效率较低者，（如龙门刨床等），采用了变频调速后，节能效果也很明显。

2. 变频调速在电动机运行方面的优势

变频调速很容易实现电动机的正、反转。只需要改变变频器内部逆变管的开关顺序，即可实现输出换相，也不存在因换相不当而烧毁电动机的问题。

变频调速系统起动大都是从低速区开始，频率较低。加、减速时间可以任意设定，故加、减速过程比较平缓，起动电流较小，可以进行较高频率的起停。

变频调速系统制动时，变频器可以利用自己的制动回路将机械负载的能量消耗在制动电阻上，也可回馈给供电电网，但回馈给电网需增加专用附件，投资较大。除此之外，变频器还具有直流制动功能，需要制动时，变频器给电动机加上一个直流电压进行制动，无需另加制动控制电路。

3. 以提高工艺水平和产品质量为目的的应用

变频调速除了在风机、泵类负载的应用以外，还可以广泛应用于传送、卷绕、起重、挤压、机床等各种机械设备控制领域。它可以提高企业产品的成品率，延长设备的正常工作周期和使用寿命，使操作和控制系统得以简化，有的甚至可以改变原有的工艺规范，从而提高了整个设备控制水平。

例如，许多行业中用的定型机，机内温度是靠改变送入热风的多少来调节的。输送热风通常用的是循环风机，由于风机速度不变，送入热风的多少只有用风门来调节。如果风门调节失灵或调节不当，就会造成定型机温度失控，从而影响成品质量。循环风机高速起动，传动带与轴承之间磨损非常厉害，使传动带变成了一种易耗品。在采用变频调速后，温度调节可以通过调节风机的速度来完成，解决了产品质量问题，风机在低频低速下起动减少了传动带、轴承的磨损，延长了设备寿命，还有一项收获就是节能，节能率达到 40%。

二、变频器的外接主电路、各元器件的作用及选择

变频器在实际应用中，还需要和许多外接的配件一起使用。图 1-24 所示的变频器外接主电路中，Q 是低压断路器，KM 是接触器的主触点，UF 是变频器。其主要电器的选择如下。

1. 低压断路器（Q）

现代的低压断路器都具有过电流保护功能，选用时应充分考虑电路中是否有正常过电流，以防止过电流保护功能的误动作。

$$I_{QN} \geqslant (1.3 \sim 1.4) I_N$$

式中，I_{QN} 为断路器的额定电流（A）；I_N 为变频器的额定电流。

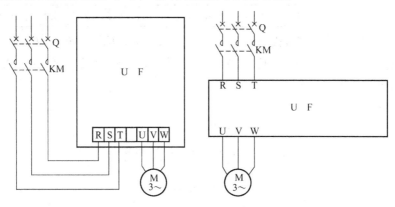

a) 实际接线　　　　　　　　　　　　b) 电路符号

图 1-24　变频器的外接主电路

2. 接触器

由于接触器自身并无保护功能，不存在误动作的问题。故选择原则是，主触点的额定电流 I_{KN} 大于或等于变频器的额定电流，即

$$I_{KN} \geqslant I_N$$

3. 保护电器

1）熔断器（FU）。可仿照低压断路器的选择方法来选。

2）热继电器（KR）。热继电器的发热元件的额定电流 I_{RN} 可按下式选择：

$$I_{RN} \geqslant (1.1 \sim 1.15) I_{MN}$$

式中，I_{MN} 为电动机的额定电流（A）。

4. 主电路线径的选择

1）电源与变频器之间的导线。一般说来，和同容量普通电动机的电线选择方法相同。考虑到其输入侧的功率因数往往较低，应本着宜大不宜小的原则来决定线径。

2）变频器与电动机之间的导线。因为频率下降时，电压也要下降，在电流相等的情况下，线路电压降 ΔU 在输出电压中占的比例将上升，而电动机得到电压的比例则下降，有可能导致电动机带不动负载并发热。所以，在决定变频器与电动机之间导线的线径时，最关键的因素便是线路电压降 ΔU 的影响。一般要求：

$$\Delta U \leqslant (2 \sim 3)\% U_N$$

ΔU 的计算公式是

$$\Delta U = \frac{\sqrt{3} I_{MN} R_0 l}{1000} \tag{1-4}$$

式中，ΔU 是线路电压降（V）；I_{MN} 为电动机的额定电流（A）；R_0 为单位长度（每米）导线的电阻（mΩ/m）；l 为导线的长度（m）。

为了便于读者进行选择，今将常用电动机引出线的单位长度电阻值列于表 1-6 中。

表1-6　电动机引出线的单位长度电阻值

标称截面积/mm²	1.0	1.5	2.5	4.0	6.0	10.0	16.0	25.0	35.0
R_0/（mΩ/m）	17.8	11.9	6.92	4.40	2.92	1.73	1.10	0.69	0.49

【实例】 某电动机的主要额定参数如下：$P_{MN}=30kW$，$U_{MN}=380V$，$I_{MN}=57.6A$，$n_{MN}=1460r/min$。变频器与电动机之间的距离为60m，原选导线截面积为10mm²，采用变频调速后，线径是否需要加粗？

解： 允许的电压降为

$$\Delta U = 0.02 \times 380V = 7.6V$$

根据式（1-4）得

$$7.6V = \frac{\sqrt{3} \times 57.6A \times R_0 \times 60m}{1000}$$

整理计算得

$$R_0 = 1.269\Omega/m$$

由表1-6知，导线截面积以加粗到16mm²为宜。

三、实物变频器的内部构成解析

现在的变频器内部由2~3块板构成，如图1-25所示，常见的有：

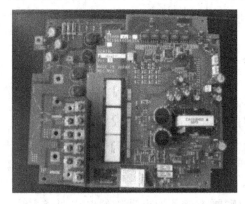

a) 电源板

b) 驱动板

c) CPU板

d) 主电路板

图1-25　实物变频器的内部构成

1. 主电路板

通常由整流模块（6只整流管）、滤波电容、逆变模块（6只逆变管），但大容量的变频器的整流管和逆变管通常都是分离元件的。

2. 驱动板

通常驱动板上有明显的 6~7 路光耦驱动电路，它们分别为 6 只逆变管和制动单元的通断提供门极驱动。驱动板也是变频器的故障多发地区。

3. 电源板

电源板提供多路多电压的开关电源，由开关变压器、开关管、滤波电容输出 5V、20V、24V 给 CPU、驱动电路及风扇。

4. CPU 板

CPU 板是变频器的心脏，它可以根据给定频率分析计算各逆变管的开关点，还可以根据检测值判断变频器的工作是否正常等，指挥变频器各部分协调工作。

也有很多变频器是将以上内容合并成 1~2 块板的，如施耐德、西门子等变频器，主电路板、驱动板都合二为一了。

项 目 小 结

一、异步电动机、变频器的结构

1）磁场旋转的转速 $n_0 = \dfrac{60f_1}{p}$，调 f 时，n_{0x} 也随之改变。

2）转差 Δn：转子转速 n 与旋转磁场转速 n_0 之间一定存在着的差值。

转差率 s：转差 $n_0 - n$ 与同步转速 n_0 的比值，$s = \dfrac{n_0 - n}{n_0}$。

3）变频器的主电路：交—直—交变频器的核心部分是逆变模块，它通过 6 只逆变管的规律通断，将直流变成交流，变频其实就是控制逆变管的通断频率。

4）由于逆变管的通断频率很高，电流很大，所以必须使用无触点的电力电子器件。在经历了 GTO 晶闸管、GTR 后，现在广泛使用的是绝缘栅双极晶体管（IGBT）。

二、熟悉掌握变频器的一般操作

变频器的一般操作包括：

1）复位、清零，改变监视内容，不同工作模式间的转换。

2）给定频率和起动信号是变频器运行的两个必要条件，有了它们，变频器才可能输出电压，驱动电动机变频运行。

3）在不同的操作模式下，如 PU、外部、组合模式，控制电动机变频运行。

思 考 题

1. 变频的内涵是什么？

2. 变频为什么可以调速？

3. 交—直—交变频器主电路、控制电路各由哪几部分组成？

4. 均压电阻的作用是什么？如果均匀电阻总是被烧坏，最可能的原因是什么？

5. 如果变频器出现过电压、过电流报警，变频器测量的是哪部分电压、电流？

6. 逆变管为什么要用大功率晶体管？用交流接触器可以吗？

7. 续流二极管的作用是什么？如果不并接续流二极管会有什么结果？

8. 简述制动单元、制动电阻的作用。

9. 简述三相逆变器如何将直流电逆变为频率可调的三相交流电。这种交流电与三相对称交流电相比有哪些欠缺？

10. 三菱变频器的工作模式有哪五种？操作模式有哪三种？

项目二　变频与变压

一、学习目标

1）了解变频变压的相互关系及变频变压的实现方法。
2）了解异步电动机的电压、电流平衡方程。
3）掌握变频器测量的相关知识及技巧。

二、问题的提出

实验：变频器接通电源、电动机，调节不同的给定频率，分别用数字式、指针式万用表测量输出电压并将测量值填入表 2-1。

表 2-1　频率与电压的关系

f/Hz	5	10	15	20	30	40	50	55	60	70
U（指针式）/V										
U（数字式）/V										
U（变频显示）/V										

问题提出：

1）50Hz 以下频率变电压也变，50Hz 以上频率变电压不变，维持额定电压，为什么？
2）为什么用数字式万用表测量输出电压时非常不稳定？
3）为什么用指针式万用表测量输出电压值比变频器显示的电压值大？为什么在低频时的误差尤其大？

任务一　变频与变压概述

一、异步电动机的平衡方程

1. 异步电动机的等效电路

异步电动机的转子能量是通过电磁感应得到的。定子和转子之间在电路上没有任何联系。异步电动机的定、转子等效电路如图 2-1 所示。

图 2-1 中，$\dot{U}_1$ 为定子的相电压；$\dot{I}_1$ 为定子的相电流；r_1、x_1 为定子每相绕组的电阻和漏抗（漏磁感抗）；$\dot{E}_{2s}$、$\dot{I}_{2s}$、x_{2s} 分别是转子电路中产生的电动势、电流、漏电抗；$\dot{E}_1$ 为每相定子绕组的反电动势，它是定子绕组切割旋转磁场而产生的，其有效值可计算如下：

$$E_1 = 4.44 f_1 k_{N1} N_1 \Phi_M \tag{2-1}$$

式中，k_{N1} 为与绕组结构有关的常数；N_1 为每相定子绕组的匝数。

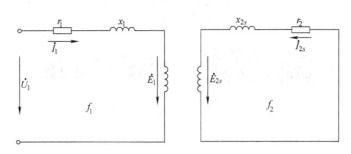

图2-1 异步电动机的定、转子等效电路

由电动机的基础知识可知：转子回路的频率$f_2 = sf_1$，与转差率成正比，所以转子回路中的各电量也都与转差率成正比。

为了方便定量分析定、转子之间的各种数量关系，我们希望将定子、转子放在一个电路中。由于定子、转子回路的频率、绕组匝数不同，所以必须进行折算。异步电动机折算后的等效电路如图2-2所示。

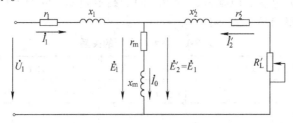

图2-2 异步电动机折算后的等效电路

图2-2中，r_m为励磁电阻，是表征异步电动机铁心损耗的等效电阻；x_m为励磁电抗，是表征铁心磁化能力的一个参数；I_0为励磁电流；R'_L为机械负载的等效电阻，$R'_L = \dfrac{1-s}{s}r'_2$，在$R'_L$上消耗的功率就相当于异步电动机输出的机械功率；$\dot{I}'_2$、$\dot{E}'_2$、$r'_2$、$x'_2$等参数是经过折算后的转子参数。

2. 平衡方程式

从图2-2中我们可以很方便地得到异步电动机在运行过程中的关系式。

1）定子侧的电动势平衡方程式

$$\dot{U}_1 = -\dot{E}_1 + \dot{I}_1(r_1 + jx_1) \tag{2-2}$$

由于$\dot{E}_1$和$\dot{I}_1(r_1 + x_1)$用来平衡电源电压$\dot{U}_1$，而在额定频率下$\dot{I}_1(r_1 + x_1)$所占比例很小，可忽略，所以电压和电动势的有效值近似相等，即

$$U_1 \approx E_1$$

2）转子电动势平衡方程

$$\dot{E}'_2 = \dot{I}'_2 R'_L + \dot{I}'_2 r'_2 + j\dot{I}'_2 x'_2 \tag{2-3}$$

如果将上式乘以$\dot{I}'_2$，则$\dot{E}'_2\dot{I}'_2$为通过气隙传送到转子上的电磁功率，$I'^2_2 R'_L$为转子轴上输出的总机械功率，$I'^2_2 r'_2$为转子铜耗，由于所占比例很小，所以转子的功率绝大部分都转换成了机械功率。

3）电流平衡方程

$$\dot{I}_1 = -\dot{I}'_2 + \dot{I}_0 \tag{2-4}$$

上式表明：定子电流可以分成两部分，其中很小一部分 $\dot{I}_0$ 用来建立主磁通 Φ_1，而大部分用来平衡转子侧的感应电流，使转子能够得到足够的能量拖动负载。

3. 异步电动机的功率及转矩

由异步电动机的等效电路可以清楚地看到，三相异步电动机的功率传递过程是：由定子向电源吸取电功率，经电磁感应传递到转子，称为电磁功率，该功率使转子产生电磁转矩，从而转换成机械功率，带动负载旋转。

1）异步电动机的功率传递。异步电动机在功率传递的过程中，不可避免地会有功率损耗，可用图 2-3 来表示三相异步电动机的功率流程图。

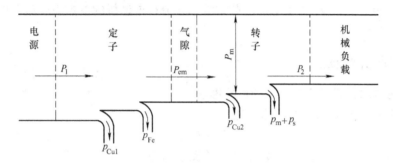

图 2-3　三相异步电动机功率流程图

图 2-3 中，P_1 是定子向电源吸取的电功率；P_{em} 是传递到转子的电磁功率；P_m 是电动机轴上的总机械功率；P_2 是传递给负载的机械功率；p_{Cu1}、p_{Cu2} 是定子、转子铜损，是在定、转子绕组上的损耗；p_{Fe} 是铁损，是在铁心上的损耗；p_m、p_s 是机械损耗、附加损耗。其中：

$$P_{em} = 3E'_2 I'_2 \cos\phi_2 = 3I'^2_2 \frac{r'_2}{s} \tag{2-5}$$

由于损耗的存在，在功率传递的过程中，要不断地扣除各种损耗，比如负载得到的机械功率 P_2 可用下式表示：

$$P_2 = P_m - (p_m + p_s) \tag{2-6}$$

由于不断地扣除损耗，负载得到的机械功率 P_2 比电动机向电源吸取的电功率 P_1 要小。电动机的效率可用下式表示：

$$\eta = P_2/P_1$$

2）异步电动机的转矩。

① 转矩平衡方程式：将式（2-6）两边同除以机械角速度 Ω 得到

$$\frac{P_2}{\Omega} = \frac{P_m}{\Omega} - \frac{p_m + p_s}{\Omega} \tag{2-7}$$

即
$$T_2 = T - T_0$$

式中，T 为电动机的电磁转矩（$T = P_{em}/\Omega \approx P_m/\Omega$）；$T_2$ 为电动机的输出机械转矩，也等于负载的阻转矩，即 $T_2 = T_L$；T_0 为电动机的空载转矩。

T_L 和 T_0 均为制动转矩，它们与电磁转矩 T 方向相反，只有满足转矩平衡方程式后电动机才能以一定的转速稳定运转。本书为简便起见，认为 T_L 中包括 T_0，所以转矩平衡方程式可表示为

$$T \approx T_L$$

② 电磁转矩的运行表达式：由式（2-7）得

$$T = \frac{P_m}{\Omega} = \frac{9550 P_m}{n} \tag{2-8}$$

式中，P_m 的单位为 kW；n 的单位为 r/min；T 的单位为 N·m。此式常用于根据电动机或负载的功率、转速计算转矩的场合。

③ 电磁转矩的物理表达式：

$$T = C_T \Phi_M I'_2 \cos\phi_2 \tag{2-9}$$

式中，C_T 为转矩常数；Φ_M 为主磁通。此式常用来分析电动机的参数发生改变时，电动机电磁转矩如何变化。

二、变频也需变压

1. 变频对电动机定子绕组反电动势的影响

定子绕组的反电动势 E_1 的表达式为

$$E_1 = 4.44 f_1 k_{N1} N_1 \Phi_M$$

由于 $4.44 k_{N1} N_1$ 为常数，所以定子绕组的反电动势 E_1 可用下式表示：

$$E_1 \propto f_1 \Phi_M \tag{2-10}$$

在定子侧电动势平衡方程式（2-2）中有：

$$\dot{U}_1 = -\dot{E}_1 + \dot{I}(r_1 + jx_1) = -\dot{E}_1 + \Delta\dot{U}$$

式中，$\Delta\dot{U}$ 为电动机定子绕组阻抗压降，$\Delta\dot{U} = \dot{I}_1(r_1 + jx_1)$。

在额定频率时，即 $f_1 = f_N$ 时，可以忽略 $\Delta\dot{U}$，可得到：

$$U_1 \approx E_1 \tag{2-11}$$

因此可写出：

$$U_1 \approx E_1 \propto f_1 \Phi_M \tag{2-12}$$

由于 U_1 没有变化，所以 E_1 也可认为基本不变。现设从额定频率 f_N 向下调节频率，此时 Φ_M 将增加，即

$$f_1 \downarrow \rightarrow \Phi_M \uparrow$$

由于额定工作时电动机的磁通已接近饱和，Φ_M 的继续增大，将会使电动机铁心出现深度饱和，这将使励磁电流急剧升高，导致定子电流和定子铁心损耗急剧增加，使电动机回路因过电流而跳闸。可见变频调速时，单纯调节频率是行不通的。

2. 额定频率以下的变频

为解决上述问题，我们希望在调节频率 f_1 的同时能够维持 Φ_M 不变（即恒磁通控制方式）。当在额定频率以下调频，即 $f_1 < f_N$ 时，为了保证 Φ_M 不变，根据式（2-10）得

$$\Phi_M = \frac{E_1}{f_1} = 常数 \tag{2-13}$$

也就是说，在频率 f_1 下调时也同步下调反电动势 E_1，可以实现恒磁通调速，但是由于

E_1 是定子反电动势，不易控制，所以根据 $U_1 \approx E_1$ 可将上式改写成：

$$\varPhi_M \approx \frac{U_1}{f_1} = 常数 \tag{2-14}$$

通过以上分析可知：在额定频率以下调频（$f_1 < f_N$）时，调频的同时调压可以近似实现恒磁通调速，这里的误差主要是忽略了 ΔU，这样的忽略在额定频率 f_N 附近时，其误差是可以接受的，但在低频时，其误差就会影响到电动机的运行性能。

3. 额定频率以上的变频

电动机工作在额定频率时，其定子电压也应是额定电压，即

$$f_1 = f_N \qquad U_1 = U_N$$

在额定频率以上调频时，U_1 就不能跟着上调了，否则电动机将过电压。于是在 f_N 以上调速时，只能向上调频率，不能向上调电压，此时电压必须保持 $U_1 = U_N$ 不变。

$$\varPhi_M \approx \frac{U_1}{f_1} \qquad f_1 \uparrow \rightarrow \varPhi_M \downarrow$$

也就是说，在 f_N 以上调速会使得主磁通降低，称其为弱磁通调速。其结果将引起电动机电磁转矩等参数变小，但不会使电动机跳闸。

三、变频变压的实现方法

1. SPWM 的概念

要使变频器在频率变化的同时，电压也同步变化，并且维持 $U_1/f_1 =$ 常数，技术上有两种实现方法，即脉幅调制（PAM）和脉宽调制（PWM）。

脉幅调制（PAM）：其指导思想就是在调节频率的同时也调节整流后直流电压的幅值 U_D，以此来调节变频器输出交流电压的幅值。由于 PAM 既要控制逆变回路，又要控制整流回路，且要维持 $U_1/f_1 =$ 常数，所以这种方法控制电路很复杂，现在已很少使用。

脉宽调制（PWM）：它的指导思想是将输出电压分解成很多的脉冲，调频时控制脉冲的宽度和脉冲间的间隔时间就可控制输出电压的幅值。脉宽调制的输出电压如图 2-4 所示。

脉冲的宽度 t_1 越大，脉冲的间隔 t_2 越小，输出电压的平均值就越大。为了说明 t_1、t_2 和电压平均值之间的关系，我们引入了占空比的概念。所谓占空比，是指脉冲宽度与一个脉冲周期的比值，用 γ 表示，即

$$\gamma = \frac{t_1}{t_1 + t_2} \tag{2-15}$$

因此，可以说输出电压的平均值与占空比成正比，调节电压输出就可以演化为调节占空比的宽度，所以叫脉宽调制。图 2-4a 为调制前的波形，电压周期为 T_N，图 2-4b 为调制后的波形，电压周期为 T_x。与图 2-4a 相比，图 2-4b 的电压周期增大（也就是说频率降低），电压脉冲的幅值不变，而占空比则减小，故平均电压降低。

由于变频器的输出是正弦交流电，即输出电压的幅值是按正弦波规律变化，因此在一个周期内的占空比也必须是变化的，也就是说在正弦波的幅值部分，γ 取大一些，在正弦波到达零处，γ 取小一些，如图 2-5 所示。可以看到这种脉宽调制，其占空比是按正弦规律变化的，因此这种调制方法被称为正弦波脉宽调制，即 SPWM。

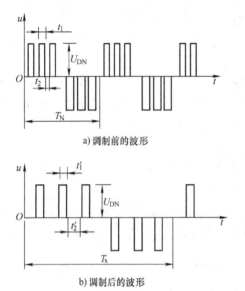

a) 调制前的波形

b) 调制后的波形

图 2-4 脉宽调制的输出电压

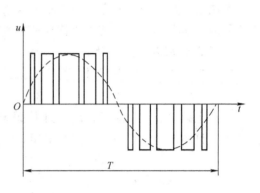

图 2-5 SPWM 的输出电压

SPWM 的脉冲系列中，各脉冲的宽度 t_1 和脉冲之间的间隔 t_2 都是变化的，多数变频器是用双极性脉宽调制方法来确定 t_1、t_2 的大小。图 2-6 是 PWM 逆变的简单原理图。图中逆变器输出的交流信号是由 $V_1 \sim V_6$ 的交替导通、关断产生的，其中 V_1 和 V_2 轮流导通得到 A 相交流电压的正、负半波；同样，其他管子的导通可得到三相交流电的 B 相和 C

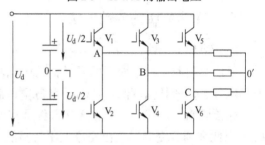

图 2-6 PWM 逆变器的简单原理图

相。V_1、V_2 何时导通、何时关断也就是 t_1、t_2 的大小，是由基准波也叫调制波（正弦波）和载波（等腰三角波）的交点来决定的。其工作过程将在下文详细叙述。

2. 单极性 SPWM

在单极性的调制方式中，调制波为正弦波 u_r，A 相为 u_{ra}，载波为单极性的等腰三角波 u_t，如图 2-7a 所示。表 2-2 是以 A 相为例，说明单极性 SPWM 调制规律。

表 2-2 单极性 SPWM 调制规律

正半周	$u_{ra} > u_t$	V_1 导通	V_2 截止
	$u_{ra} < u_t$	V_1 关断	
负半周	$u_{ra} > u_t$	V_2 导通	V_1 截止
	$u_{ra} < u_t$	V_2 关断	

从表 2-2 中可以看到：

1）$u_{ra} > u_t$ 时，逆变管 V_1、V_2 导通，决定了 SPWM 系列脉冲的宽度 t_1；$u_{ra} < u_t$ 时，逆变管 V_1、V_2 截止，决定了 SPWM 系列脉冲间的间隔宽度 t_2。

如图 2-7b 所示，若降低调制波的幅值为 u'_{ra}，则各段脉冲的宽度将变窄，从而使输出电压的幅值也相应减小。

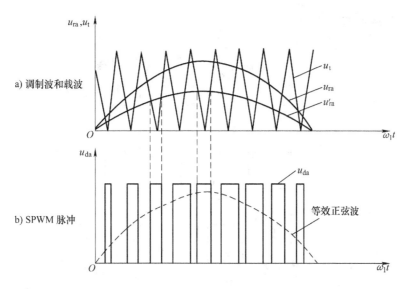

图 2-7　单极性 SPWM 调制

2）每半个周期内逆变桥同一桥臂的两个逆变管，只有一个按规律时通时断地工作，另一个则完全截止。而在另半个周期内，两个管子的工况正好相反。流经负载的便是正负交替的交变电流，如图 2-8 所示。

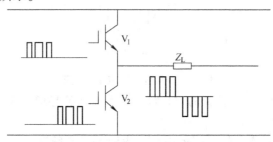

图 2-8　单极性 SPWM 调制特点

可以看到：**单极性 SPWM 逆变器输出的交流电压和频率均可由调制波电压 u_r 来控制。**只要改变 u_r 的幅值，就改变了输出电压的大小，而只要改变 u_r 的频率，输出交流电压的频率也随之改变，可见只要控制调制波 u_r 的频率和幅值，就可以既调频又调幅。由于控制对象只有一个 u_r，所以控制电路相对要简单一些。

3. 双极性脉宽调制

双极性脉宽调制是目前使用最多的方法，其特征是调制波（基准波）信号 u_r 与载波信号 u_t 均为双极性信号，在双极性 SPWM 方法中，所使用的基准信号为可变频变幅的三相对称普通正弦波 u_{ra}、u_{rb}、u_{rc}，其载波信号为双极性三角波 u_t，如图 2-9a 所示 。现仍以 A 相为例予以说明。

1）其调制规律为：不分正、负半周，只要

$u_{ra} > u_t$　　　　V_1 导通、V_2 截止，u_{AO} 输出为正。

$u_{ra} < u_t$　　　　V_2 导通、V_1 截止，u_{AO} 输出为负。

2）调制波和载波的交点决定了逆变桥输出相电压的脉冲系列，此脉冲系列也是双极性的，如图 2-9b 所示，图中只画出了 u_{AO} 为正时的脉冲系列。由于 $u_{AB} = u_{AO} - u_{BO}$，由相电压合成的线电压的脉冲如图 2-9c 所示。

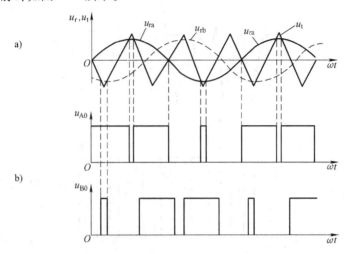

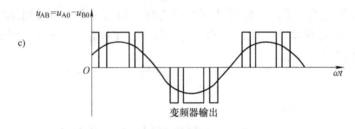

图 2-9 双极性 SPWM 调制波形

3）逆变桥在工作时，同一桥臂的两只管子不停地交替导通、关断。而流过负载的是按线电压规律变化的交变电流。

通过以上分析可知：**变频器输出的电压、电流是频率很高的高频输出量，由于输出的 SPWM 调制波的脉冲宽度基本上是正弦分布，因此输出谐波成分大为减少。**

4. SPWM 的开关点

由上面叙述可以看到：SPWM 的脉冲序列的产生是由基准正弦波和三角载波信号的交点所决定的，且每一个交点都是逆变器同一桥臂上两只逆变管的开、关交替点，因此将这个交点称作 SPWM 的开关点，CPU 必须将所有交点的时间坐标计算出来，才能有序地向逆变器发出通断指令。

调节频率时，基准正弦波的频率和幅值都要改变，载波信号（三角波）与基准正弦波的交点也将发生变化。所以每次调节频率后，开关点的坐标都需要重新计算，计算量之大是人工难以完成的。只有通过计算机才能在最短的时间内将开关点的坐标计算出来，从而控制各逆变管实时通断来完成变频、变压的任务。

任务二　变频器主电路参数的测量

问题：为什么用指针式万用表测量输出电压值比变频器显示的电压值大？

为什么用数字式万用表测量输出电压时非常不稳定？

一、输出电压的测量

1. 电磁式仪表

工程上测量交流电的指针式仪表基本上都属于电磁式仪表，其设计工作频率为50Hz，指针式万用表亦是。要回答上述问题需先看看它的结构。电磁式仪表测电压如图2-10所示。

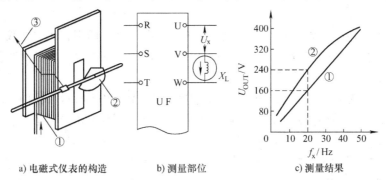

a) 电磁式仪表的构造　　　b) 测量部位　　　c) 测量结果

图2-10　电磁式仪表测电压

图2-10a中，①是线圈，用于通入被测电流I_x；②是铁心，当线圈中通入电流后，铁心将被吸入；③是指针，与铁心同轴，其偏转角取决于铁心的吸入程度。

电磁式电压表的工作原理如下：

被测电压$U_x \uparrow \to I_x \uparrow \to$铁心吸入多$\to$指针的偏转角$\uparrow$。

$f_x \downarrow \to X_L = 2\pi f_x L \downarrow \to I_x \uparrow$。

即：在电压相等的情况下，频率降低，流入线圈的电流将增大。因此，在低频情况下，电磁式电压表测量结果大于实际值，如图2-10c所示。图2-10c中，曲线①是准确测量的结果，曲线②是电磁式电压表测量的结果。例如，当$f_x = 20$Hz时，准确的测量结果是160V，而电磁式电压表的测量结果却是240V。

2. 数字式仪表

数字式仪表的基本测量过程是，每隔一段时间测量一次（采样一次），把测量结果记录下来，然后对一段时间内各次的测量结果取平均值，如图2-11所示。

在采样脉冲到来时，仪表采样输出电压，由于采用脉冲的波形是频率固定的系列脉冲，而被测电压的波形是经脉宽调制后的脉冲序列，两种脉冲常常不能重合。

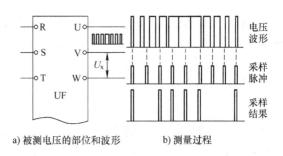

a) 被测电压的部位和波形　　　b) 测量过程

图2-11　数字式仪表测输出电压

就是说，只能采样到部分被测电压的脉冲；当采样到的脉冲个数较多时，输出电压就偏大，反之输出电压就偏小。因此数字式万用表测量输出电压时非常不稳定，基本上没有什么参考意义。

3. 整流式仪表

整流式仪表使用的是磁电式仪表的表头，其基本结构如图2-12a所示。图中，①是永久磁铁；②是偏转线圈，用于通入被测电流I_x；③是磁钢，用于作为磁路的一部分；④是指针，与偏转线圈同轴。

磁电式电压表的工作原理如下：

被测电压 $U_x \uparrow \rightarrow I_x \uparrow \rightarrow$ 线圈受到的电磁力 $\uparrow \rightarrow$ 指针偏转角 $\uparrow$。

由于偏转线圈必须做得十分轻盈，故线圈的匝数不可能很多，线圈的电阻值就比较小。当测量电压时，必须串联一个电阻值比线圈电阻大得多的附加电阻，所以测量电路基本上是电阻性质的。

如果电流方向改变，则线圈所受电磁力的方向也要改变。所以，磁电式仪表只能用于测量直流量，而不能测量交变量。当测量交流电压时，必须先把被测量整流成直流电压而成为整流式仪表，如图 2-12b、c 所示。

整流式电压表测量变频器输出电压时的测量结果如图 2-12d 所示。图中，曲线①是准确的测量结果，曲线②是整流式电压表的测量结果，可见，两者是十分接近的。

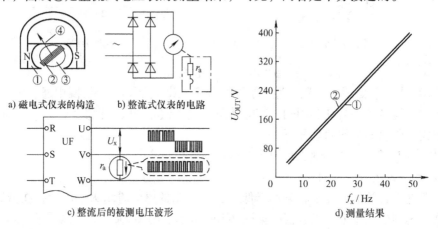

a) 磁电式仪表的构造　　　b) 整流式仪表的电路

c) 整流后的被测电压波形　　　d) 测量结果

图 2-12　整流式仪表测输出电压

二、输入电流的测量

各种仪表直接测量电流时的最大测量范围只有 5A，超过 5A 时，通常要借助于是电流互感器。非正弦电流的测量如图 2-13 所示。

由于变频器的输入电流中含有大量的高次谐波成分，电流的总有效值为

$$I_{IN} = \sqrt{I_1^2 + I_5^2 + I_7^2 + \cdots} \qquad (2-16)$$

式中，I_{IN} 是变频器的输入电流（A）；I_1 是输入电流中的基波电流（A）；I_5、I_7、…是输入电流中的 5 次谐波、7 次谐波等（A）。

电流互感器在测量频率较高的电流时，误差是比较大的。除了铁心的磁导率 μ 下降外，其互感器绕组和仪表绕组的感抗的上升也会使测得的电流值变小。

以测量 7 次谐波电流为例，说明如下：

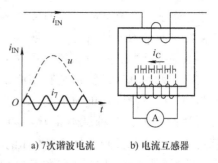

a) 7 次谐波电流　　　b) 电流互感器

图 2-13　非正弦电流的测量

$$X_L = 2\pi f L$$
$$f_7 \uparrow \rightarrow X_{L7} \uparrow \rightarrow I_7' \downarrow$$

其中，I'_7 是互感器二次侧的 7 次谐波电流。

由于所测各谐波电流小于实际的谐波电流，即

$$I'_5 < I_5 \text{、} I'_7 < I_7 \text{、} I'_{11} < I_{11} \text{、} \cdots$$

所以，用电流互感器（包括钳形电流表）测量变频器的输入电流时，所得的电流读数小于实际值。

三、功率的测量

1. 在变频器输出电路中的接法

因为通往电动机的三相电流是对称的，所以只需用两块单相功率表就可以测量三相电功率了，接法如图 2-14 所示。

2. 在变频器输入电路中的接法

变频器的输入侧是三相整流桥电路，其三相输入电流常常是不平衡的。所以，在测量三相输入功率时，必须分别测量每相的功率，然后把三个表的测量结果相加，得到三相电功率，如图 2-14 所示。

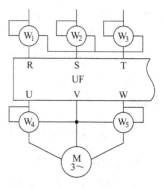

图 2-14　功率的测量

项 目 小 结

一、异步电动机运行时的相互关系

1. 平衡方程式

（1）定子电动势平衡方程式

$$\dot{U}_1 = -\dot{E}_1 + \dot{I}(r_1 + jx_1) = -\dot{E}_1 + \Delta\dot{U} \qquad U_1 \approx E_1$$

（2）电流平衡方程 $\qquad \dot{I}_1 = -\dot{I}_2 + \dot{I}_0$

（3）转矩平衡方程式 $\qquad T = T_L$

2. 电磁转矩的表达式

（1）电磁转矩的运行表达式 $\qquad T = \dfrac{P_m}{\Omega} = \dfrac{9550 P_m}{n}$

（2）电磁转矩的物理表达式 $\qquad T = C_T \Phi_M I'_2 \cos\phi_2$

二、变频与变压的关系

1. $f_x < f_N$ 时，恒磁通调速

恒磁通调速条件： $\qquad \Phi_M = \dfrac{E_1}{f_1} = 常数 , \quad \Phi_M \approx \dfrac{U_1}{f_1} = 常数$

2. $f_x > f_N$ 时，弱磁通调速

弱磁调速 $\qquad \Phi_M \approx \dfrac{U_1}{f_1} \qquad$ 因为 $U_1 = U_N \qquad$ 所以 $f_1 \uparrow \rightarrow \Phi_M \downarrow$

三、变频变压的实现方法

正弦波脉宽调制（SPWM）：变频器的输出电压是一组幅值相同、占空比按正弦规律变化的高频脉冲。

SPWM 的开关点：SPWM 的脉冲序列的产生是由基准正弦波 u_r 和三角载波信号 u_t 的交点所决定的，且每一个交点都是逆变器同一桥臂上两只逆变管的开、关交替点，这个交点即 SPWM 的开关点。

变频变压方法：调节 f_x 时，基准正弦波的频率和幅值都要改变，载波信号与基准正弦波的交点也将发生变化。调节 f_x 后，开关点的坐标都需要重新计算，从而控制各逆变管实时通断来完成变频、变压的任务。

四、变频器主电路参数的测量

1. 输出电压的测量

1）电磁式仪表：电磁式电压表测量结果大于实际值，在低频情况下，误差大到没有什么参考意义。

2）数字式万用表测量输出电压时非常不稳定，基本上没有什么参考意义。

3）整流式电压表测量输出电压时结果比较准确，但是它只能用于测量直流量，而不能测量交变量，因此测量时需要先把被测量整流成直流电压。

2. 输入电流的测量

由于变频器的输入电流中含有大量的高次谐波成分，用电流互感器（包括钳形电流表）测量变频器的输入电流时，所得的电流读数小于实际值。

3. 功率的测量

在变频器输出电路中，三相电流是对称的，可用两块单相功率表测量三相电功率。

在变频器输入电路中，三相输入电流常常是不平衡的，因此必须分别测量每相的功率，然后把三个表的测量结果相加。

思 考 题

1. 写出异步电动机运行时定子、转子电动势平衡方程、电流方程、转矩平衡方程，并解释其意义。

2. 电动机电磁转矩的表达式有哪两种，分别使用在什么场合？

3. 在何种情况下变频也需要变压，在何种情况下变频不能变压？为什么？

4. 恒磁通调速的条件是什么？我们通常采用的是一种近似的条件，为什么？它们的差别在哪里？

5. 变频变压的实现方法有哪两种？试简述其特点。

6. 什么是占空比？PWM 和 SPWM 有什么区别？

7. 什么是 SPWM 的开关点？

8. 测量变频器的输出电压时，常用万用表或其他电磁式仪表，这种仪表在低频时误差很大，为什么？采用数字式仪表可以吗？

9. 测量变频器的输入电流时，常用钳形电流表，测量结果如何？为什么？

10. 测量变频器输入、输出功率时，测量方法有何不同？为什么？

项目三　变频调速时电动机的机械特性

一、学习目标

1. 了解电动机机械特性的基本知识。
2. 了解各类负载的机械特性。
3. 掌握电动机变频后机械特性的特点及有效转矩线的应用。
4. 了解转矩减小的原因。

二、问题的提出

直流电机一直是调速的首选，特别是直流调速在低速时的带负载能力一直被业界称道。评价一种调速方式的好坏，通常是看它与直流调速效果的吻合程度。变频调速与直流调速相比其过载能力稍逊色一些，特别是低速时这种差距尤为明显。要找到原因，首先要了解电动机变频后机械特性的特点，进而找到解决问题的方法。

任务一　异步电动机及各类负载的机械特性

生产机械运行时常用转矩表示其负载的大小。在电力拖动系统中，存在着两个主要转矩：一个是生产机械的负载转矩 T_L，一个是电动机的电磁转矩 T。这两个转矩与转速之间的关系分别称为负载的机械特性 $n = f(T_L)$ 和电动机的机械特性 $n = f(T)$。由于电动机和生产机械是连在一起的，电动机的机械特性与负载的机械特性的交点，就是电力拖动系统的工作点，这个工作点必须满足一定的过载能力，拖动系统才会有良好的工作状态。因此为了满足生产工艺过程的要求，正确选配电力拖动系统，除了研究电动机的机械特性外，还需要了解负载的机械特性。

一、异步电动机的机械特性

异步电动机的机械特性是指电动机在运行时，其转速与电磁转矩之间的关系。异步电动机工作在额定电压、额定频率下，由电动机本身固有的参数所决定的 $n = f(T)$ 曲线，称为电动机的自然机械特性。异步电动机机械特性如图 3-1 所示。只要确定曲线上的几个特殊点，就能画出电动机的机械特性。

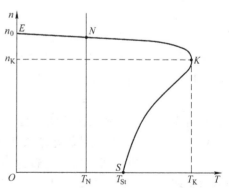

图 3-1　异步电动机机械特性

1. 理想空载点

即图中的 n_0 点，在这点上电动机以近似同步

转速 n_0 运行（$s=0$），其电磁转矩 $T=0$。

2. 起动点

即图中的 S 点，在起动点上，电动机已接通电源，但尚未起动。对应这一点的转速 $n=0$（$s=1$）的电磁转矩称为起动转矩 T_{st}，起动时带负载的能力一般用起动倍数来表示，即

$$K_{st} = T_{st}/T_N$$

式中，T_N 为额定转矩。

3. 临界点

临界点 K 是一个非常重要的点，其电磁转矩为临界转矩 T_K，它表示了电动机所能产生的最大的电磁转矩，如果负载转矩大于 T_K，则电磁转矩始终小于负载转矩，电动机将一直减速，直至停止。因此它是机械特性稳定运行区和非稳定运行区的分界点。此时的转差率称为临界转差率，用 s_K 表示。

$$s_K = \frac{r'_2}{\sqrt{r_1^2 + (x_1 + x'_2)^2}} \approx \frac{r'_2}{x_1 + x'_2} \tag{3-1}$$

$$T_K = \frac{3pU_1^2}{4\pi f_1 \left[r_1 + \sqrt{r_1^2 + (x_1 + x'_2)^2} \right]} \tag{3-2}$$

电动机正常运行时，需要有一定的过载能力，一般用 β_m 表示，即

$$\beta_m = \frac{T_K}{T_N} \tag{3-3}$$

普通电动机的 $\beta_m = 2.0 \sim 2.2$，而对某些特殊用途电动机，其过载能力可以更高一些。

上述分析说明：T_K 的大小影响着电动机的过载能力，T_K 越小，为了保证过载能力不变，电动机所带的负载就越小。根据式（1-3）知：$n_K = n_0 (1 - s_K)$，s_K 越小，n_K 越大，机械特性就越硬。因此在调速过程中，T_K、s_K 的变化规律常常是关注的重点。特别在研究变频后的机械特性时，T_K、s_K 就显得尤其重要。

二、电动机的稳定运行

1. 电动机稳定运行状态

当电动机稳定运行时：$T = T_L$。由于电动机的额定转矩是 T_N，因此电动机轴上所带的最大负载转矩也只能在电动机的额定转矩 T_N 的附近变化，如图 3-2 中的 A 点。A 点的转矩平衡方程可近似写成：

$$T = T_N$$

2. 电动机工作点的动态调整过程

由于负载波动，当负载转矩增大为 T'_L 时，此时电磁转矩 $T < T'_L$，电动机将减速。转速的下降又使电动机的电磁转矩增大，当 $T = T'_L$ 时，转速不再下降，电动机在 C 点运行。即

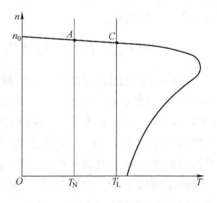

图 3-2　异步电动机的稳定运行

$$T_L \uparrow \rightarrow T < T'_L \rightarrow n \downarrow \rightarrow T \uparrow \rightarrow T = T'_L$$

三、异步电动机的起动和制动

1. 异步电动机的起动

电动机从静止状态一直加速到稳定转速的过程，称为起动过程。电动机起动时起动电流很大，可以达到额定电流的 5~7 倍，而起动转矩 T_{st} 却并不很大，一般 $T_{st} = (1.8~2) T_N$。为了减小起动电流，常用降低电压的方法来起动。

笼型异步电动机常见的减压起动方法有：自耦变压器减压起动、Y-△起动、定子串电阻或串电抗减压起动等。

2. 异步电动机的制动

电动机在工作过程中，如电磁转矩方向和转子的实际旋转方向相反，就称为制动状态。

制动有再生制动（又称回馈制动）、直流制动（又称能耗制动）和反接制动，其中后两种常用在使电动机迅速停止的过程中。

1）再生制动。再生制动就是因某种原因，转子转速 n 超过旋转磁场转速 n_0，此时旋转磁场切割转子绕组的方向与电动状态时相反，因而，转子电动势 E'_2、转子电流 I'_2、电磁转矩 T 均会反向。电磁转矩 T 就变成了制动转矩，如图 3-3 中的 B 点。在此状态下，转子电流方向的改变必将导致定子电流方向的改变，这样，使电能传送的方向发生了改变，电动机此时不再消耗能量，而是将拖动系统的动能再生给了电网。

图 3-3 异步电动机的再生制动

发生再生制动的实例有：起重机械在重物下降时，重物的重力加速度可能使电动机的转速超过同步转速；变频调速系统中，当通过降低频率来减速时，在频率刚降低的瞬间，电动机的同步转速小于实际转速。异步电动机变频调速时的再生制动如图 3-4 所示。

当原来电动机稳定运行于曲线①的 Q 点时，频率突然下降，则机械特性变为曲线②，但因 n 不能突变，工作点跳变至 B 点，产生反向制动转矩 T，电动机进入再生制动状态，系统开始沿曲线②减速，直到稳定运行于 Q' 点。

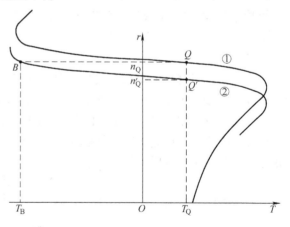

图 3-4 异步电动机变频调速时的再生制动

2）直流制动。直流制动与再生制动都可以使电动机减速，只是前者将拖动系统的能量完全消耗掉了，而后者将能量"再生"给了电网。

四、负载的机械特性

生产机械的负载转矩 T_L 是阻转矩，大部分情况下与电动机的电磁转矩 T 方向相反。不同负载的机械特性是不一样的，可以归纳为以下几种类型。

1. 恒转矩负载

恒转矩负载是指那些负载转矩与速度无关，并始终保持为恒定值的负载，例如起重机、卷扬机、带式运输机、各种机床的进给机构等机械负载。由式（2-8）知，负载的机械功率 P_L 可表示为

$$P_L = T_L n_L / 9550 \tag{3-4}$$

因此恒转矩负载有以下两个基本特征：

1）不同的转速下，负载转矩基本恒定。

2）负载的功率与转速成正比。

恒转矩负载的机械特性和功率特性见图3-5中的曲线①、②。

2. 恒功率负载

恒功率负载是指转矩 T_L 与转速 n 成反比，但其乘积（功率）近似保持不变的负载。例如：卷纸机要求以一定的线速度和相同的张力卷取纸张。在卷取初期，由于纸卷的直径小，转矩小，而速度高。但随着纸卷

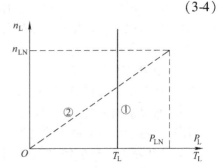

图 3-5 恒转矩负载的机械特性和功率特性

直径的逐渐变大，纸卷所需的力矩增大，但转速开始变低。再如：车床，在粗加工时，切削量大，速度低；在精加工时，切削量小，速度高。其转矩 T_L 可用下式表示：

$$T_L = 9550 P_L / n_L$$

因此恒功率负载有以下两个基本特征：

1）不同的转速下，负载功率基本恒定。

2）负载所需的转矩与转速成反比。

恒功率负载的机械特性和功率特性见图 3-6 中①、②。

3. 二次方律负载

二次方律负载是指转矩与速度的二次方成正比例变化的负载，例如：风扇、风机、泵、螺旋桨等机械的负

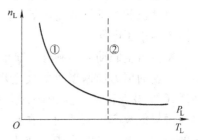

图 3-6 恒功率负载的机械特性

载，这些负载以流体为主。低速时由于流体的流速低，流量也小，所以负载转矩很小，随着电动机转速的增加，流速增快，负载转矩也越来越大，负载的阻转矩 T_L 与转速 n_L 的二次方成正比。其负载转矩可用下式表示：

$$T_L = K_T n_L^2 \tag{3-5}$$

负载所需的功率由式（2-8）得

$$P_L = \frac{K_T n_L^2 n_L}{9550} = K_P n_L^3 \tag{3-6}$$

上面两式中，K_T 和 K_P 分别为二次方律负载的转矩常数和功率常数。

事实上，即使在空载的情况下，电动机的输出轴上，也会有损耗转矩 T_0 和损耗功率 P_0，如摩擦转矩及其功率等。因此，严格地讲，其转矩及功率表达式应为

$$T_L = T_0 + K_T n_L^2$$

$$P_L = P_0 + K_P n_L^3$$

流体负载的流量 Q_L 与转速 n_L 成正比，即

$$Q_L = Kn_L \qquad (3\text{-}7)$$

因此二次方律负载有以下两个基本特征：

1）负载转矩与转速的二次方成正比。

2）负载所需的功率与转速的三次方成正比。

二次方律负载的机械特性和功率特性如图 3-7 中①、②所示。

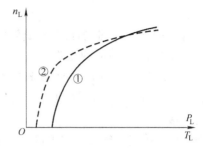

图 3-7 二次方律负载的机械特性和功率特性

任务二 电动机变频后的机械特性

调节异步电动机或电源的某些参数所得到的机械特性称为人为机械特性。如改变电源电压 U，改变转子回路的电阻等。那么改变电源频率 f 的人为机械特性将有怎样的改变呢？对此作如下阐述。

一、调频、调压比

变频时，通常都是相对于其额定频率 f_N 来进行调节的，那么频率 f_x 就可以用下式表示：

$$f_x = k_f f_N \qquad (3\text{-}8)$$

式中，k_f 是频率调节比（也叫调频比）。$k_f < 1$ 时，调频是在 f_N 以下进行的；$k_f > 1$ 时，调频是在 f_N 以上进行的。

根据变频也要变压的原则，在变压时也存在着调压比，电压 U_x 可用下式表示：

$$U_x = k_u U_N \qquad (3\text{-}9)$$

式中，k_u 是调压比；U_N 是电动机的额定电压。

调频的过程中，若频率调至 f_x，则

$$f_x = k_f f_N$$

此时的电压为

$$U_x = k_u U_N$$

在恒磁通调速时，$\Phi_M \approx \dfrac{U_x}{f_x} = $ 常数，所以

$$k_f = k_u$$

二、变频后电动机的机械特性

下面介绍机械特性上的几个特殊点。

理想空载点：$(0, n_{0x})$

$$n_{0x} = \frac{60 k_f f_N}{p} = k_f n_0 \qquad (3\text{-}10)$$

临界转矩点：(T_{Kx}, n_{Kx})

将 f_x、U_x 代入（3-2）可得 T_{Kx} 的表达式：

$$T_{Kx} = \frac{3 p k_u^2 U_N^2}{4 \pi k_f f_N \left[r_1 + \sqrt{k_f^2 \left(x_1 + x'_2 \right)^2 + r_1^2} \right]} \qquad (3\text{-}11)$$

所以
$$\Delta n_{Kx} = n_{0x} - n_{Kx} \qquad (3\text{-}12)$$

式中，n_{0x} 是频率为 f_x 时的理想空载转速；T_{Kx} 是频率为 f_x 时的临界转矩；n_{Kx} 是 T_{Kx} 所对应的转速；Δn_{Kx} 是 T_{Kx} 所对应的转差。

1. $f_x < f_N$（即 $k_f < 1$）时的机械特性

$f_x < f_N$ 时，$k_f = k_u < 1$，根据式（3-10），随着 k_f 的不断下调，其空载转速 n_{0x} 在 n_0 的下方不断下移。

临界点是确定机械特性的关键点，由于理论推导过于繁琐，下面通过一组实验数据来观察临界点随频率变化的规律，从而得出机械特性的大致轮廓。表 3-1 是某 4 极电动机在 $k_f = k_u < 1$ 时的实验结果。

表 3-1　$k_f = k_u < 1$ 时的临界点坐标

k_f	1.0	0.9	0.8	0.7	0.6	0.5	0.4	0.3	0.2
$n_{0x}/$（r/min）	1500	1350	1200	1050	900	750	6600	450	300
T_{Kx}/T_{KN}	1.0	0.97	0.94	0.9	0.85	0.79	0.7	0.6	0.45
$\Delta n_{Kx}/$（r/min）	285	285	285	285	279	270	255	225	186

结合表 3-1 中数据，作出 $k_f = 1$、0.9、0.5、0.3 的机械特性 f_N、f_x'、f_x''、f_x'''，如图 3-8 所示。

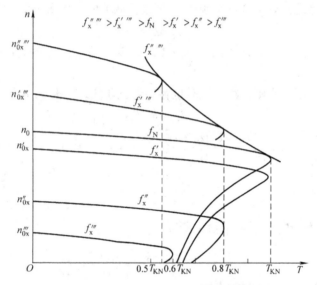

图 3-8　三相异步电动机变频调速机械特性

观察各条机械特性，它们的特征如下：

1）从 f_N 向下调频时，n_{0x} 下移，T_{Kx} 逐渐减小。

2）f_x 在 f_N 附近下调时（$k_f = k_u \to 1$），T_{Kx} 减小很少，可近似认为 $T_{Kx} \approx T_N$。f_x 调得很低时（$k_f = k_u \to 0$），T_{Kx} 减小很快。

3）f_x 不同时，临界转差 Δn_{Kx} 变化不是很大，所以稳定工作区的机械特性基本是平行的，且机械特性较硬。

2. $f_x > f_N$ 时的机械特性

此时 $k_f > 1$，$k_u = 1$，理想空载点 n_{0x} 在 n_0 的上方随着 k_f 的增加而上移。

下面仍然通过实验数据来观察临界点位置的变化。表 3-2 是某 4 极电动机在 $k_f > 1$ 时的实验结果。

表 3-2　$k_f > 1$ 时的临界点坐标

k_f	1.0	1.2	1.4	1.6	1.8	2.0
$n_{0x}/$（r/min）	1500	1800	2100	2400	2700	3000
T_{Kx}/T_{KN}	1.0	0.72	0.55	0.43	0.34	0.28
$\Delta n_{Kx}/$（r/min）	291	294	296	297	297	297

结合表 3-2 中数据，作出 $k_f = 1.2$、1.4 时的机械特性 f_x'''、f_x''''，如图 3-8 所示，各条机械特性具有以下特征：

1）从 f_N 向上调频时，n_{0x} 上移，T_{Kx} 大幅减小（$f\uparrow \rightarrow \varPhi\downarrow \rightarrow T\downarrow$）。

2）T_{Kx} 的减小是按 $1/k_f^{1.4}$ 的规律进行的（证明从略）。而实际上由于高速时对过载能力的要求一般较小，常粗略地按 $1/k_f$ 计。

3）临界转差 Δn_{Kx} 几乎不变。但由于 T_{Kx} 减小很多，所以机械特性斜度加大，特性变软，如图 3-8 所示。

三、变频后电动机的有效转矩线

1. 什么是有效转矩和有效转矩线

1）有效转矩 T_{MEX}：是频率为 f_x 时电动机能够长期、安全、稳定地输出的最大电磁转矩，用 T_{MEX} 表示。T_{MN} 表示额定转矩，是指在额定状态下，电动机允许长时间输出的最大转矩。考虑到电动机运行时需要有一定的过载能力，通常 $T_{KN}/T_{MN} = 2 \sim 2.2$，$f_x$ 下调时，由于 T_{Kx} 变小，为保证过载能力不变，T_{MEX} 也将同比例变小，如图 3-9 所示，A_N 为额定工作点，A_x 为有效工作点。如果负载转矩超过了 T_{MEX}，则电动机将处于过载状态。

2）有效转矩线：对应于每一个工作频率，都有一条机械特性曲线。例如在 $k_u = k_f$ 时，不同频率下的机械特性曲线簇如图 3-10a 所示。图中，A_1、A_2、A_3、A_4 分别为不同频率下的有效转矩点。将这些点连接起来，便得到有效转矩线 $T_{MEX} = f(n)$，如图 3-10b 所示。

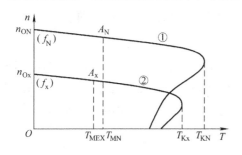

图 3-9　有效工作点

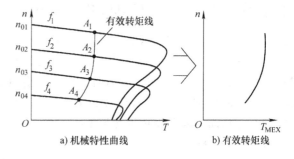

a）机械特性曲线　　　b）有效转矩线

图 3-10　$k_u = k_f$ 时的有效转矩线簇

3）有效功率 P_{MEX}：与有效转矩对应的功率称为有效功率。根据电动机功率与转矩的对应关系 $P_M = T_M n_M / 9550$，对应于每个 f_x，都有一个 T_{MEX} 和 P_{MEX} 与之对应。

2. 有效转矩线的物理意义

1）有效转矩线是说明电动机允许工作范围的曲线，而不是特性曲线。因此，不能在有效转矩线上确定工作点。拖动系统的工作点是由负载的机械特性曲线和电动机的机械特性曲线的交点决定的，如图3-11中的 Q_1、Q_2。

2）拖动系统的工作点必须在有效转矩线以内，即负载的阻转矩 T_L 比有效转矩 T_{MEX} 小，如图3-11的 Q_1，要使拖动系统在全调速范围内都能正常运行，必须使有效转矩线把负载机械特性曲线的运行段包围在内。如果负载机械特性曲线的运行段超越了电动机的有效转矩线，则超越的部分将处于过载状态，只能短期运行，不能长期正常工作，如图3-11中的 Q_2。

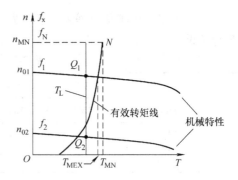

图3-11 有效转矩线与工作点

四、对额定频率 f_N 以下变频调速特性的修正

在低频时，T_{Kx} 的大幅减小，使其有效转矩也大幅减小，严重影响到电动机在低速时的带负载能力。为解决这个问题，必须了解低频时 T_{Kx} 减小的原因。

1. T_{Kx} 减小的原因

在项目二中述及：调频时为维持电动机的主磁通 Φ_M 不变，需保证 E/f = 常数，由于 E 不易检测和控制，用 U/f = 常数来代替上述等式。这种近似代替是以忽略电动机定子绕组阻抗压降 ΔU 为代价的。低频时，f_x 降得很低，U_x 也很小，此时再忽略 ΔU 就会引起很大的误差，从而引起 T_{Kx} 大幅下降。现分析如下。

当频率为 f_x 时，根据式（2-2）可得电动机的定子电压为

$$\dot{U}_x = -\dot{E}_x + \Delta\dot{U}_x$$

式中，$\Delta\dot{U}_x$ 是电动机定子绕组的阻抗压降，可用下式表示：

$$\Delta\dot{U}_x = \dot{I}_1 r_1 + j\dot{I}_1 k_f x_1 = \Delta\dot{U}_r + j\Delta\dot{U}_{Lx}$$

式中，$\Delta\dot{U}_x$ 是频率为 f_x 时电动机的阻抗压降；$\Delta\dot{U}_r$ 是电动机定子绕组的电阻压降；$\Delta\dot{U}_{Lx}$ 是电动机定子绕组的漏抗压降 $\dot{U}_x$。

f_x 下降时，ΔU_{Lx} 也随其下降，但电动机的额定电流是不变的，故定子绕组的电阻压降 ΔU_r 与 f_x 无关。因此，当 f_x 降低时，U_x 也已很小，ΔU_x 在 U_x 中的比重越来越大，而 E_x 在 U_x 占的比重却越来越小。如仍保持 U_x/f_x = 常数，E_x/f_x 的比值却在不断减小。此时主磁通 Φ_M 减小，从而引起电磁转矩的减小。

归结上述分析：

$$k_f \uparrow \quad (k_u = k_f) \xrightarrow{\frac{\Delta U_x}{U_x} \uparrow} \frac{E_x}{U_x} \downarrow \rightarrow \Phi_M \downarrow \rightarrow T_{Kx} \downarrow$$

2. 解决的办法

针对 $k_u = k_f$ 下降时 E_x 在 U_x 中占的比重减小，从而造成 Φ_M 及 T_{Kx} 下降的情况，可适当提高调压比 k_u，使 $k_u > k_f$，即提高 U_x 的值，使得 E_x 的值增加，从而保证 E_x/f_x = 常数。这

样一来，主磁通 Φ_M 就会基本不变。最终使电动机的临界转矩得到补偿。由于这种方法是通过提高 U/f 比（即 $k_u > k_f$）使 T_{Kx} 得到补偿的，因此这种方法被称作 **V/F** 控制或电压补偿，有些书中也称为转矩提升。经过电压补偿后，电动机机械特性在低频时的 T_{Kx} 得到了大幅提高。恒转矩、恒功率的调速特性如图 3-12 所示。

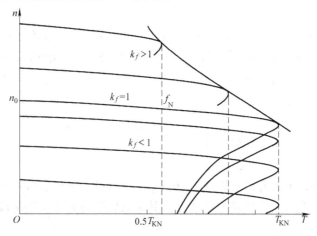

图 3-12 恒转矩、恒功率的调速特性

现代的变频器为了使电动机能够得到完美的动、静态机械特性，还采用了一种矢量控制的方法来进行 **V/F** 控制。关于 **V/F** 控制（电压补偿）、矢量控制的具体内容会在后续内容中详细讲解。

五、变频调速时理想有效转矩线的特点

图 3-12 所示是理想的机械特性，低频时 T_{Kx} 不变，其有效转矩就不会减小。但如果在低频时将转矩补偿到与额定转矩相当的程度，在轻载时就有可能出现补偿过分引起磁路饱和，从而引起过电流的情况。由于补偿的程度受到限制，通常的电压补偿只能部分改善低频时的转矩。除此之外，改善电动机的通风条件，也能改善电动机的带负载能力。普通电动机中，主要是靠转子的扇叶来进行通风散热的。显然，转速越低，风量越小，散热也就越差。低频时，如果能强迫通风，就能使其机械特性理想化。

1. 恒转矩有效转矩线

图 3-13 所示的特性中：

① 是原始有效转矩线。

② 是部分电压补偿时的有效转矩线。

③ 是部分补偿且强迫通风时的有效转矩线。

可以看到通过电压补偿和强迫通风，有效转矩线可以达到理想的形态。除此之外，采用变频专用电动机，也可以得到理想的有效转矩线。

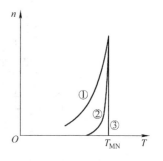

图 3-13 有效转矩线及其改善

由于在 $f_x \leqslant f_N$ 的范围内，有效转矩线不随转速的变化而变化，始终保持恒定值 T，呈现出恒转矩的特征，因此这段调速区域称为恒转矩调速区域，适合带恒转矩的负载。

2. 恒功率有效转矩线

图 3-12 所示的机械特性中，$f_x > f_N$ 范围内 T_{Kx} 大幅减小，其有效转矩也随之减小，其有效转矩线具有以下特征：

1）T_{Kx} 减小。电动机的 U 不变，随着 f_x 的上升，U/f 比将下降，主磁通 Φ_1 将减小。这是 T_{Kx} 减小的根本原因。

2）电动机的输入、输出功率基本不变。因为电动机的额定电流是由电动机的允许温升决定的，所以不管在多大的频率下工作，I_{MN} 都是不变的。因为电动机的输入电压和允许电流都不变，而且功率因数的变化也不大，所以，当频率 f_x 上升时，其最大输入功率的大小基本不变，即

$$P_1 = \sqrt{3} U_S I_{MN} \cos\varphi_1$$

假设电动机的效率不变，则输出功率不变，即

$$P_{MN} = \text{const}$$

所以在额定频率以上的有效转矩线具有恒功率的特点。这里的恒功率，是指在转速变化的过程中，电动机具有输出恒定功率的能力。其有效转矩的大小与转速成反比：

$$T_{MEX} = \frac{9550 P_{MN}}{n_M}$$

$$T_{MEX} \propto \frac{1}{n_M}$$

$f_x > f_N$ 时的有效转矩线如图 3-14 所示，由于此时 $U = U_N$，频率也已到高位，无论是通过补偿或散热都已无法再增加其转矩，因此 $f_x > f_N$ 时的有效转矩线已不能修正。此时的电动机近似具有恒功率的调速特性，适合带恒功率的负载。

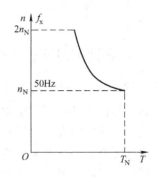

图 3-14 $f_x > f_N$ 时的有效转矩线

可以看到在全频范围内调速时，电动机的调速特性分为恒转矩区和恒功率区。根据不同的负载类型，可以选择不同调速区域。全频范围的有效转矩线如图 3-15 所示，图中 σ_A 为负荷率。

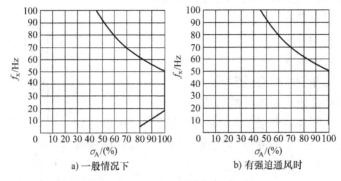

a) 一般情况下　　　　　　b) 有强迫通风时

图 3-15　全频范围的有效转矩线

3. 有效转矩线的计算点

由于不同频率下电动机所呈现出的调速特点是不一样的，在全频范围内调速时，要求电

动机都必须能带动负载，即电动机的有效转矩要大于负载转矩，也可以说：电动机的有效转矩线必须将负载转矩线包围起来。除此之外，电动机的有效功率也必须大于负载功率。

在 $f_x \leqslant f_N$ 的范围内，有效转矩始终保持恒定值 T，有效转矩线呈现出恒转矩的特征，但是其有效功率可用下式表示：

$$P_{MN} = T_{MEX} n_M / 9550$$

f_N 点的 n_M 最大，其有效功率也最大，也就是说，只要在 f_N 点电动机能够满足负载的功率要求，$f_x \leqslant f_N$ 范围内各点的功率都能满足要求。

$f_x > f_N$ 的范围内调速，其有效转矩线具有恒功率的特点，即各点的功率不变。但是各点有效转矩的大小与转速成反比，f_N 点的 n_M 最小，其有效转矩最大，只要在 f_N 点电动机能够满足负载的转矩要求，$f_x > f_N$ 的范围内各点的转矩都能满足要求。

综上所述，只要电动机在 f_N 点能够满足负载对转矩、功率的要求，在全频范围调速时，电动机都能带动负载，因此 f_N 点就称为有效转矩线的计算点。

项 目 小 结

一、异步电动机及各类负载的机械特性

1. 异步电动机机械特性曲线上的三个特殊点：

理想空载点、起动点、临界点。其中，临界转矩 T_K 表示了电动机所能产生的最大的电磁转矩，它直接影响着电动机的过载能力。

2. 异步电动机的制动有多种，再生制动是：

1）转子转速超过旋转磁场转速 n_0。

2）电磁转矩 T 与 n 方向相反，电磁转矩 T 就变成了制动转矩。

3）电动机此时不再消耗能量，而是将拖动系统的动能再生给了电网。

4）在频率下降的调速过程中，电动机处于再生制动状态，直至转速稳定。

3. 三种常见负载的机械特性：

（1）恒转矩负载：不同的转速下，负载转矩基本恒定；负载的功率与转速成正比。

（2）恒功率负载：不同的转速下，负载功率基本恒定；负载所需的转矩与转速成反比。

（3）二次方律负载：负载转矩与转速的二次方成正比；负载所需的功率与转速的三次方成正比。

二、变频后电动机的有效转矩线

1. 有效转矩：是频率为 f_x 时电动机能够长期、安全、稳定地输出的最大电磁转矩。

2. 有效转矩线：在不同频率下都有一个有效转矩点，将这些点连起来，便得到有效转矩线。

3. 有效转矩线是说明电动机允许工作范围的曲线，而不是特性曲线。有效转矩线必须把负载机械特性曲线的运行段包围在内。如果负载机械特性曲线的运行段超越了电动机的有效转矩线，则超越的部分只能短时间工作，而不能长期正常工作。

三、电动机变频后的机械特性

1. 调频、调压比

调频比：$f_x = k_f f_N$；

调压比：$U_x = k_u U_N$；

恒磁通调速时：$k_f = k_u$；

在 f_N 以下调频：$k_f = k_u < 1$；在 f_N 以上调频：$k_f > 1$　$k_u = 1$。

2. 变频后的机械特性

（1）在 f_N 以下调频，其机械特性是一组 n_{0x} 下移、T_{Kx} 不断减小的平行特性。但可以通过转矩提升（电压补偿）使 T_{Kx} 不随 f_x 的减小而减小，从而使变频后电动机的带负载能力基本不变。其有效转矩线呈现出恒转矩的特征，适合带恒转矩的负载。

（2）在 f_N 以上调频，其机械特性是一组 n_{0x} 上移、T_{Kx} 不断减小的平行特性，有效转矩线已不能修正。此时的电动机近似具有恒功率的调速特性，适合带恒功率的负载。

思 考 题

1. 临界转矩 T_K 的物理意义是什么，为什么说它非常重要？

2. 简述当负载变化时，电动机工作点的动态调整过程。

3. 再生制动有何特点？有哪些负载的制动是再生制动？

4. 常见的负载有哪几种类型？各有什么特点？

5. 什么是调频比、调压比？在 f_N 上、下调频时，k_f、k_u 分别是何种关系？

6. 简述变频后电动机机械特性的特点，存在什么问题？如何解决？

7. 何为有效转矩？它和额定转矩有何不同？

8. 在使用有效转矩线时有什么原则？

9. 为保证电动机在变频时的有效转矩线具有恒转矩特征，常采用哪些措施？

10. 变频时，电动机的有效转矩线何时具有恒功率特征？试画出全频范围内理想有效转矩线曲线。

一、学习目标

1. 了解 **V/F** 控制概念、补偿过分的后果，掌握 U/f 曲线的使用。
2. 了解矢量控制的概念及使用要点。
3. 了解传动机构作用，掌握其使用方法。
4. 了解基本频率的概念及使用技巧。
5. 了解磁极对数对转矩大小的影响。
6. 掌握各种提高转矩方法的灵活应用。

二、问题的提出

前已述及，变频时会引起电动机输出转矩减小，这需要通过电压补偿加以解决，**V/F** 控制或矢量控制是常用的方法。除此之外，在调速过程中，由于负载的变化，经常会出现电动机带不动负载或起动困难的情况，也必须通过增大转矩加以解决。有哪些方法可以提高转矩呢？

任务一　V/F 控制

【案例】　某厂的饮料传输带进行设备更新后，新设备上已经有变频器了，原有的变频器被空置。于是把旧变频器用到了容量相同的鼓风机上，如图 4-1 所示。结果在起动时，频率上升到 5Hz 就因"过电流"而跳闸了。为什么？

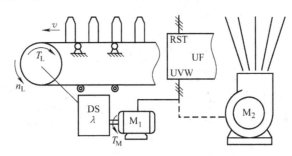

图 4-1　变频器从传输带上拆下接至鼓风机

一、V/F 控制的程度

V/F 控制（也叫转矩提升或电压补偿）：是指通过提高 U/f 比来补偿 f_x 下调时引起的 T_{Kx} 下降。

是不是 U/f 比取大就好呢？就这个问题进行如下讨论。

1. 完全补偿的 V/F 控制

其含义是：不论 f_x 调多小（即 $k_f = k_u$ 的值多小），通过提高 U_x（$k_u > k_f$）都能使得最大转矩 T_{Kx} 与额定频率时的最大转矩 T_{KN} 相等，以保证电动机的过载能力不变，这种补偿称做全补偿。采用全补偿的 V/F 控制时，电动机的机械特性如图 3-12 所示。

2. 补偿过分的后果

如果变频时的 U/f 比取值太大，使得电压补偿过多，根据式 $U_x = E + \Delta U_x$，阻抗压降 ΔU_x 在 U_x 中的比例增加。定子电流 I_1 增大，而此时电动机的负载均没有发生改变，所以 I_2' 不变。由式 $\dot{I}_1 = -\dot{I}_2' + \dot{I}_0$ 可以看出，I_1 增大，I_2' 不变，必定会使得励磁电流 I_0 增加，其结果是使磁通 Φ_M 增加。

$$U_x \uparrow \uparrow \to \Delta U_x \uparrow \to I_1 \uparrow \to I_0 \uparrow \to \Phi_M \uparrow$$

由于 Φ_M 的增加会引起电动机铁心饱和，而铁心饱和会导致励磁电流的波形畸变，产生很大的峰值电流。补偿越过分，电动机铁心饱和越厉害，励磁电流 I_0 的峰值越大，严重时可能会引起变频器因过电流而跳闸。**通过以上分析可知，低频时 U/f 比决不可盲目取大。**

在负载变化较大的拖动系统中，即使重载时补偿适度，负载变轻时，也有可能出现补偿过分的情况。如果负荷率 δ 大幅下降，则定子电流 I_1 减小，ΔU_x 下降，U_x 较大时，E 就会大幅上升，Φ_M 也会大幅上升，励磁电流 I_0 出现极大的峰值，从而引起过电流跳闸，这就是变频过程中常见的轻载过电流，即

$$\delta \downarrow \downarrow \to I_1 \downarrow \downarrow \to \Delta U_x \downarrow \downarrow \to E \uparrow \uparrow \to \Phi_M \uparrow \uparrow \to I_0 \uparrow \uparrow$$

针对 V/F 控制中的过分补偿情况，一些高性能的变频器都设置了自动转矩补偿功能，变频器可以根据电流 I_1 的大小自动决定补偿的程度。当然在实际使用中，"自动 U/f 比设定"功能的运行情况也并不理想，否则手动的 U/f 比设定功能就可以取消了。

二、V/F 控制功能的选择

为了方便用户选择 U/f 比，变频器通常都是以 U/f 控制曲线的方式提供给用户，让用户自己选择。变频器的 U/f 控制曲线如图 4-2 所示。

1. U/f 曲线的种类

1）基本 U/f 曲线。把 $k_u = k_f$ 时的 U/f 控制曲线称为基本 U/f 曲线，它表明了没有补偿时的电压 U_x 和频率 f_x 之间的关系，它是进行 V/F 控制时的基准线。

基本频率：基本 U/f 曲线上，与额定输出电压对应的频率称为基本频率，用 f_{BA} 表示。

$$f_{BA} = f_N$$

基本 U/f 曲线如图 4-3 所示。

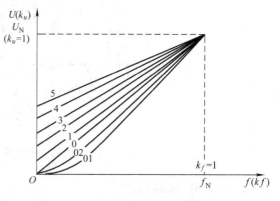

图 4-2 变频器的 U/f 控制曲线

2）转矩补偿的 U/f 曲线。特点：在 $f_x = 0$ 时，补偿的电压值为 U_x。很多变频器叫转矩提升，根据补偿的不同，有不同的 U/f 曲线，如图 4-2 中的曲线 1~5 所示。

适用负载：经过补偿的 U/f 曲线适用于低速时需较大转矩的负载。通常根据低速时负载的大小来确定补偿的程度，选择 U/f 线。

3）负补偿的 U/f 曲线。

特点：低速时，U/f 曲线在基本 U/f 曲线的下方，如图 4-2 中的曲线 01、02。这种在低速时减小电压 U_x 的做法称为负补偿，也叫低减 U/f 比。

适用负载：主要适用于风机、泵类等二次方率负载。由于这种负载的阻转矩和转速的二次方成正比，即低速时负载转矩很小，即使不补偿，电动机输出的电磁转矩都足以带动负载，而且还有富裕。从节能的角度来考虑，U_x（即 k_u）还可以减小。

4）U/f 比分段的补偿线。特点：U/f 曲线由几段组成，每段的 U/f 值均由用户自行给定，如图 4-4 所示。

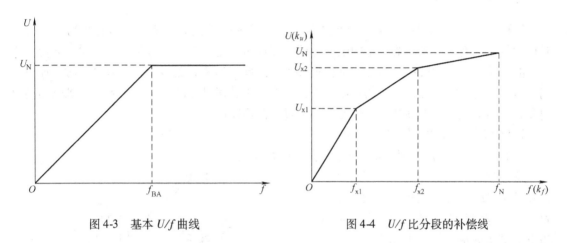

图 4-3　基本 U/f 曲线　　　　　图 4-4　U/f 比分段的补偿线

适用负载：这种补偿线主要适合负载转矩与转速在不同的区间变化规律不同的负载。

2. 选择 U/f 控制曲线时常用的操作方法

上面讲解了 U/f 控制曲线的选择方法和原则，但是由于具体的补偿量的计算非常复杂，因此在实际操作中，常用实验的办法来选择 U/f 曲线，具体操作步骤如下。

1）将拖动系统连接好，带以最重的负载。

2）根据所带的负载的性质，选择一个较小的 U/f 曲线，在低速时观察电动机的运行情况，如果此时电动机的带负载能力达不到要求，则需将 U/f 曲线提高一挡。依此类推，直到电动机在低速时的带负载能力达到拖动系统的要求。

3）如果负载经常变化，在 2）中选择的 U/f 曲线还需要在轻载和空载状态下进行检验。方法是：将拖动系统带以最轻的负载或空载，在低速下运行，观察定子电流 I_1 的大小，如果 I_1 过大，或者变频器跳闸，则说明原来选择的 U/f 曲线过大，补偿过分，需要适当调低 U/f 曲线。

三、转矩补偿时 U/f 值的验证

实验：变频器接通电源、电动机，选择不同的转矩补偿，在不同的给定频率下，根据变频器的显示值，记录输出电压并将其填入表 4-1 中。

在三菱变频器中，转矩补偿（提升）用 P.0 参数输入。

表4-1 不同转矩补偿（提升）时频率与电压的关系

f/Hz	2	4	7	10	15	20	25	30	40	50
P.0 = 2% 时的电压/V										
P.0 = 6% 时的电压/V										
P.0 = 10% 时的电压/V										

问题提出：

1）低频区域内电压差别较大，高频区域内电压差别较小，为什么？

2）50Hz 以上不同的转矩补偿时，电压有变化吗？

四、补偿不当举例

【案例1】 如图4-1所示，当变频器用于传输带电动机时，负载为恒转矩特性，低频时负载较重，因此低频需要一定的电压补偿。而风机则是二次方律负载，低频时，非但不需要正的电压补偿，相反地，还应该进行负补偿。因此，当变频器转为用于风机上时，如果不调整对 U/f 曲线的预置，则在低频运行时，必将处于补偿过分的状态，导致电动机磁路高度饱和，励磁电流出现尖峰脉冲，使变频器因过电流而跳闸。

【案例2】 离心浇铸机。

离心浇铸机的结构如图4-5a所示。其工作特点是：

低速时，机器处于空载状态。当频率升至40Hz时，注入铁水，机器开始重载运行。重载时的调速范围为 40 ~ 50Hz。其机械特性如图4-5b所示。

用户考虑到铁水灌入后的负荷较重，故将 U/f 比预置得较大。结果每次起动到10Hz左右就因过电流而跳闸。

分析如下：电动机在低速起动过程中，电动机处于空载状态，实际上并不需要电压补偿。较大的 U/f 比反而使电动机处于补偿过分的状态，导致过电流跳闸。

事实上，电动机在40~50Hz范围内运行时，即使不进行转矩补偿，有效转矩也基本上等于额定转矩。故选择基本 U/f 曲线即可，如图4-5c中之曲线①所示。

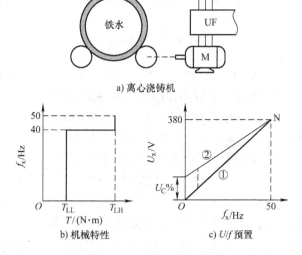

图4-5 离心浇铸机的变频调速

这个例子说明，在进行功能预置时，必须充分了解生产机械的工作特点。

任务二 矢量控制

矢量控制是一种高性能的变频控制方式，它是从直流电动机的调速方法得到启发，利用现代计算机技术解决了大量的计算问题，从而使得矢量控制方式得到了成功的实施。

一、直流电动机与异步电动机调速上的差异

1. 直流电动机的调速特征

直流电动机具有两套绕组，即励磁绕组和电枢绕组。它们的磁场在空间上互差 $\pi/2$ 电角度，两套绕组在电路上是互相独立的，如图4-6所示。直流电动机的励磁绕组流过电流 I_f 时产生主磁通 Φ_M，电枢绕组流过负载电流 I_a，产生的磁场为 Φ_A，两磁场在空间上互差 $\pi/2$ 电角度。

直流电动机的电磁转矩可以用下式表示：

$$T = C_T \Phi_M I_a$$

当励磁电流 I_f 恒定时，Φ_M 的大小不变。直流电动机所产生的电磁转矩和电枢电流 I_a 成正比，因此调节 I_a（调节 Φ_A）就可以调速。而当 I_a 一定时，控制 I_f 的大小，可以调节 Φ_M，也就可以调速。这就是说，只需要调节两个磁场中的一个就可以对直流电动机调速。这种调速方法使直流电动机具有良好的调速性能。

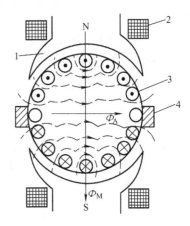

图4-6 直流电动机的结构
1—主磁极 2—励磁绕组
3—电枢绕组 4—电刷、换向器

2. 异步电动机的调速特征

异步电动机虽然也有两套绕组，即定子绕组和转子绕组，但只有定子绕组和外部电源相接，定子电流 I_1 是从电源吸取的电流，转子电流 I_2 是通过电磁感应产生的感应电流。因此异步电动机的定子电流应包括两个分量，即励磁分量和负载分量。励磁分量用于建立磁场；负载分量用于平衡转子电流磁场。它们的关系是

$$\dot{I}_1 = -\dot{I}_2 + \dot{I}_0$$

综上所述，直流电动机与交流电动机的不同主要有下面几点：

1）直流电动机的励磁回路、电枢回路相互独立；而异步电动机将两者都集中于定子回路。

2）直流电动机的主磁场和电枢磁场互差 $\pi/2$ 电角度。

3）直流电动机是通过独立地调节两个磁场中的一个来进行调速的；而异步电动机则做不到。

3. 对异步电动机调速的思考

既然直流电动机的调速有那么多的优势，调速后电动机的性能又很优良，那么能否将异步电动机的定子电流分解成励磁电流和负载电流，并分别进行控制，而它们所形成的磁场在空间上也能互差 $\pi/2$ 电角度。如果能实现上述设想，异步电动机的调速就可以和直流电动机相比较了。

二、矢量控制中的等效变换

我们知道，将三相对称交流电流通入异步电动机的定子绕组中，就会产生一个旋转磁场，这个磁场就是我们所说的主磁通 Φ_M。设想一下，如果将直流电流通入某种形式的绕组中，也能产生和上述旋转磁场一样的 Φ_M，就可以通过控制直流电实现先前所说的调速设想。

1. 三相旋转磁场

对于异步电动机而言，产生三相旋转磁场的条件为：

1）在定子铁心里放置在空间互差 $2\pi/3$ 电角的三相对称绕组（$U_1 - U_2$、$V_1 - V_2$、$W_1 - W_2$）。

2）三相对称交流电流通入三相对称绕组中。

产生的旋转磁场如图1-1所示。

2. 两相旋转磁场

在两相绕组中，通入两相交变电流，也可产生旋转磁场。产生两相旋转磁场的条件：

1）两相绕组在空间位置上互差 $\pi/2$ 电角度，如图4-7中的 $U_1 - U_2$、$V_1 - V_2$。

2）两相交变电流在相位上互差 $\pi/2$ 电角度，如图4-7a所示。

产生的两相旋转磁场如图4-7所示。

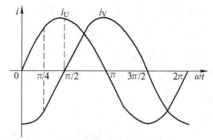

a）两相交变电流波形

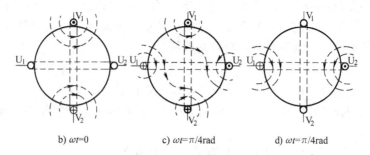

b）$\omega t=0$　　　c）$\omega t=\pi/4\mathrm{rad}$　　　d）$\omega t=\pi/4\mathrm{rad}$

图4-7　两相旋转磁场的合成

3. 旋转体的旋转磁场

设有一个旋转体R，在R上放置两个相互垂直的直流绕组 M 和 T，当在 M、T 两个绕组中通入直流电流 i_M 和 i_T 时，可以合成了一个恒定磁场。当旋转体 R 以速度 n_0 旋转时，这个恒定磁场就变成了一个旋转磁场。我们把这种旋转磁场称为机械旋转磁场。旋转体的旋转磁场如图4-8所示。

我们将 i_M 叫励磁电流信号，i_T 叫转矩电流信号。调节任何一个电流，合成磁场的强度都可以得到了调整。

4. 磁场间的等效变换

如果上述三种旋转磁场的磁极对数、磁感应强度、转速都相等，就可认为三相旋转磁场、两相旋转磁场和

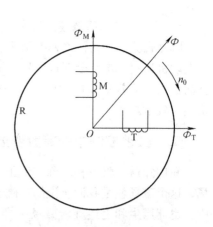

图4-8　旋转体的旋转磁场

旋转体的旋转磁场是等效的。因此这三种旋转磁场之间是可以等效变换的。

通常把三相旋转磁场系统和两相旋转磁场系统的变换称为 3/2 或 2/3 变换，把两相旋转磁场系统和机械旋转磁场系统之间的变换为交/直或直/交变换，也叫旋转变换。即：

$$三相系统 \xrightleftharpoons[2/3 变换]{3/2 变换} 两相系统$$

$$两相系统 \xrightleftharpoons[直/交变换]{交/直变换} 机械旋转系统$$

上述两种变换是异步电动机矢量控制理论的核心。

三、变频器矢量控制的基本思想及反馈

1. 矢量控制的基本思路

在上述三种旋转磁场中，旋转体的旋转磁场无论是从绕组的结构上，还是在控制的方式上都和直流电动机最相似。我们可以设想有两个相互垂直的直流绕组同处一个旋转体上，通入的是直流电流 i_M^* 和 i_T^*，其中 i_M^* 是励磁电流分量，i_T^* 是转矩电流分量。它们都是由变频器的给定信号分解而成的（＊表示变频中的控制信号）。经过直/交变换，将 i_M^* 和 i_T^* 变换成两相交流信号 i_α^* 和 i_β^*，再经 2/3 变换得到三相交流控制信号 i_A^*、i_B^*、i_C^*，它们相当于三相调制波。参阅图 2-9。因此控制 i_M^* 和 i_T^* 中的一个，就可以控制 i_A^*、i_B^*、i_C^*，也就控制了变频器的输出频率和电压。通过以上变换，我们成功地将交流电动机的调速转化成控制两个控制量 i_M^* 和 i_T^*，从而更接近直流电动机的调速。矢量控制构想图如图4-9所示。

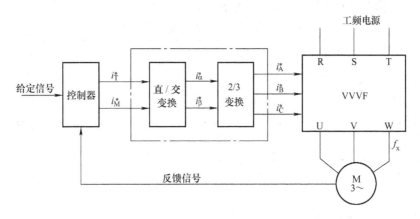

图 4-9 矢量控制构想图

2. 矢量控制中的反馈

矢量控制中存在着电流及速度反馈，电流反馈反映负载的状态，使 i_T^* 能随负载而变化。速度反馈反映出拖动系统的实际转速和给定值之间的差异，从而以最快的速度进行校正，提高了系统的动态性能。电流及速度反馈信号不是来自传感器，而是 CPU 通过对电动机的各种参数，如 I_1、I_2、x_2、r_2 等经过计算得到的一个反馈计算值，由这个计算值和给定值之间的差异来调整 i_M^* 和 i_T^*，改变变频器的输出频率和电压。

很多新系列的变频器都设置了"无反馈矢量控制"这一功能，这里的"无反馈"，是指

不需要用户在变频器的外部再加其他的反馈环节。而矢量控制时变频器的内部还是有反馈存在的。无反馈矢量控制已使异步电动机的机械特性可以和直流电动机的机械特性相媲美。对一般的恒转矩负载来说,非但它的机械特性优于 V/F 控制方式,且不会发生电动机磁路饱和等问题,故调试方便。

有反馈矢量控制主要是指在变频器的外部由脉冲编码器 PG 测得速度反馈信号,来调整 i_M^* 和 i_T^*,它是各方面性能都比较优越的一种控制方式。对于有特殊要求的负载,如要求有较大调速范围的龙门刨床、对动态响应能力有较高要求的精密机床、对运行安全有较高要求的起重机械等,常使用这种控制方式。

四、V/F 控制与矢量控制的区别

在 V/F 控制中,用户根据负载情况预先选定一种 U/f 控制曲线,变频器在工作时就根据输出频率的变化,按照曲线关系调整其输出电压。也就是说,V/F 控制是使变频器按照事先安排好的 U/f 关系在工作,而没有根据负载的变化来适时调整变频器的输出,因此这种控制方式的补偿程度不能随负载而变。但是在以节能为目的各种用途和对速度精度要求不高的场合,V/F 控制的变频器以它优越的性能价格比得到了广泛的应用。

电动机在不同的频率和负载下,其定子电流 I_1、转子电流 I_2 都在变化。矢量控制就是根据电动机的这些基本运行数据为依据,通过专用集成电路的计算得到必要的控制参数来控制 i_M^* 和 i_T^*。也即是说,矢量控制使得变频器可以根据负载情况实时的改变输出频率和电压,因此其动态性能相当完善。除此以外,它还具有调速范围广,可以对转矩进行精确控制,系统响应快,加减速性能好等特点。表 4-2 给出了两种控制方式特性的比较。

表 4-2 V/F 控制、矢量控制特性比较表

		V/F 控制	矢量控制
调速	范围	1:10	1:100 以上
	响应性	动态响应较差	高达 1000 r/s
过渡过程特性		加减速有限制,过电流控制能力小	加减速无限制,过电流控制能力高
通用性		通用性好	与电动机特性有关
系统结构		简单	复杂

五、使用矢量控制的要求

1. 矢量控制的给定

现在大部分的新型通用变频器都有了矢量控制功能,如何选择使用这种功能,一般有下面两种方法。

1）在矢量控制功能中,选择“用”或“不用”。

2）在选择矢量控制后,还需要输入电动机的容量、极数、额定电流、额定电压及额定频率等。

由于矢量控制是以电动机的基本运行数据为依据,因此电动机的运行数据就显得很重要,如果使用的电动机符合变频器的要求,且变频器容量和电动机容量相吻合,变频器就会

自动搜寻电动机的参数，否则就需重新测定。很多类型的变频器为了方便测量电动机的参数，都设计了电动机参数自动测定功能。通过该功能可准确测定电动机的参数，且提供给变频器的记忆单元，以便在矢量控制中使用。

2. 矢量控制的要求

若选择矢量控制模式，对变频器和电动机有如下要求：

1）一台变频器只能带一台电动机。

2）电动机的极数要按说明书的要求，一般以4极电动机为最佳。

3）电动机容量与变频器的容量相当，最多差一个等级。例如：根据变频器的容量应选配11kW的电动机，使用矢量控制时，电动机的容量可是11kW或7.5kW，再小就不行了。

4）变频器与电动机间的连接线不能过长，一般应在30m以内。如果超过30m，则需要在连接好电缆后进行离线自动调整，以重新测定电动机的相关参数。

3. 使用矢量控制的注意事项

在使用矢量控制时，有一些需要注意的问题。

1）使用矢量控制时，可以选择是否需要速度反馈。对于无反馈的矢量控制，尽管存在对电动机的转速估算精度稍差、其动态响应较慢的弱点，但其静态特性已很完美，如果对拖动系统的动态特性无特殊要求，一般可以不选用速度反馈。

2）频率显示以给定频率为好。矢量控制在改善电动机机械特性时，最终是通过改变变频器的输出频率来完成，在矢量控制过程中，其输出频率会经常跳动，因此实际使用时频率显示以显示"给定频率"为好。

任务三 传动机构的作用

一、拖动系统的组成

1. 组成

由电动机带动生产机械运行的系统称为电力拖动系统，一般由电动机、传动机械、生产机械及控制设备等部分组成。电力拖动系统的构成如图4-10所示。

① 生产机械：生产机械是电力拖动系统的服务对象，对电力拖动系统工作情况的评价，将首先取决于生产机械的要求是否得到了充分满足。同样，我们设计一个拖动系统最原始的数据也是由生产机械提拱的。

② 电动机及其控制系统：电动机是拖动生产机械的原动力。控制系统主要包括控制电动机的起动、调速、制动等相关环节的设备和电路。在变频调速控制系统中，用于控制转速的就是变频器。

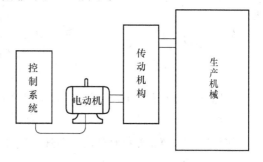

图4-10 电力拖动系统的构成

③ 传动机构：传动机构是用来将电动机的转矩传递给工作机械的装置。大多数的传动

机构都具有变速功能，常见的传动机构有传动带与带轮、齿轮变速箱、蜗轮与蜗杆、联轴器等。

2. 系统飞轮力矩

众所周知，旋转体的惯性常用转动惯量来量度，在工程上一般用飞轮力矩 GD^2 来表示。拖动系统的飞轮力矩越大，系统起动、停止就越困难。可以看出，飞轮力矩是影响拖动系统动态过程的一个重要参数。适当减小飞轮力矩对拖动系统的运行是有帮助的。

二、传动机构的作用及系统参数折算

1. 传动比

大多数的传动机构都具有变速的功能，变速的多少由传动比来衡量，常用 λ 表示：

$$\lambda = \frac{n_{\max}}{n_{L\max}} \tag{4-1}$$

式中，$n_{\max}$ 是电动机的最高转速；$n_{L\max}$ 是负载的最高转速。

当 $\lambda > 1$ 时，传动机构为减速机构；当 $\lambda < 1$ 时，传动机构为增速机构。

2. 拖动系统的参数折算

拖动系统的运动状态是对电动机和负载的机械特性进行比较而得到的。传动机构却将同一状态下电动机和负载的转速值变得不一样了，使它们无法在同一个坐标系里进行比较。为了解决这个问题，需要将负载转速、负载转矩、飞轮力矩折算到同一根轴上，可以折算到电动机轴上，也可以折算到负载轴上。

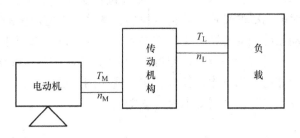

图 4-11 电动机与负载的联接

折算的原则是保证各轴所传递的机械功率不变和储存的动能相同。在图 4-11 中，M 为电动机、D 为传动机构、L 为负载。如忽略传动构的功率损耗，则传动机构输入侧和输出侧的机械功率应相等。

因为 $\quad\quad\quad\quad\quad\quad\quad P_M = T_M n_M / 9550$

所以 $\quad\quad\quad\quad\quad\quad T_M n_M / 9550 = T_L n_L / 9550$

可得 $\quad\quad\quad\quad\quad\quad T_M / T_L = n_L / n_M = 1/\lambda$

如果用 n'_L、T'_L 来表示负载转速、转矩折算到电动机轴上的值，则折算的方法是：

$$n'_L = n_L \lambda \tag{4-2}$$

$$T'_L = T_L / \lambda \tag{4-3}$$

按照动能不变的原则，可以得到负载飞轮矩的折算值 $GD_L^{2'}$：

$$GD_L^{2'} = GD_L^2 / \lambda^2 \tag{4-4}$$

如果用 n'_M、T'_M 来表示电动机转速、转矩折算到负载轴上的值，则折算的方法是：

$$n'_M = n_M / \lambda \tag{4-5}$$

$$T'_M = T_M / \lambda \tag{4-6}$$

3. 传动机构的作用

传动机构在拖动系统中的作用主要有以下三点：

1）变速。

2）转矩、飞轮矩的传递和变换。由于拖动系统使用的传动机构绝大部分都是减速机构，即 $\lambda > 1$ ，通过上述的折算公式可以得知，不仅折算到电动机轴上的负载转矩变小了，折算过后的飞轮力矩也变小了。因此选择一个合适的传动比，就可以用较小的动力转矩去驱动一个较大的负载转矩。

3）便于起动。由于负载折算到电动机轴上的负载转矩变小了，缩小了旋转体的惯性，因此使得起动变得容易了。

对于变频调速系统而言，改变电源频率 f 就可以调节转速，不需再加装其他的变速装置，那么传动机构是不是就可以省略了呢？对风机、泵等二次方律负载来说，省去传动机构是可行的，因为根据式（3-5）、式（3-6）可知，低速时负载的 T_L、P_L 随转速 n_L 的下降而大幅下降。但对于大多数的恒转矩、恒功率负载来说是不可取的。合适的传动比不仅可以放大电动机轴上的机械转矩，减小负载的飞轮力矩，还可以改善系统调速性能，使动态性能得以优化。

【案例 1】　图 4-12 中，原系统 $f = 50\text{Hz}$，4 极电动机 $n_N = 1480\text{r/min}$，$\lambda = 5$，负载侧可得到 $n_L = 296\text{r/min}$，此时电动机拖动负载正常运行。如果甩掉减速器，只需将频率降为原来的 1/5，转速也降为原来的 1/5，也可满足负载转速要求，可以甩掉减速器吗？

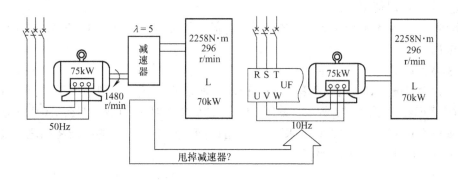

图 4-12　甩掉减速器

分析如下，甩掉减速器后：

1）转矩减小：电动机的电磁转矩没有经过放大直接加在负载轴上，转矩降为原来的 1/5，将带不动负载。

2）功率减小：由于频率降为原来的 1/5，根据 $P_M = T_M n_M / 9550$，电动机的有效功率也降为原来的 1/5，将带不动负载。

【案例 2】　图 4-13 中，某锯片磨床，锯片一边切割大理石，高速砂轮一边打磨大理石表面，卡盘直径为 2m，传动比 $\lambda = 5$，电动机的容量为 3.7kW。由于卡盘对大理石表面正压力不大，所以电动机容量较小，但卡盘直径大，起动较困难，升速时间太长。

分析如下：由于卡盘惯性大，其飞轮力矩大，通过增大传动比可以降低飞轮力矩，从而改善起动性能。当传动比 $\lambda = 5$ 时，$(GD^2)' = GD^2/5^2$，若增加 $\lambda = 7.5$ 时，则 $(GD^2)'' = GD^2/7.5^2$，后者只是前者的 44%，飞轮力矩就会大幅减小，起动也就变得不再困难。

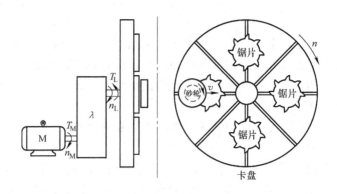

图 4-13 锯片磨床示意图

任务四　基本频率、电动机磁极对转矩的影响

一、基本频率对转矩的影响

【案例 1】　某进口三相电动机的额定电压为 220V，原配用变频器损坏，现配用国产 380V 变频器，可以使用吗？

【案例 2】　某设备转矩提升已加到最大，但工作时频率升到 40Hz 变频器就跳闸，故障显示过电流。

1. 基本频率 f_{BA}

与最大输出电压对应的频率称为基本频率，通常 $f_{BA}=f_N$，一般情况下 f_{BA} 是不改变的，380V 对应 50Hz，如图 4-14a 所示。案例 1 中，220V 要求对应 50Hz，那么 380V 对应的 f_{BA} 为 87Hz，如图 4-14b 所示。可见，如果改变了 f_{BA}，同一频率下对应的电压将随之而变。这里同频率下电压降低，U/f 比降低。

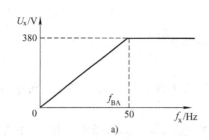
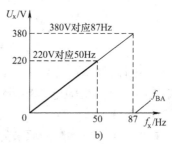

图 4-14　基本频率的设定

案例 2 中转矩提升已加到最大的情况下，设备 40Hz 过电流跳闸，说明 40Hz 时的转矩不够，在 $f_{BA}=50$Hz 时，40Hz 对应的电压为 308V 左右，如图 4-15a 中②线所示，①为基本 U/f 曲线，此时如果将基本频率适当调低，使 $f_{BA}=46$Hz，那么 40Hz 对应的电压为 342V 左右，也就提高了 40Hz 时的转矩。此时，同频率下电压升高 U/f 比升高，根据 $P=\dfrac{Tn}{9550}$ 得功率亦升高。

综上所述：

提高基本频率，相同频率下对应的电压较原来减小，U/f 减小，转矩减小，功率减小。

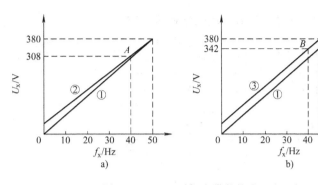

图 4-15　40Hz 时加大带载能力

降低基本频率，相同频率下对应的电压较原来增加，U/f 增加，转矩增加，功率增加。

2. 问题思考

1）某车间有一台送风机，目前用的电动机的参数是 380V、50Hz、75kW，而风机的功率只有 45kW，在风力不减小的情况下，怎样设计可以达到节能目的？

提示：电动机功率太大，可降低电动机功率节能，由于风力不能减小，工作频率必须是 50Hz，可以想办法降低 50Hz 时所对应的电压。

2）某进口电动机参数为 220V、70Hz，现配用 380V 变频器，如何设置？

二、不同磁极的电动机有效转矩的差别

【案例】　车间有一 6 极电动机坏了，由于它基座很大，安装空间小，安装很困难。车间的技术员认为可以用同容量的 4 极电动机来替换 6 极电动机，由于 $n_0 = 60f/p$，6 极电动机转速慢，只要将 $f\downarrow$，4 极电动机就可以正常工作了，结果很快 4 极电动机就冒烟了。

表 4-3 是同功率不同磁极电动机转矩之间的关系。表中，6 极电动机与 4 极电动机的转速比为 980/1480，根据 $P = Tn/9550$，在功率相同的情况下，满足：

$$\frac{T_{4j} n_{4j}}{9550} = \frac{T_{6j} n_{6j}}{9550}$$

$$T_{4j} = T_{6j}\frac{n_{6j}}{n_{4j}} = \frac{980}{1480} T_{6j} = 66\% \, T_{6j}$$

$$T_{6j} = \frac{1480}{980} T_{4j} = 1.5 T_{4j}$$

同理　　　　　　　　　　　　　　$T_{2j} = 50\% \, T_{4j}$

所以　　　　　　　　　　　　　　$T_{4j} = 2 T_{2j}$

式中，T_{6j} 是 6 极电动机的转矩；n_{6j} 是 6 极电动机的转速。

表 4-3　同功率不同磁极电动机转矩之间的关系

磁极对数	$n_N/$（r/min）	T_N	恒转矩区 f 的范围	1480 r/min 对应的 f/Hz
3（6 极）	980	T_{6j}	50Hz 以下	75
2（4 极）	1480	$T_{4j} = 66\% \, T_{6j}$	50Hz 以下	50
1（2 极）	2950	$T_{2j} = 50\% \, T_{4j}$	50Hz 以下	24

表 4-3 中的关系也可用图 4-16 来表示。图 4-16 中，线①为 2 极电动机的有效转矩线；线②为 4 极电动机的有效转矩线；线③为 6 极电动机的有效转矩线。可以看到：电动机的磁

极越多，转速越低，转矩越大，但恒转矩的调速区域越小。

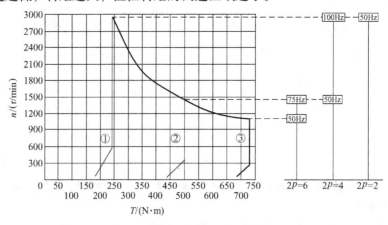

图 4-16　不同磁极对数电动机的有效转矩线

在前述案例中，由于用的 4 极电动机的有效转矩较 6 极电动机大幅减小，所以电动机带不动负载。

三、转矩提高的综合思考

【实例 1】 某电动机带重物做圆周运动，如图 4-17 所示。运行时，当重物到达 A 点后电动机开始过载，到达 B 点时容易堵转，怎样解决？（上限频率为 45Hz）

分析：A 点开始过载，B 点容易堵转，说明电动机转矩不够，需要增加转矩。本项目介绍了多种增加转矩的方法，下面通过增加传动比来解决该问题。

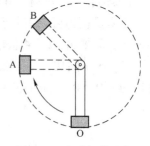

图 4-17　电动机带重物做圆周运动

上限频率是指变频器输出的最高频率，该频率可以自行设置。

1）如将传动比加大 10%，则在电动机转矩相同的情况下，带负载能力也加大 10%，但这时的上限频率应加大为

$$f'_H = f_H (1 + 10\%)$$
$$= 45 \times (1 + 10\%) \text{ Hz} = 49.5 \text{Hz}$$

2）如将传动比加大 15%，则在电动机转矩相同的情况下，带负载能力也加大 15%，但这时的上限频率应加大为

$$f''_H = f_H (1 + 15\%)$$
$$= 45 \times (1 + 15\%) \text{ Hz} = 52 \text{Hz}$$

由于 52Hz 已进入了调速的恒功率区，在这个区域内，电动机转矩不仅不会增加，反而会减小，因此，传动比加大范围只能为 10% ~ 15%，最好调速的区域不要进入恒功率区。如果此时带负载仍然吃力，则还可以辅以其他的方法，同学们可以自己分析。

【实例 2】 图 4-18 a 是一个 4 极电动机，额定功率为 75kW，传动比为 λ_1，带动一个大圆盘的负载，时常过载，起动困难。

分析：过载，起动困难是转矩不够，需要增大转矩，方法如下。

1）加大传动比：如果将传动比增加为 $\lambda_2 = 1.5\lambda_1$，此时负载侧的主动转矩为原来的 1.5

倍，而飞轮力矩 $(GD_L^2)'_2 = (GD_L^2)'_1/1.5^2$，飞轮力矩减小很多，这样既解决了过载的问题，又便于起动，如图4-18b所示。

2）用6极电动机取代4极电动机：由于 $T_{6j} = 1.5T_{4j}$，如图4-18c所示，负载侧的主动转矩为原来的1.5倍，解决了过载的问题。有效转矩线的改变可参照图4-18d，其中，线①为原有效转矩线。线②为传动比改变或改变电动机极数后的有效转矩线，由于此时50Hz时电动机轴上的转速只有980r/min，所以恒转矩区变小了。

比较上述两方案，同学们觉得哪种方案更好一些呢？

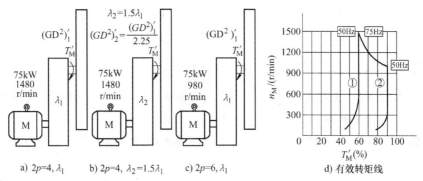

a) $2p=4,\ \lambda_1$　　b) $2p=4,\ \lambda_2=1.5\lambda_1$　　c) $2p=6,\ \lambda_1$　　d) 有效转矩线

图4-18　传动比与飞轮力矩

项 目 小 结

本项目介绍了多种提高转矩的方法，它们是增加补偿量（**V/F控制**）、矢量控制、增加传动机构或传动比、降低基本频率、增加磁极对数。

一、V/F 控制

1）**V/F控制**是通过提高 U/f 比来补偿 f_x 下调时引起的 T_{Kx} 下降，可以通过选择 U/f 控制曲线或设置转矩提升量来完成。

2）**V/F控制**是使变频器按照事先安排好的 U/f 关系在工作，而没有根据负载的变化来适时调整变频器的输出，因此这种控制方式的补偿程度不能随负载而变。

3）**V/F控制**选择不当常出现下面两种情况：①没有根据负载的类型选择 U/f 曲线，如二次方率负载却选择了恒转矩负载的 U/f 曲线；②负载经常运行在轻载状态，却按照最重载时选择了 U/f 比。上述情况都可能出现过电流故障。

二、矢量控制

1）矢量控制是模拟直流电动机的调速方法而得到的一种高性能的变频控制方式，它使变频器可以根据负载情况实时改变输出频率和电压（U/f 比），因此其有效转矩总可以满足负载的需求。只有在高性能的变频器中，才有此功能。

2）无反馈矢量控制是指在变频器的外部没有其他的反馈环节。而矢量控制时变频器的内部还是有反馈存在的。反馈量是CPU根据电动机的运行数据，如 I_1、I_2、x_2、r_2 等经过计算得到的一个反馈计算值。

3）使用矢量控制对变频器和电动机都有一些特殊要求，要注意满足。

三、传动机构和传动比

1）传动比：$\lambda = \dfrac{n_{max}}{n_{Lmax}}$，$\lambda > 1$ 时，传动机构为减速机构；$\lambda < 1$ 时，传动机构为增速机构。

2）传动机构的作用：①变速；②转矩、飞轮矩的传递和变换；③便于起动。

3）改变电源频率 f 就可以调节转速，省去传动机构，对风机、泵等二次方律负载来说，是可行的，但对于大多数的恒转矩、恒功率负载来说是不可取的。

四、基本频率、电动机磁极对转矩的影响

1）提高基本频率，相同频率下对应的电压较原来减小，U/f 比减小，转矩减小，功率减小。常用在减小电动机容量而实现节能的场合。

2）降低基本频率，相同频率下对应的电压较原来增加，U/f 比增加，转矩增加，功率增加。常用在需要增加转矩的场合。

3）$n_{N6j} = 0.66 n_{N4j}$，$n_{N4j} = 0.5 n_{N2j}$；$T_{6j} = 1.5 T_{4j}$、$T_{4j} = 2 T_{2j}$。可以看到：**电动机的磁极越多，其转矩越大，但恒转矩的调速区域越小。**

思 考 题

1. 什么是 **V/F** 控制？

2. 在什么样的情况下，会发生过分补偿，过分补偿严重时会有什么样的结果？

3. 为什么变频器在给出 U/f 控制曲线时，常给出多条供用户选择？

4. U/f 控制曲线分为哪些种类，分别适用于何种类型的负载？

5. 选择 U/f 控制曲线常用的操作方法分为哪几步？

6. 轻载过电流出现在何种情况下，如何防止它发生？

7. 矢量控制的基本指导思想是什么？矢量控制经过哪几种变换？

8. 对矢量控制中的 i_M^*、i_T^* 两个量，其中" * "的含义是什么？

9. **V/F** 控制和矢量控制的区别有哪些？各有何特点？

10. 使用矢量控制时有哪些具体要求？

11. "无反馈矢量控制"真的没有反馈吗？它和"有反馈矢量控制"的差别在哪里？

12. 传动比指的是什么？简述传动机构的作用。

13. 对于变频调速，不加装其他的变速装置即可调速，那么传动机构是不是就可以省略了呢？

14. 调节基本频率 f_{BA} 的作用是什么？分别用在什么地方？

15. 不同磁极电动机的转速和有效转矩有何关系？

16. 本项目介绍了哪几种增加转矩的方法？它们分别具有什么优势？

项目五 变频器的各种频率参数

一、学习目标

1) 了解变频器各种常见参数的意义及预置方法。
2) 掌握多挡转速控制、程序控制的操作步骤。

二、问题的提出

变频器的正常运行，除了选择合适的 U/f 比，还需要对各种参数进行预置，才能使变频后电动机的特性满足生产机械的要求。本节将介绍一些和频率有关的参数。变频器的各种功能我们将在以后各节中陆续介绍。

任务一 各种频率参数的意义及验证

一、各种频率参数的意义

1. 给定频率和输出频率

1) 给定频率：用户根据生产工艺的需求希望变频器输出的频率。给定频率是与给定信号相对应的频率。例如给定频率为 50Hz，其调节方法常有两种：一种是用变频器的面板来输入频率的数字量 50；另一种是从控制接线端子上用外部模拟（电压或电流）信号进行调节，最常见的形式就是通过外接电位器来完成。

2) 输出频率：变频器实际输出的频率。当电动机所带的负载变化时，为使拖动系统稳定，此时变频器的输出频率会根据系统情况不断地被调整。在变频器的 LED 显示器上读到的频率总是在给定频率附近跳跃，就是这个原因。从另一个角度来说，变频器的输出频率就是整个拖动系统的运行频率。

2. 上、下限频率

上、下限频率是指变频器输出的最高、最低频率，常用 f_H 和 f_L 来表示。根据拖动系统所带负载的工艺要求，也为保证拖动系统的安全和产品的质量，有时要对电动机的最高、最低转速给予限制。常用的方法就是给变频器的上、下限频率赋值。一般的变频器均可以通过参数来预置其上、下限频率 f_H 和 f_L。当变频器的给定频率高于上限频率 f_H 或者是低于下限频率 f_L 时，变频器的输出频率将被限制为 f_H 或 f_L。

例：预置 $f_H = 60Hz$，$f_L = 10Hz$。
若给定频率为 50Hz 或 20Hz，则输出频率与给定频率一致。
若给定频率为 70Hz 或 5Hz，则输出频率被限制为 60Hz 或 10Hz。

3. 跳跃频率

跳跃频率也叫回避频率，是指不允许变频器连续输出的频率，常用 f_J 表示。由于生产机械运转时的振动是和转速有关系的，当电动机调到某一转速（变频器输出某一频率）时，机械振动的频率和它的固有频率相一致时就会发生谐振，此时对机械设备的损害是非常大的。为了避免机械谐振的发生，应当让拖动系统跳过谐振所对应的转速，所以变频器的输出频率就要跳过谐振转速所对应的频率。

变频器在预置跳跃频率时通常采用预置一个跳跃区间，区间的下限是 f_{J1}、上限是 f_{J2}，如果给定频率处于 f_{J1}、f_{J2} 之间，变频器的输出频率将被限制为 f_{J1}。为方便用户使用，大部分的变频器都提供了 2～3 个跳跃区间。跳跃频率的工作区间可用图5-1所示。

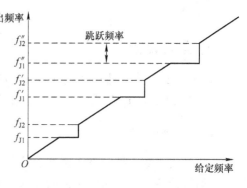

图 5-1　跳跃频率

例如：$f_{J1} = 30\text{Hz}$，$f_{J2} = 35\text{Hz}$，若给定频率为32Hz，则变频器的输出频率为30Hz。

$f_{J1} = 35\text{Hz}$，$f_{J2} = 30\text{Hz}$，若给定频率为32Hz，则变频器的输出频率为35Hz。

4. 点动频率

点动频率是指变频器在点动时的给定频率。生产机械在调试以及每次新的加工过程开始前常需进行点动，以观察整个拖动系统各部分的运转是否良好。为防止意外，大多数点动运转的频率都较低。如果每次点动前都需将给定频率修改成点动频率是很麻烦的，所以一般的变频器都提供了预置点动频率的功能。如果预置了点动频率，每次点动时，只需要将变频器的运行模式切换至点动运行模式，就不必再改动给定频率了。

5. 载波频率（PWM 频率）

由于变频器的输出电压是系列高频脉冲，脉冲的宽度和间隔均不相等，其大小取决于调制波（基波）和载波（三角波）的交点。载波频率越高，即三角波频率越高，一个周期内脉冲的个数越多，电流波形的平滑性就越好，但是对其他设备的干扰也越大。一般的变频器都提供了 PWM 频率调整的功能，用户在一定的范围内可以调节该频率，使波形平滑性最好，同时干扰也最小。因此载波频率可以调节输出电压的脉冲频率，而输出电压的大小是由调制波的大小来决定的。

二、常见频率参数的功能验证

频率参数的验证采用三菱变频器 FR-A700 为例加以说明，其他品牌的变频器请仔细阅读其说明书，参照操作。

1. 起动频率

只有给定频率达到起动频率时，变频器才有输出电压。

预置起动频率分别为：P. 13 = 20Hz；P. 13 = 30Hz。

分别在 PU 和外部操作模式下，记录电动机起动的瞬间变频器的输出电压。

操作方法是：将变频器的 LED 显示调整为电压显示，按下起动按钮的瞬间的显示值即是。

2. 点动频率

出厂时点动频率的给定值是 5Hz，如果想改变此值，则可通过预置 P. 15（点动频率）、

P. 16 （点动加、减速时间）两参数完成。设

$$P. 15 = 20Hz \qquad P. 16 = 10s$$

在 PU 操作模式下观察频率和电压值。

操作方法是：在 PU 点动操作模式下（JOG），按下"FWD"或"REV"键。参看项目一中任务三的相关内容。

3. 上、下限频率

设 P. 1 = 50Hz、P. 2 = 10Hz，当给定频率分别为 40Hz、60Hz、5Hz 时，记录变频器的输出频率和电压值。

4. 跳跃频率

三菱变频器通过 P. 31 ~ P. 32，P. 33 ~ P. 34，P. 35 ~ P. 36 给定了三个跳变区域，如果预置 P. 33 = 30Hz、P. 34 = 35Hz，当给定频率在 30Hz 和 35Hz 之间时，变频器的输出频率固定在 30Hz 运行，操作步骤如下：

1）在参数设定模式下，使 P. 33 = 30Hz，P. 34 = 35Hz。

2）按"MODE"键至监视模式。

3）按"SET"键至频率监视。

4）按"REV"（或"FWD"）使电动机运行，此时面板显示变频器的输出频率。

5）调节面板电位器，在 36Hz、34Hz、31Hz、28Hz 之间改变给定频率，观察输出频率的变化规律。

6）调节 P. 33 = 35Hz，P. 34 = 30Hz，按照 2）~ 5）的步骤操作，观察输出频率的变化。

任务二　多挡转速频率的控制和验证

一、多挡转速频率的控制

由于工艺上的要求，很多生产机械在不同的阶段需要在不同的转速下运行。为方便操作，希望将所有的运行频率一次性地输入变频器，操作工只需要按动按钮来选择各挡转速，这就是多挡转速频率的控制。几乎所有的变频器都设计了这种功能，它一方面使操作简单化，另一方面也减少了误操作。

1）多功能端子：有些变频器叫可编程输入（出）端子，是采用参数预置的方法来改变同一控制端子的功能，以节省变频器控制端子的数量。例如：森兰变频器的每个端子的意义均需要用参数预置，参看附录 C。而三菱系列变频器要改变其控制端子默认的含义，也需要用参数预置。三菱变频器的主要控制端子如图 5-2 所示。

STF（STR）：电动机正（反）转起动端子，与公共端 SD 接通时，电动机正（反）转。

RH：高速运行端子。

图 5-2 所示的各端子可以根据需要被定义为其他功能。

2）多挡转速频率的控制。多挡频率控制是通过几个开关

图 5-2　三菱变频器的
主要控制端子

的通、断组合来选择不同的运行频率。常见的形式是用 3 个输入端子来选择 7 挡频率。用 4 个输入端子来选择 15 挡转速。若在变频器的控制端子中选择三个输入端子 X_1、X_2、X_3，其 7 个频率挡次的状态组合见表 5-1。

表 5-1　输入端子的状态组合与频率挡次

频率挡次	f_{X1}	f_{X2}	f_{X3}	f_{X4}	f_{X5}	f_{X6}	f_{X7}
X_1 状态	0	0	0	1	1	1	1
X_2 状态	0	1	1	0	0	1	1
X_3 状态	1	0	1	0	1	0	1

根据表 5-1 中数据画成曲线图，即可得到 X 的状态组合与各挡工作频率之间的关系图，如图 5-3 所示。

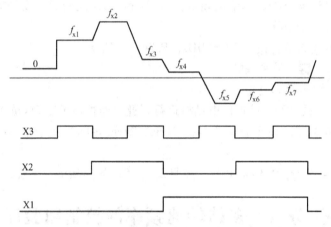

图 5-3　X 的状态组合与各挡工作频率

结合表 5-1、图 5-3 可以看到：当开关 X_3 闭合，X_1、X_2 断开时，变频器选择 f_{X1} 作为运行频率。其他各挡频率的选择可依此类推。

值得指出的是，在上述各挡频率的切换过程中，所有的加、减速时间和加、减速方式都是一样的。

二、多挡转速运行验证

1. 多挡运行速度的输入

三菱变频器多挡运行速度存放在参数中，其中：

1 ~ 7 挡存放在 P. 4 ~ P. 6，P. 24 ~ P. 27；

8 ~ 15 挡存放在 P. 232 ~ P. 239。

现输入 7 挡转速：

速度 1：P. 4 = 50Hz　　　　速度 2：P. 5 = 30Hz

速度 3：P. 6 = 10Hz　　　　速度 4：P. 24 = 15Hz

速度 5：P. 25 = 40Hz　　　　速度 6：P. 26 = 35Hz

速度 7：P. 27 = 8Hz

2. 多挡运行速度的选择

1) 用变频器控制端子进行切换。多挡速度控制只在外部操作模式或组合操作模式

（P.79 = 3，4）中有效。

2）三菱变频器可通过接通、关断控制端子 RH、RM、RL 选择 7 种速度。如果采用 RH、RM、RL、REX 四个端子通、断工作，则可以选择 15 挡转速。七挡转速接线图如图 5-4 所示。各开关状态与各段速度的关系如图 5-5 所示。

3）按图 5-4 接线，在外部运行模式或组合运行模式下，按图 5-5a 所示的曲线，合上 RH 开关，电动机按速度 1 运转；合上 RH、RL 开关，电动机按速度 5 运转；等等。

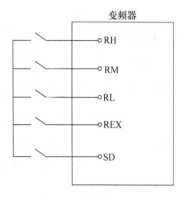

图 5-4　七挡转速接线图

4）接通 STF（STR）：以上步骤只是选择给定频率，还必须有电动机起动信号 STF（STR）= ON，电动机才能运转。

3. 15 挡转速的控制

1）设置速度 8~15。

速度 8：P.232 = 20Hz
速度 9：P.233 = 28Hz
速度 10：P.234 = 16Hz
速度 11：P.235 = 32Hz
速度 12：P.236 = 22Hz
速度 13：P.237 = 45Hz
速度 14：P.238 = 12Hz
速度 15：P.239 = 42Hz

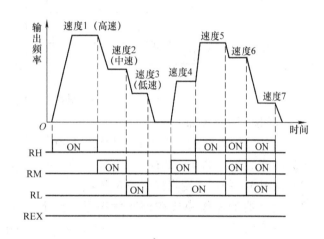

a)

2）定义第 4 个控制端子 REX。用多功能端子功能定义任一控制端子为 REX，即用 P.180~P.186 来安排某端子为 REX。由附录 B 中的端子功能选择可知：如果将 RT 端子定义为 REX 端子，可设 P.183 = 8。

3）按图 5-4 接线，通过 RH、RM、RL、REX 的通断进行速度选择。并按图 5-5 的曲线合上相应的开关，接通 STF（STR），则电动机即可按相应的速度运行。

4. 改变参数的运行

1）参阅附录 B，如果选 JOG 端子作为 REX，重做上述实验。

2）自行重新设置速度 1~速度 15 的数值，重做上述实验。

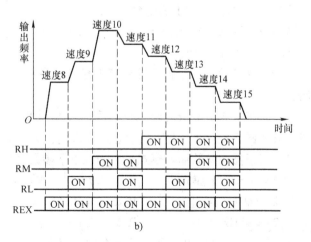

b)

图 5-5　多挡转速控制图

3）在 PU 操作模式下预置给定频率为 60Hz，此时再进行多挡转速控制该如何操作？60Hz 是否起作用？

4）若速度 1～速度 15 的大小不按图 5-5 的顺序排列，多挡转速控制能否执行？

三、多挡转速的 PLC 控制验证

1. 用 PLC 输出控制多速端子

前已述及，多挡转速的控制端子是 RH、RM、RL、REX。用手动选择它们的接通或关断，就可以选择不同的转速。现在用 PLC 的输出来控制上述端子的通断，接线图如图 5-6 所示。

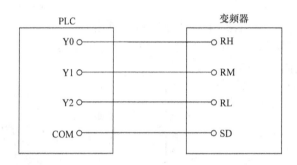

图 5-6　多挡转速控制时 PLC 与变频器的连接

变频器的参数预置如下：

1）在参数输入模式下，P. 4 = 10Hz（1 速）、P. 5 = 20Hz（2 速）、P. 6 = 30Hz（3 速）。

2）按图 5-7 的梯形图将程序输入 PLC。

3）变频器的操作模式在外部状态下，按下 PLC 的起动信号 X0。

4）如果 X0 是拨动开关，将 Y0 的自锁点去除，记录变频器频率输出的规律。

如果希望变频器的输出频率在 10、20、30 之间循环，梯形图该如何修改？

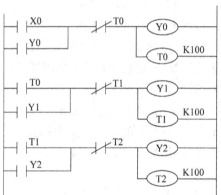

2. 用 PLC 解决一个接点控制若干接点的多挡转速

1）先在一块小木板上安装一个 7 挡转换开关 SA2，并按图 5-8 接线。此图的意思是 SA2 打到几挡，就选择第几挡转速。

图 5-7　多挡转速控制梯形图

2）变频器在参数输入模式下，输入以下参数。

P. 4 = 10Hz（1 速）　　　P. 5 = 20Hz（2 速）　　　P. 6 = 30Hz（3 速）

P. 24 = 40Hz（4 速）　　　P. 25 = 50Hz（5 速）

P. 26 = 45Hz（6 速）　　　P. 27 = 25Hz（7 速）

3）梯形图如图 5-9 所示，按此图输入程序。

4）变频器在外部操作模式下，转动 SA 的挡位观察输出频率的变化。

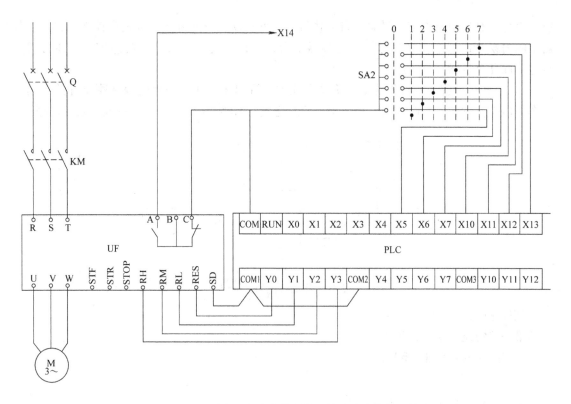

图 5-8　用 PLC 解决一个接点控制若干接点的多档转速接线图

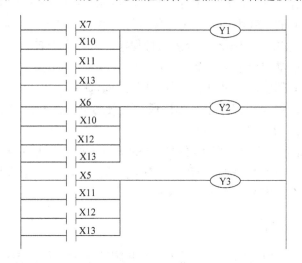

图 5-9　一个接点控制若干接点的多挡转速 PLC 梯形图

任务三　程序控制

一、程序控制概述

对于一个需要多挡转速操作的拖动系统来说，多挡转速的选择可用控制外部端子来切换，也可依靠变频器内部定时器来自动执行。这种自动运行的方式称为程序控制，有些变频器中叫简易 PLC 控制。在只有部分变频器中设计了该功能。如果选择程序控制，通常需要经过下面几个步骤。

1）已知运行程序：首先要掌握拖动系统的运行程序。如第一挡转速从哪里开始，运行频率为多少，持续多长时间再切换到第二挡转速等。图 5-10 是某一拖动系统的运行程序。

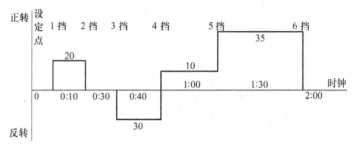

图 5-10 拖动系统的运行程序

该程序中：

第一挡转速：正转，20Hz，10s。

第二挡转速：停止，30s。

⋮

第五挡转速：正转，35Hz，1min30s 。

程序组：是用来存放一个运行程序所有数据的单元。一般的变频器都提供了 2～3 个程序组，供用户根据不同的负载用外部开关在各运行组中进行切换，以选择不同的运行程序。

2）程序的给定：根据已知拖动系统的运行程序，将程序中各种参数用变频器提供的功能码进行预置。预置通常包括下面几个步骤：

选择程序运行的时间单位：可以在"分/秒"之间选择。

选择一个程序组，将运行程序中各程序段的旋转方向、运行频率、持续时间（或开始时间）输入到所对应的指令中去。

3）程序组的选择和切换：在变频器的控制端子中选择三个开关 X1、X2、X3 在各程序组之间进行切换。若 X1 闭合，则选择第一程序组；若 X3 闭合，则选择第三程序组；若三个开关都闭合，则三个程序组依次执行一遍。

二、程序运行方式验证

程序运行时，按照预给定的时钟、运行频率和旋转方向在内部定时器的控制下自动执行运行操作，其中运行频率、旋转方向、时间单位等参数是需要预置的。

1. 参数预置

1）首先选择程序运行方式，P. 79 = 5。

2）选择程序运行时使用的时间单位，可选择"min/s"和"h/min"中的任一种，可利用下面的参数选择：

$$参数 P. 200 \begin{cases} 2： & min/s \quad 单位 \\ 3： & h/min \quad 单位 \end{cases}$$

程序运行的时间单位见表5-2。

3）变频器有一个内部定时器（RAM），要给定一个参考时间，程序运行在这一时刻开始，参数号为 P. 231 。

表 5-2 程序运行的时间单位

P. 200 给定值	P. 231
2	最大 99min59s
3	最大 99h59min

4）程序给定。旋转方向、运行频率、开始时间可以定义为一个点，每一个点用一个参数号表示，每10个点为一组，共分三组，参数号用 P. 201 ~ P. 230 表示。

给定点　旋转方向　频率　开始时间

程序组1 {
NO. 1　P. 201
NO. 2　P. 202
.
.
NO. 10　P. 210
}

程序组2 {
NO. 11　P. 211
NO. 12　P. 212
.
.
NO. 20　P. 220
}

程序组3 {
NO. 21　P. 221
NO. 22　P. 222
.
.
NO. 30　P. 230
}

对于某一参数如 P. 201 中应包含以下三个量：

a）旋转方向： {
0：停止
1：正转
2：反转
}

b）频率给定：按照运行曲线给定某一频率值。

c）开始时间：按照 P. 200、P. 231 的给定情况输入某一开始时间。

2. 外部接线

按图 5-11 接线。

（1）输入信号

STF = ON：预定程序运行开始信号；

RH = ON：选择预定程序组 1；

RM = ON：选择预定程序组 2；

RL = ON：选择预定程序组 3；

STR = ON：定时器复位信号。

（2）输出信号 在 P.76 = 3 的条件下

SU：所选择的组运行完成时有输出；

FU：程序组 1 正在运行时 FU 有输出；

OL：程序组 2 正在运行时 OL 有输出；

IPF：程序组 3 正在运行时 IPF 有输出；

当定时器被复位时，它们被清零。

RH、RM、RL 同时为 ON 时，程序组 1 首先被执行，运行结束后程序组 1 的日期参考时间被复位。程序组 2 开始运行，运行结束后，程序组 2 的日期参考时间被复位。程序组 3 开始运行，完成后 SU 有信号输出。

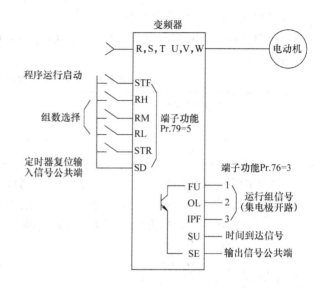

图 5-11　程序运行的外接线

3. 实验内容

1）单组程序运行。设有一运行曲线如图 5-10 所示，下面用程序运行的方式来实现它的运转。

a）参数预置。

预置 P.79 = 5、P.76 = 3、P.200 = 2，输入 P.201 的值：

- 在 P.201 中输入"1"（即旋转方向为正转），然后按"SET"键 1.5s；
- 输入 20（运行频率为 20Hz），按"SET"键 1.5s；
- 输入 0：10（开始运行时间为 10s），按"SET"键 1.5s；
- 调节面板电位器，移到下一个参数（P.202）。

依照上述 4 步骤按表 5-3 设置其余的参数。

表 5-3　程序运行的参数输入

NO	运行	参数给定值
1	正转，20Hz，10s	P.201 = 1，20，0：10
2	停止，30s	P.202 = 0，0，0：30
3	反转，30Hz，40s	P.203 = 2，30，0：40
4	正转，10Hz 1min	P.204 = 1，10，1：40
5	正转，35Hz 1min30s	P.205 = 1，35，1：30
6	停止，2min	P.206 = 0，0，2：00

b）外部接线。

- 确认变频器 EXT 灯亮。
- 程序组 1 的选择信号 RH = ON。

● 开始信号 STF = ON，使内部定时器被自动复位，按顺序执行所给定的运转程序，观察 FU 有无输出。

● 将 SU 的输出接到 STR，如图 5-12 所示，观察程序运行的结果。

2）多组程序运行。除了上面提到的运行曲线外，还有另外两条运行曲线，如图 5-13 所示，现要顺序执行这三条曲线，只需再将第二条，第三条运行曲线分别预置到程序组 2 和程序组 3 中去即可。

程序组 2：参数号 P. 211 ~ P. 220。

程序组 3：参数号 P. 221 ~ P. 230。

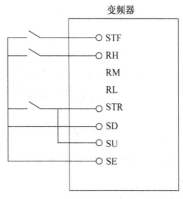

图 5-12　单个组的重复运行外接线

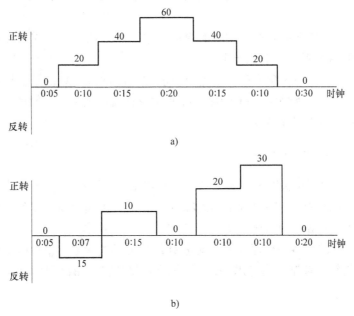

a)

b)

图 5-13　程序运行时的运行曲线

按照图 5-14 接线。

记录：

● RH = ON 时，程序的执行情况。

● RH、RM、RL 同时为 ON 时，程序的执行情况。

● 在 RH、RM、RL 同时为 ON 时，SU 输出接到 STR 端，如图 5-12 所示，程序的运行情况。

思考题：

1）完成程序运行需要经过哪几个步骤？

2）一个程序组中最多可有几个给定点，每一个点应该包括哪几项内容？

3）STF、STR 信号在这里有什么共同和不同点？

4）为何按照图 5-12 接线时，会出现实验中的现象？

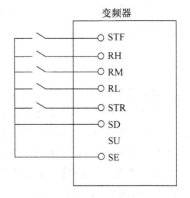

图 5-14　多组单次运行外接线

项 目 小 结

本项目介绍了各种常见频率参数的含义、预置方法及使用场合，特别是给定频率、上下限频率、多挡转速控制等参数在变频器的参数预置时，是必须考虑的。

一、各种频率参数的意义

1）给定频率和输出频率：含义不同，由于多数情况下其数值相似，因此很多人把它们混为一谈。

2）上、下限频率：是指变频器输出的最高、最低频率。如果给定频率在上、下限频率的范围以外，则变频器将不予输出。上、下限频率的数值通常是根据拖动系统所带负载的工艺要求来决定的。

3）点动频率：是指变频器在点动时的给定频率，只有在点动模式下才有效。在此模式下，原来长动时的给定频率将不起作用。

4）载波频率：虽说载波频率越高，电流波形的平滑性就越好，但它越高，输出脉冲的频率也越高，会出现一些意想不到的问题，除非对变频器很熟悉，一般情况下我们不建议改变载波频率，保持其出厂设置为好。

二、多挡转速频率的控制

1）将多个运行频率一次性地输入变频器，操作工只需要按动按钮来选择各挡转速，这就是多挡转速频率的控制。它一方面使操作简单化，另一方面也减少了误操作。

2）常见的形式是用3~4个输入端子来选择7~15挡频率。

3）用PLC输出进行多挡转速控制：就是用PLC的开关量输出来控制变频器输入端子的通断，来实现多挡转速控制。这是用PLC控制变频器时最简单的一种情况。

三、程序控制

1）多挡转速的选择是依靠变频器内部定时器来自动执行。这种自动运行的方式称为程序控制。

2）程序控制通常需要经过下面几个步骤：①已知运行程序；②参数的预置；③运行组的选择和切换。

思 考 题

1. 给定频率和输出频率有何不同？试举出给定频率不同于输出频率的两个例子，并说明为什么？

2. 如果给定频率的值小于起动频率，则变频器如何输出？

3. 如果给定频率的值大于上限频率的值，则变频器的输出频率为多少？

4. 给定频率为50Hz，点动频率为10Hz，在点动模式下，变频器的输出频率为多少？为什么？

5. 图5-15是一个搅拌设备，变频调速，工艺上要求该设备的最高、低转速为600r/min、150r/min，该设备的传动机构为一带轮，传动比为2，此时变频器的上、下限频率为多少？

6. P.33 = 30Hz、P.34 = 35Hz 和 P.33 = 35Hz、P.34 = 30Hz 这两种预置跳跃频率的方法，在运行结果上

有何不同?

7. 简述多挡转速频率控制的内涵及操作步骤。

8. 某同学做多挡转速频率控制的实验,按照老师的要求:①输入多挡运行频率,②用控制端子选择了某挡转速,但电动机就是不旋转,指出其问题出在哪里?

9. 什么是多功能端子? 三菱变频器是如何定义多功能端子的?

10. 用 PLC 进行多挡转速控制时,需要经过哪几个步骤?

11. 什么是程序控制,它与多挡转速控制有何差别?

12. 使用程序控制时,通常需要经过哪几个步骤?

13. 某搅拌装置的要求如下:先以 45Hz 正转 30min,再以 35Hz 反转 20min,每次改变方向前,应先将转速降至 10Hz 运行 1min,又停止 1min 后再起动。如此往复循环,直至按下停止按钮后停止运行。试设计其控制方案。

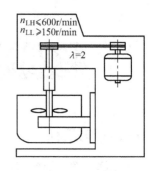

图 5-15 上下限频率的选择

项目六　变频器的加速与减速

一、学习目标

1. 了解变频器加减速特点。
2. 掌握变频器加减速时间及加减速方式的设置方法。
3. 了解变频器加减速过程中的常见故障。
4. 了解制动单元的作用及制动电阻的选择。
5. 了解变频器的常见保护及过载、过电流保护的区别。

二、问题的提出

加减速、起制动过程是变频器工作中故障高发的时段，从加减速时间到加减速模式，从制动单元到制动电阻，如果选择不当就有可能引发变频器的保护跳闸。本项目就是从这个角度出发逐一讲解。

任务一　加速及起动

【案例1】　如图 6-1 所示，有一啤酒瓶传输带，起动过程中经常发生啤酒瓶倒伏的情况，经变频改造后，此情况还时有发生，它们与起动加速过程的哪些参数有关呢？如何改变？

【案例2】　某生产线的工位操作传输带，每个工位加工完自己的作业后，传输带起动将工件传输到下一个工位，为提高劳动生产率，将加、减速时间从 3s 缩短至 2s，但变频器总是跳闸，加速时是过电流跳闸，减速时是过电压跳闸，什么原因？该如何处理？

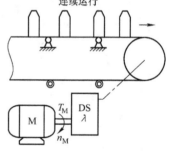

图 6-1　啤酒瓶传输带

一、工频起动与变频起动

1. 工频起动

工频起动就是电动机直接与工频电源相接，全压起动如图 6-2a 所示，在接通电源瞬间，电动机以同步转速切割额定磁通 Φ_{1N}（4 极电动机 $n_0 = 1500\text{r/min}$），此时，转子的电动势和电流都很大，反映到定子侧，定子电流达到额定电流的 4~7 倍。因此动态转矩也很大。

电磁转矩与负载转矩之差，称为动态转矩 T_J，即

$$T_M - T_L = T_J$$

动态转矩与转速之间的关系是：

$$T_J > 0 \rightarrow n \uparrow$$
$$T_J < 0 \rightarrow n \downarrow$$

$$T_J = 0 \rightarrow n \text{ 不变}$$

异步电动机在起动过程中的动态转矩如图 6-2b 阴影部分所示。图中，曲线①是电动机的机械特性，曲线②是负载的机械特性。由图 6-2b 知，在工频起动过程中，动态转矩是很大的，这将导致生产机械的各部件在起动过程中受到很大的机械冲击，各传动轴受到较大的剪切力，使生产机械的使用寿命受到影响。因此，10kW 以上的电动机通常要采用其他的方法起动以降低起动电流和动态转矩，减轻机械冲击。异步电动机升速过程曲线如图 6-2c 所示。

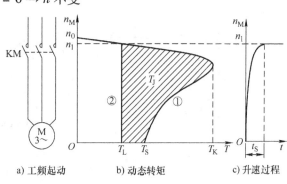

a) 工频起动 b) 动态转矩 c) 升速过程

图 6-2 工频起动过程

2. 变频起动

变频器通电后，电动机即按预置的加速时间从"起动频率"开始起动，电动机以很低转速切割额定磁通（恒磁通调速）。如果将起动频率降至 5Hz，4 极电动机同步转速只有 150r/min，转子绕组与旋转磁场的相对速度只有工频起动时的 1/10，故起动电流不大。

1）在整个起动过程中，随着 $f\uparrow$，机械特性不断上移，电动机转速总是从下一根特性向上一根特性转移，因此动态转矩很小，故升速过程能保持平稳，减小了对生产机械的冲击。变频起动过程中，电动机的机械特性曲线簇如图 6-3a 所示。

2）转速的上升快慢取决于用户预置的"加速时间"，用户可根据生产工艺的实际需要来决定加速过程。

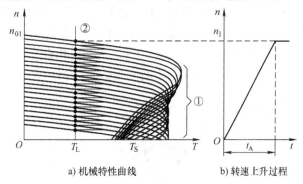

a) 机械特性曲线 b) 转速上升过程

图 6-3 变频起动过程

3）电动机起动转矩的大小可根据实际需要通过准确地预置变频器的功能来调整。

二、加速时间

1. 加速时间与电流

加速时间是指工作频率从 0Hz 上升至基本频率 f_{BA} 所需要的时间，如图 6-3b 中的 t_A。各种变频器都提供了在一定范围内可任意设定加速时间的功能，用户可根据拖动系统的情况自行给定一个加速时间。

加速时间的长短直接关系着起动电流的大小。加速时间短，意味着频率上升较快，如图 6-4a 所示，旋转磁场的转速 n_0 也迅速上升，如拖动系统的惯性较大，则电动机转子的转速将跟不上同步转速的上升，结果使转差增大，加速电流增大，甚至有可能因超过上限值 I_{MH} 而跳闸。反之，加速时间长，意味着频率上升较慢，如图 6-4b 所示，则电动机转子的转速将跟得上同步转速的上升，转差适度，加速电流不会太大。因此较长的加速时间会使起动过程平缓，但却延长了拖动系统的过渡过程。对于某些频繁起动的机械来说，将会降低生产效率。

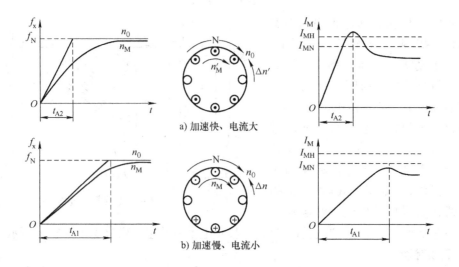

a) 加速快、电流大

b) 加速慢、电流小

图6-4　加速时间与电流

2. 加速时间的设定原则

1）依据负载的惯性大小设定加速时间。负载的惯性越大，也就是 GD^2 越大，加速时间就越长，否则有可能引起过电流。但是惯性大小很难计算，一般可通过下面实验粗略测得。

系统接通电源，运行稳定后，断电自由停车，从全速运行到完全停住所需时间的长短 t_{SP} 取决于拖动系统的惯性。时间常数的粗测如图6-5所示。

加、减速时间为 $t_A = t_D = \dfrac{t_{SP}}{3}$

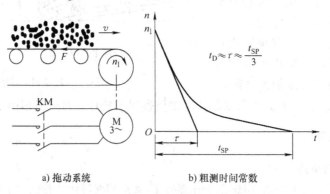

a) 拖动系统　　　　　b) 粗测时间常数

图6-5　时间常数的粗测

也可采取试探法：就是在电动机的起动电流不超过允许值的前提下，尽量地缩短加速时间。在具体的操作过程中，由于计算非常复杂，可以将加速时间设得长一些，观察起动电流的大小，然后再慢慢缩短加速时间。调整加速时间试验如图6-6所示。如果起动电流距离上限值小很多，可以将加速时间缩短一些，这样在试探的过程中将加速时间调整到一个合适的值。

2）负载本身对加速时间有要求：有些负载，像啤酒瓶传输带，加速时间太短，可能会引起啤酒瓶倒伏。生产线工位操作传输带加速时间太长，会影响生产效率等等。有些负载对起动时间并无要求，如风机和水泵，其加、减速时间可适当地预置得长一些。这种情况只有按照负载的要求设置。

3. 负载要求加速时间过短时的对策

由于负载的特殊要求，加速时间必须设置得非常短，但却引起系统过电流跳闸，用什么对策应对？解决的办法有以下三个。

1）加大传动比：电动机的电磁转矩增加，其动态转矩也就增加了；负载折算到电动机侧的 GD^2 减小为原来的 $1/\lambda^2$。参考式（4-4）。

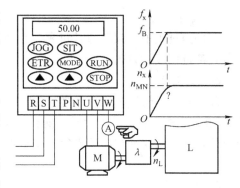

图6-6　调整加速时间试验

2）加大变频器容量：图6-7a所示变频器容量为73.7kW，额定电流为112A，由于变频器过载能力是150%，持续1s，也就是说，168A是电流上限，现在加速时间2s时，电动机电流超过上限，就过载了。如果将变频器容量增大到98.7kW，额定电流为150A，电流上限是225A，2s的加速时间就不会引起过载，如图6-7b所示。

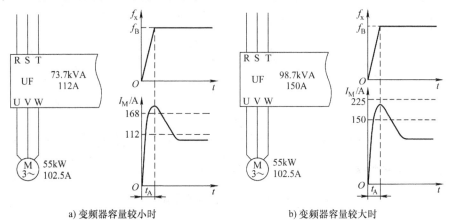

a) 变频器容量较小时　　　　　　　　b) 变频器容量较大时

图6-7　加大变频器容量快速起动

3）设置失速防止功能：用户根据电动机的额定电流 I_{MN} 和负载的情况，给定一个电流限值 I_{set}，（通常该电流给定为 $150\%I_{MN}$）。

如果过电流发生在加速过程中，当电流超过 I_{set} 时，变频器暂停加、减速（即维持 f_x 不变），待过电流消失后再行加、减速。加速时的失速防止过程如图6-8所示。

三、加速模式

不同的生产机械对加速过程的要求是不同的。变频器就根据各种负载的不同要求，给出了各种不同的加速曲线（模式）供用户选择。常见的曲线有线性方式、S形方式和半S形方式等。变频器的加速方式如图6-9所示。

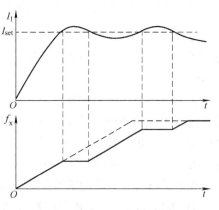

图6-8　加速时的失速防止过程

1. 线性方式

在加速过程中，频率与时间成线性关系，如图 6-9a 所示，如果没有特殊要求，一般的负载大都选用线性方式。

2. S 形方式

此方式初始阶段加速较缓慢，中间阶段为线性加速，尾段加速度又逐渐减为零，如图 6-9b 所示。这种曲线适用于带式输送机一类的负载。这类负载往往满载起动，对于静摩擦力较小的负载，刚起动时加速较慢，以防止输送带上的物体滑倒，到尾段加速度减慢也是这个原因。

3. 半 S 形方式

加速时一半为 S 形方式，另一半为线性方式，如图 6-9c 所示。对于风机和泵类负载，低速时负载较轻，加速过程可以快一些。随着转速的升高，其阻转矩迅速增加，加速过程应适当减慢。反映在图上，就是加速的前半段为线性方式，后半段为 S 形方式。而对于一些惯性较大的负载，加速初期加速过程较慢，到加速的后半段可适当提高其加速过程。反映在图上，就是加速的前半段为 S 形方式，后半段为线性方式。

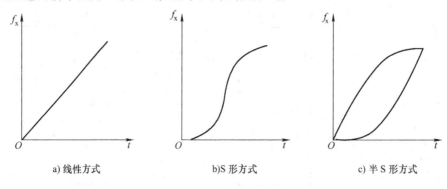

a) 线性方式   b)S 形方式   c) 半 S 形方式

图 6-9　变频器的加速方式

任务二　减速与停机

一、减速时电动机工作在发电状态

变频器的减速功能与其加速功能基本一一对应，比如说：减速时间及其选择标准、减速方式等，都与加速情况相同。所不同的是，变频减速时电动机工作在再生制动状态，如图 6-10 所示。

正常运行时，设工作频率为 50Hz，$n_0 = 1500 \text{r/min}$，电动机转速为 1440r/min。这时，可以看做 n_0 静止转子反方向切割 n_0，其转差 Δn 方向如图 6-10a 所示。转子电流和转子绕组所受电磁力 F_M 的方向如图 6-10a 所示。由图知，由 F_M 构成的电磁转矩 T_M 的方向和电动机的旋转方向 n 相同，从而带动转子旋转。此时电动机工作在电动状态。

频率下降时，假设频率下降为 45Hz，在频率刚下降的瞬间，由于惯性原因，转子的转速仍为 1440r/min，但旋转磁场的转速却已经下降 $n_0 = 1350 \text{r/min}$ 了。转子转速超过了磁场的转速，转子绕组变成为正方向切割旋转磁场了，转子电动势和电流等都与原来相反，电磁

转矩 T_M 的方向和电动机的旋转方向 n 相反，电动机处于再生制动状态，也就是电动机变成了发电机，如图 6-10b 所示。

从一般意义上来说，一台异步电动机在原动机的带动下，转子转速超过了旋转磁场的转速后，就开始发电。从能量平衡的观点看，变频减速的过程就是拖动系统释放动能的过程，所释放的动能使 $n > n_0$，动能也就转换成了再生电能。

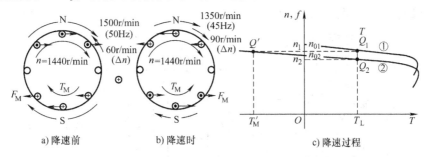

图 6-10 电动机的变频降速

二、减速时的泵升电压

减速时电动机发出的电能应该回馈电网，但由于变频器主电路中有一个直流部分，将电动机与电源隔离开，回馈的电能只能经与逆变管并联的反向二极管向电容充电，泵升电压就是指在减速的过程中，由于充电速度太快，从而引起直流侧电压快速升高。

减速时间的长短直接决定了是否会产生泵升电压。减速时间长，意味着频率下降较慢，则电动机的转速能够跟上频率的下降，转速下降过程中的发电量较小，从而直流电压上升的幅度也较小，如图 6-11a 所示。

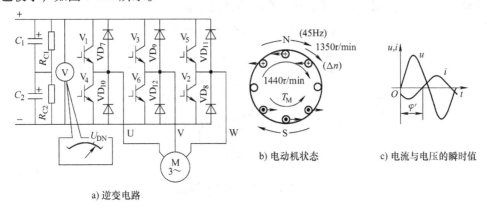

图 6-11 降速过程中的状态

反之，减速时间短，意味着频率下降较快，如拖动系统的惯性较大，则电动机转子的转速将跟不上同步转速的下降，电动机的发电量较大，泵升电压也大，导致直流电压偏高，有可能因超过上限值而跳闸。

预置减速时间的原则与加速过程一样，在生产机械的工作过程中，从提高生产率的角度出发，减速时间也应越短越好。但如上述，减速时间过短，容易产生"过电压"。所以，预置减速时间的基本原则，就是在不过电压的前提下，越短越好。

三、制动电阻和制动单元的作用

为了防止在减速过程中产生泵升电压，基本途径是将电容器上多余的电荷放掉，方法是在直流回路内接入制动电阻 R_B 和制动单元 BV。从能量的角度来说，是将电容上的多余能量消耗在制动电阻 R_B 上，制动单元 BV 相当于一个开关，当直流电压超过上限值时，BV 导通，电容开始放电，如图 6-12 所示。

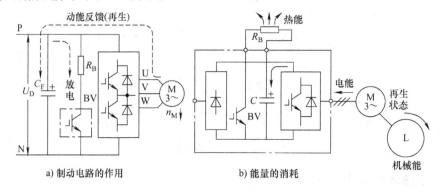

a) 制动电路的作用   b) 能量的消耗

图 6-12　接入能源电路

制动单元 BV 的工作原理如图 6-13 所示。

制动单元 BV 实际上就是一个 IGBT 管，它的通断是由其栅极控制电路决定的。U_A 是 BV 导通的基准电压，通常取 700V，直流侧的采样电压 U_S 与 U_A 比较，如果 U_S 大于 U_A，比较电路有输出，经功率放大后驱动 BV 导通。

有些负载本身要求减速时间很短，但时常会引起系统过电压跳闸，如果缩短电容放电时间，也就是减小 R_B 的阻值，是解决该问题的方法之一。

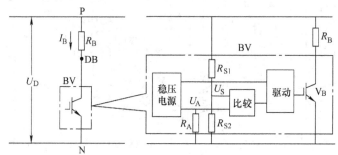

图 6-13　制动单元的构成

四、制动电阻的选择

1. 制动电阻的计算

制动电流的计算很麻烦。统计资料表明，当流过能耗电路的制动电流 I_B 等于电动机额定电流的一半时，电动机的制动转矩大约等于其额定转矩。

当 $I_B = I_{MN}/2$ 时，则

$$T_B \approx T_{MN}$$

式中，I_B 为制动电流（A）；T_B 为制动转矩（N·m）。

由图6-12a知，制动电阻为

$$R_B \geq \frac{U_{BH}}{I_B}$$

式中，R_B 是制动电阻值（Ω）；U_{BH} 是直流电压的上限值（V）。

U_{BH} 取值：国产变频器为600V；进口变频器为700~800V。

2. 制动电阻的容量

当制动电阻接入电路时，所消耗的功率为

$$P_{BO} = \frac{U_{BH}^2}{R_B}$$

制动电阻并不总是处于接通状态的，并且每次导通的时间往往不长，所以实际制动电阻的容量可以适当减小，即满足

$$P_B \geq \alpha_B P_{BO}$$

式中，α_B 是容量的修正系数。

用于减速或停机时，$\alpha_B = 0.1 \sim 0.5$；

用于运行发电时，$\alpha_B = 0.8 \sim 1.0$。

"运行发电"是指电动机在运行过程中，长时间处于发电机状态。例如：起重机械放下重物的过程、矿山巷道和电动扶梯的下行过程，以及卷绕机械的放卷过程等。

任务三 变频器的保护功能

【案例】 某车间20多台变频器有时会集体跳闸，报故障为过电压，重新加电起动后运转正常，这是什么问题？怎样解决？

前面说过，当加速时间过短、负载过重等情况出现时，变频器就会过电流或过载跳闸，过电流也就过载，过载也一定过电流，都是由变频器跳闸实现保护的，那么，变频器根据什么区别上述问题呢？

一、过载和过电流保护

1. 过载和过电流的区别

按照一般的理解，过电流比过载在程度上要严重一些，数值上也要大一些。但在变频器里它们的意义完全不同。过载保护是以电动机为保护对象的。当变频器的输出电流大于电动机的额定电流 I_{MN}，而又小于变频器自身允许的电流范围时，此种情况属于过载保护的范畴，根据过载系数的大小，到一定时间后实施跳闸，如图6-14a所示。

而过电流保护的保护对象为变频器。如果变频器的输出电流超过了变频器允许的电流范围就属于过电流保护了。如图6-14b所示，100%是变频器满负荷的位置，由于变频器的过载能力较差，最大是150%的过载，持续1min。

对于变频器的容量取得比电动机大一挡的情况，变频器如何判定电动机的额定电流呢？为此，变频器设置了一个"电流取用比"的功能，电流取用比的定义如下：

$$I_M\% = \frac{I_{MN}}{I_N} \times 100\%$$

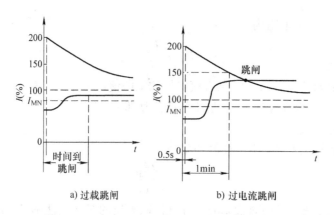

a) 过载跳闸   b) 过电流跳闸

图6-14 过载、过电流跳闸

式中，$I_M\%$是电流取用比；I_N是变频器的额定电流（A）；I_{MN}是电动机的额定电流。

只要设置了该值，变频器就能够了解所带电动机额定电流的大小，从而准确判断跳闸的时间。

变频器保护时具有反时限特性，如图6-15所示，图中：I_M/I_N为过载倍数，即电动机电流与其额定电流比值，过载倍数越大，保护动作时间就越短。由于和热继电器的保护特性相似，所以变频器的过载保护也叫电子热继电器保护。

由于电动机在低频运行时，内部的散热效果变差，所以过载保护曲线与运行频率有关。在过载率相同的情况下，运行频率越低，允许运行的时间越短，图6-15中，运行频率为50Hz时的保护曲线如曲线①所示；运行频率为20Hz时的保护曲线如曲线②所示；运行频率为10Hz时的保护曲线如曲线③所示。

2. 过电流的原因

（1）负载过重 当负载的折算转矩T'_L比电动机的电磁转矩大很多时，变频器的输出电流超过了自身的额定电流，即

$$I_x > I_N$$

当持续时间超过了变频器的承受能力时，变频器将跳闸，进行过电流保护，如图6-14b所示。

（2）负载过轻 低频轻载时，如果原来的转矩提升设置得过大，会使磁通大幅增加，引起尖峰励磁电流，变频器会过电流跳闸。

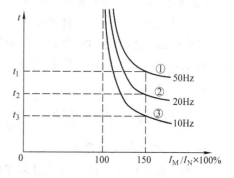

图6-15 保护时的反时限特性

（3）加速时间过短 由于加速时间过短，使电动机转子跟不上同步转速的增加，结果使转差增大，转子电流I_2增大并影响定子电流I_1也增大，有可能因超过上限值而跳闸。

（4）堵转过电流 由于机械的原因使负载卡住，导致电动机堵转，电流将急剧上升，导致过电流。

（5）故障过电流 输出侧短路（如图6-16a所示）、逆变桥直通（如图6-16b所示），都有可能引起过电流。逆变桥直通是指同一桥臂的两个逆变管同时导通，称为直通。其原因或由于环境温度的升高，或由于逆变管本身的老化，使它们在交替导通过程中的死区变窄，导致在一个逆变管尚未完全截止的情况下，另一个逆变管即开始导通。

（6）检测故障　如图6-16c所示，由于变频器的检测元件（如电流互感器）发生故障，而错误地将过大的检测电流输入CPU，从而引起过电流跳闸。

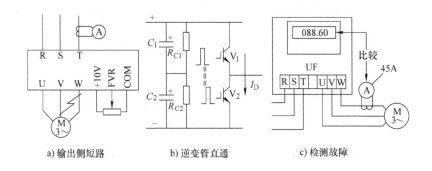

a) 输出侧短路　　　　b) 逆变管直通　　　　c) 检测故障

图6-16　故障引起的过电流

二、电压保护

电压保护分为过电压保护和欠电压保护，过电压的原因除了上面说的减速时间过短外，电源侧由于其他设备起动、故障等原因引起的冲击电压也会使变频器过电压跳闸，这种情况只要重新加电起动，变频器就又工作正常。

欠电压有可能是电源侧电压过低、断相或者是变频器主电路中的限流电阻烧断了，如图6-17所示。

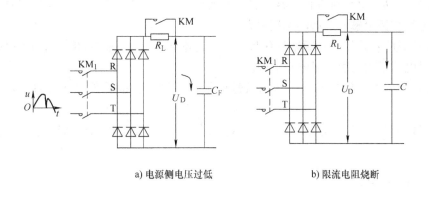

a) 电源侧电压过低　　　　　　　　b) 限流电阻烧断

图6-17　欠电压保护

三、自动重合闸

对于一些因干扰偶尔发生，既不连续也不重复的跳闸，合闸后即恢复正常的现象，变频器设置了自动重合闸功能，如图6-18 a所示。只要用户设定这种功能有效，跳闸后经规定的延时 t_{SP} 后，变频器就会根据程序自动搜索电动机的转速，并开始加速，为防止加速过电流，变频器会根据电流的大小适时地调整频率的大小，直至加速到原有频率。图6-18b是在停电后设置自动重合闸功能后变频器的调整过程。

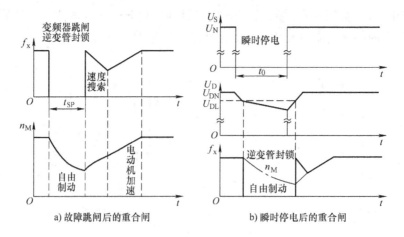

图 6-18　变频器的重合闸功能

项目小结

本项目介绍了变频加速起动过程中常见的加速时间、加速方式的选择，变频减速制动过程的特征以及加减速时常见故障以及解决故障的方法。对于工程上常见的制动电阻的选择，保护功能的作用及选择也作了详尽的介绍。

一、加速及起动

1）变频起动：电动机以很低转速切割额定磁通，起动电流较小。而工频起动是电动机以同步转速切割额定磁通，起动电流很大。

2）加速时间：是指工作频率从0Hz上升至基本频率 f_{BA} 所需要的时间，加速时间过短，会使电动机电流增大，引起过电流跳闸。

3）加速时间的设定原则：①依据负载的惯性大小；②按照负载本身对加速时间的要求。

4）负载要求加速时间过短时的对策：①加大传动比；②加大变频器容量；③设置失速防止功能。

二、减速与停机

1）变频减速时电动机工作在再生制动状态。回馈的电能通过反向二极管向滤波电容充电。

2）泵升电压就是指在减速的过程中，由于充电速度太快，引起直流侧电压急剧升高。减速时间过短，会使变频器直流侧电压增大，引起过电压跳闸。

3）制动电阻和制动单元作用：当直流侧电压超过上限值时，制动单元导通，电容开始对制动电阻放电。

三、变频器的保护功能

1）过载和过电流保护：前者的保护对象是电动机，而后者的保护对象是变频器。

2）在过载倍数相同的情况下，变频器过载保护的动作时间与电动机的速度有关，速度越低，动作时间越短。

3）电流取用比：根据此值变频器就能够了解所带电动机额定电流的大小，从而准确判断跳闸的时间。

4）电压保护：电压保护分为过电压保护和欠电压保护。

5）自动重合闸：用于一些因干扰偶尔发生，既不连续也不重复的跳闸，或瞬时停电时自动启动搜索原有频率的场合。

思　考　题

1. 变频起动有何特征？它与工频起动的主要差别有哪些？

2. 什么是加速时间？如果加减速时间过短，会有什么后果？

3. 加速模式有哪几种，各有何特点？

4. 加速时间的设定原则有哪几条？

5. 负载要求加速时间过短时，常用的对策有哪几个？

6. 为什么说变频减速时，电动机处于再生制动状态？

7. 什么是泵升电压，它有何危害？什么情况下会产生泵升电压？

8. 制动单元 BV 有何作用？试分析其工作原理。

9. 过载和过电流有何区别？变频器如何判断是过载还是过电流？

10. 什么是失速防止功能？

11. 什么是电流取用比？它有何作用？

12. 产生过电流的原因有哪些？

13. 在相同负荷电流的情况下，变频器过载保护的动作时间与速度有关吗？为什么？

14. 产生欠电压的原因有哪些？变频器如何处理这种故障？

15. 自动重合闸功能常用于什么场合？

一、学习目标

1. 了解变频器输入/输出控制端子的种类及作用。
2. 了解频率给定线的意义及预置方法。
3. 掌握变频器输出端子与外接继电器线路、PLC 的连接方法。
4. 了解变频/工频供电的切换方式。
5. 用实验的方法让学生掌握三菱变频器输入/输出控制端子的连接、使用及参数预置。

二、问题的提出

曾经有人认为，以前用继电器控制电路控制电动机工作，现在变频器能够控制电动机了，继电器控制电路就可以不用了。比如：起动时，变频器从低频低压起动电动机，自然就不再需要诸如 Y-△减压起动控制电路了。其实不然，继电器控制电路在变频调速系统中仍然具有不可取代的作用。继电器与变频器的连接通常是通过变频器的控制端子完成的。变频器的端子可以分为主电路端子和控制电路端子。主电路端子 R、S、T 及 U、V、W 的作用在项目一中有详尽的介绍。控制电路端子也叫外接输入/输出端子，通常有模拟量输入/输出端子，开关量输入/输出端子。

任务一 变频器的控制端子

【案例】 用外接电位器为变频器提供给定频率时，其模拟电压的范围为 0～10V，通常 0V 对应 0Hz，10V 对应 50Hz，现有一台进口设备，用一台控制仪的输出作为频率给定，控制仪输出电压为 2～10V，要求变频器在 2V 对应 0Hz，10V 对应 55Hz，如何解决呢？

一、变频器的输入控制端子

变频器的外接输入端子的大致安排如图 7-1 所示。

1) 模拟量输入端，即从外部输入模拟量信号的端子，如图 7-1 中端子 VI1、VI2 和 II。其中：VI1 输入主给定信号，是频率给定信号，模拟电压越大，给定频率就越大；VI2 输入辅助给定信号，是叠加到主给定信号的附加信号，由 VI1、VI2 的叠加值决定给定频率的大小。

变频器配置的模拟量输入信号有：

① 电压信号：如 0～10V、-10～10V 等。
② II 电流信号：如 0～20mA 等。

2) 开关量输入端，接收外部输入的各种开关量信号，以便对变频器的工作状态和输出频率进行控制，主要有以下几类：

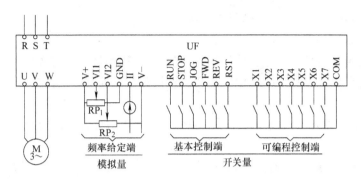

图 7-1　外接频率给定示例

①　基本控制输入端，如正转（FWD）、反转（REV）、复位（RST）等，基本控制输入端在多数变频器中是单独设立的，其功能比较固定。

②　可编程输入端，端子的具体功能需通过功能预置来决定，也叫多功能输入端。如多挡转速控制，多挡升、降速时间控制，转速递增和递减控制等。

（一）模拟量频率给定

1. 频率给定线

（1）频率给定线的定义

1）由模拟量进行外接频率给定时，变频器的给定频率 f_x 与给定模拟信号 X 之间的关系曲线 $f_x = f(X)$ 即为频率给定线。这里的给定信号 X，既可以是电压信号 U_G，也可以是电流信号 I_G。频率给定线如图 7-2 所示。

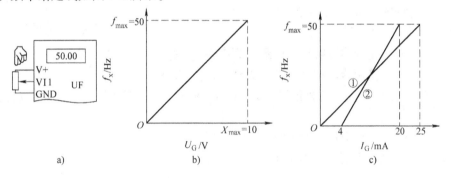

图 7-2　频率给定线

2）基本频率给定线。在给定信号 X 从 0 增大至最大值 X_{max} 的过程中，给定频率 f_x 线性地从 0 增大到 f_{max} 的频率给定线称为基本频率给定线。其起点为（$X = 0$，$f_x = 0$）；终点为（$X = X_{max}$，$f_x = f_{max}$），如图 7-2b 中曲线及图 7-2c 中的曲线①所示。

例：假设给定信号为 4～20mA，要求对应的输出频率为 0～50Hz。

则：$I_G = 4$mA 与 0Hz 相对应，$I_G = 20$mA 与 50Hz 相对应，作出的频率给定线如图 7-2c 中的曲线②所示。

（2）频率给定线的预置　频率给定的起点坐标和终点坐标可以根据拖动系统的需要任意预置。

1）起点坐标（$X = 0$，$f_x = f_{BI}$）。

这里，f_{BI} 为给定信号 $X = 0$ 时所对应的给定频率，称为偏置频率。在森兰 SB60 系列变频器中，偏置频率的功能码是 F302；在 FR-A700 系列变频器中，偏置频率的功能码是 C2，

A500 的功能码是 Pr. 902（当给定信号为电压信号时）。

2）终点坐标（$X = X_{max}$，$f_x = f_{xM}$）。

这里，f_{xM} 为给定信号 $X = X_{max}$ 时对应的给定频率，称为最大给定频率。

预置时，偏置频率 f_{BI} 是直接设定的频率值；而最大给定频率 f_{xM} 常常是通过预置"频率增益"$G\%$ 来设定的。

$G\%$ 的定义是：最大给定频率 f_{xM} 与最大频率 f_{max} 之比的百分数，即

$$G\% = (f_{xM}/f_{max}) \times 100\%$$

如 $G\% > 100\%$，则 $f_{xM} > f_{max}$。这时的 f_{xM} 为假想值，其中，$f_{xM} > f_{max}$ 的部分，变频器的实际输出频率等于 f_{max}。

在 SB60 系列变频器中，频率增益的功能码是 F300；在 FR-A700 系列变频器中，频率增益的功能码是 C4，A500 的功能码是 Pr. 903（当给定信号为电压信号时）。

预置后的频率给定线如图 7-3 中的曲线 ②（$G\% < 100\%$）与曲线 ③（$G\% > 100\%$）所示。

（3）最大频率、最大给定频率与上限频率的区别　最大频率 f_{max} 和最大给定频率 f_{xM} 都与最大给定信号相对应，但最大频率 f_{max} 通常是根据基准情况确定的，而最大给定频率 f_{xM} 常常是根据实际情况进行修正的结果。

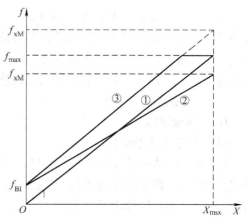

图 7-3　频率给定线的预置

当 $f_{xM} < f_{max}$ 时，变频器能够输出的最大频率由 f_{xM} 决定，f_{xM} 与 X_{max} 对应。

当 $f_{xM} > f_{max}$ 时，变频器能够输出的最大频率由 f_{max} 决定。

上限频率 f_H 是根据生产需要预置的最大运行频率，它并不和某个确定的给定信号 X 相对应。

当 $f_H < f_{max}$ 时，变频器能够输出的最大频率由 f_H 决定，f_H 并不与 X_{max} 对应。

当 $f_H > f_{max}$ 时，变频器能够输出的最大频率由 f_{max} 决定。

如图 7-4 所示，假设给定信号为 0～10V 的电压信号，最大频率为 $f_{max} = 50Hz$，最大给定频率为 $f_{xM} = 52Hz$，上限频率为 $f_H = 40Hz$。则：

频率给定线的起点为（0，0），终点为（10，52）。

在频率较小（<40Hz）的情况下，频率 f_x 与给定信号 X 之间的对应关系由频率给定线决定。如 $X = 5V$，则 $f_x = 26Hz$。

变频器实际输出的最大频率为 40Hz。在这里，与上限频率（40Hz）对应的给定信号 X_H 为多大并不重要。

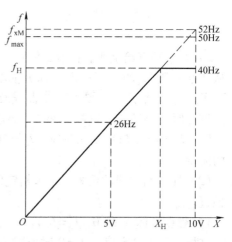

图 7-4　f_{max}、f_{xM} 与 f_H

（4）几个实例

【实例1】　传感器的输出信号为 1～5V，直接作为变频器的给定信号，但要求输出频率的范围是 0～50Hz。

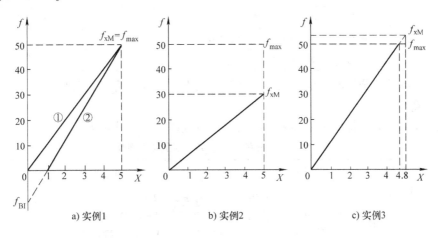

图 7-5　几个实例的频率给定线

分析：因为变频器要求的电压给定信号是 0～5V，其基本频率给定线如图 7-5a 中的曲线①所示，而实际需要的频率给定线如曲线②所示。由图知，应预置偏置频率 f_{BI}。根据相似三角形原理：

$$\frac{5}{4} = \frac{x}{50} \qquad x = 62.5$$

$$f_{BI} = 50Hz - 62.5Hz = -12.5Hz$$

【实例2】　某变频器采用电位器给定方式，用户要求：当外接电位器旋到底时的最大输出频率为 30Hz。

分析：根据用户要求作出频率给定线如图 7-5b 所示，$f_{xM} = 30Hz$，$f_{max} = 50Hz$，由图知，应该预置频率增益 $G\%$。因为所要求的最大频率低于基本频率，故 $G\% < 1$，结果如下：

$$G\% = 60\%$$

【实例3】　某仪器输出电压为 0～5V 时作为频率给定信号，此时变频器实际频率变化范围为 0～48Hz，如何修正为 0～50Hz？

分析：根据题意知，48Hz 是最大给定信号 5V 实际对应的输出频率，所以 $f_{max} = 48Hz$。50Hz 是经过修正后 5V 对应的输出频率，所以 $f_{xM} = 50Hz$。

从另一方面来说，这种情况发生的原因，是由于测量误差引起的。仪器输出电压的 5V，与变频器内部的 5V 不相吻合。根据上述情况作出的频率给定线如图 7-5c 所示。由图知，仪器输出的 5V 比变频器 5V 小，只相当于变频器的 4.8V。即：要求变频器在给定电压为 4.8V 时，输出频率为 50Hz。由此求出：

$$G\% = 104.2\%$$

（5）频率给定线的其他预置方法　对于欧美变频器，它们常采用直接坐标法预置频率给定线。即直接预置起点坐标和终点坐标。对实例1来说：

起点坐标（1，0），终点坐标（5，50）。

以康沃 CVF-G2 系列变频器为例，其相关功能见表 7-1。

表7-1 变频器的功能设置

变频器型号	功能码	功 能 名 称	数据码
康沃 CVF-G2	L—34	VI1 输入下限电压	1V
	L—35	VI1 输入上限电压	5V
	L—49	输入下限时对应设定频率	0Hz
	L—50	输入上限时对应设定频率	50Hz

问题：对本任务开始时所说的案例，又该如何设置其频率给定线呢？

2. 模拟量范围

各种品牌的变频器都提供了各种等级的模拟量频率给定，见表7-2。

表7-2 不同品牌变频器的模拟量给定等级

型号	功能码	功能名称	可选数据码
三菱 FR-A500	Pr. 73	0~5V/0~10V 的选择	0：0~10V（端子2） 0~±10V（端子1） 1：0~5V（端子2） 0~±10V（端子1） 2：0~10V（端子2） 0~±5V（端子1） 3：0~5V（端子2） 0~±5V（端子1）
富士 G11S	F01	频率设定	1：端子(0~+10V)设定 2：端子(4~20mA)设定 3：电压输入+电流输入 4：有极性电压输入(-10~+10V) 5：有极性电压输入+电压辅助输入 6：电压输入反动作(+10~0V) 7：电流输入反动作(20~4mA)

利用模拟给定电压的正负，可以方便地实现电动机正反转，如图7-6a所示。也有些变频器可以将模拟给定电压的正值分段来对应电动机正反转，如图7-6b所示。由于频率过零点对应的模拟电压值很难找准，因此常用一个区域表示，即图中 ΔX。

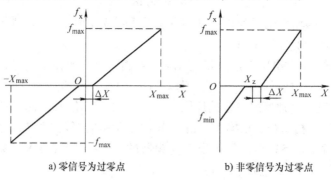

a) 零信号为过零点　　　　b) 非零信号为过零点

图7-6 模拟量给定的正、反转控制

（二）开关量输入端子

在项目五中，多挡转速控制、程序控制都是用开关量输入端子控制完成的。下面再介绍该类端子的几种常见用法。

1. 自锁控制功能

在继电器控制电路中，常用自锁方法以保证电动机的长动，变频器在控制电动机正反转时，也设计了这种功能，图7-7中FWD、REV分别是正反转控制端子，仅仅只用正转按钮 SB$_F$ 和反转按钮 SB$_R$ 控制，不能实现长动，此时定义一个三线式控制端子 X1 按图示接线即可实现自锁。FWD = ON，电动机正转，FWD = OFF，正转保持，直到 X1 = OFF，电动机停机，反转同理。几乎所有的变频器都有这种功能。

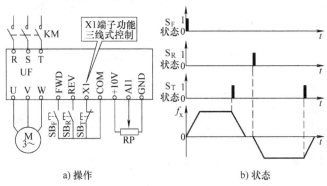

图7-7　正反转的自锁控制之一

2. 点动控制功能

不同的变频器设置点动的方法不同，有的是用操作模式完成点动操作的，如三菱的 JOG 模式，也有的变频器是通过设置点动端子来完成的。图7-8中分别设置 X1、X2 为正转点动和反转点动端子，当它们接通时电动机就会按照设置的点动频率和点动加减速时间点动运行。

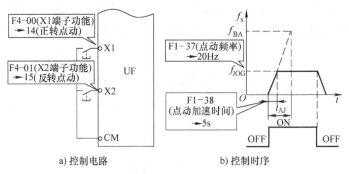

图7-8　点动控制

3. 逆变管封锁

故障时，变频器首先封锁逆变管，再给出故障报警。如果需要紧急停机，变频器都给出了封锁逆变管的端子。图7-9中，当小车运行至左右极限位置，压合限位开关 SQ$_1$、SQ$_2$ 时，只要封锁逆变管，变频器就不会跳闸。此时只要设置 X4 为逆变管封锁端子，当 SQ$_1$、SQ$_2$ 闭合时，变频器无输出，小车就停下来了。

4. 升降速控制

给定频率除了上面所说的由面板或电位器给出以外，还可以通过升降速端子来改变。如图7-10所示，首先定义 X1、X2 分别为升、降速端子，当 X1 = ON 时，输出频率上升，X1 = OFF 时，输出频率保持。X2 为 ON 时，输出频率下降，X2 为 OFF 时，输出频率保持，如图7-10b 所示。

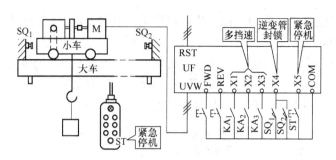

图7-9 外部故障与逆变管封锁

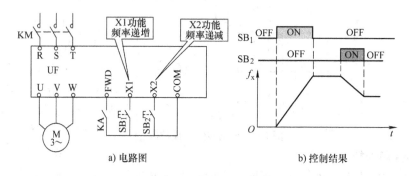

a) 电路图   b) 控制结果

图7-10 升、降速端子的功能

作为升降速控制的应用之一，恒压控制非常经典，如图7-11所示，这里使用的压力传感器SP是电继电压力表，当管网压力低于下限值时，其动触点与下限点接通，此时变频器的输出频率增加，因此X1应该为递增端子。反之，当管网压力高于上限值时，其动触点与上限点接通，此时变频器的输出频率应该减小，X2应该为递减端子。

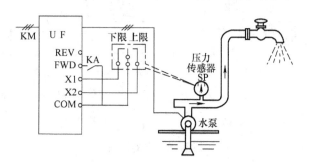

图7-11 利用升、降速端子进行恒压控制

二、变频器的输出控制端子

（一）变频器的输出控制端子介绍

变频器的输出控制端子是由报警输出端子、测量输出端子和多功能输出端子组成，如图7-12所示。

1. 报警输出端子

报警输出端子是最重要的输出端子，继电器输出，在变频器发生故障时，触点动作，常闭触头（TA—TB）断开，常开触头（TA—TC）闭合。图7-13是故障时的声光报警外接电

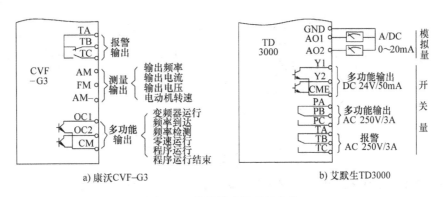

图 7-12　外接输出端子的安排

路。变频器正常工作时，TA—TB 闭合，按下 SB$_F$→KM 闭合，变频器加电起动。故障时，TA—TB 断开，KM 断电，变频器失电，TA—TC 闭合，KA 得电闭合，开始声光报警。当然，声光报警的电路很多，这里仅仅介绍了一种，大家可以自行设计一个控制电路来完成这种功能。

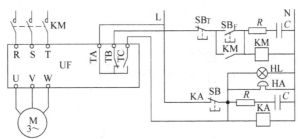

图 7-13　报警输出端子的应用示例

2. 测量输出端子

测量输出端子也叫模拟量输出端子，输出直流电压或电流，可以通过外接直流电压表、电流表测量变频器的各项运行参数。如图 7-14 所示，经常测量的是频率、电压和电流。除此以外，还可以通过功能预置测量其他运行数据，如转矩、负荷率、功率。为什么可以这样做呢？因为模拟量输出端输出的是与被测

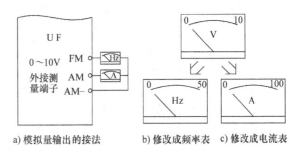

a）模拟量输出的接法　b）修改成频率表　c）修改成电流表

图 7-14　模拟量输出端子的应用示例

量成正比的直流电压信号或电流信号。当变频器输出频率在 0～50Hz（也可以预置为其他值）内变化时，其电压将在 0～10V、电流在 0～20mA 内变化。也就是说，模拟量输出端的一个确定的电压或电流是与一个确定的频率、转速相对应的，因此我们就可以用直流电压表或电流表来测量上述相关的物理量。实际使用时，常常需要进行必要的设置。

3. 多功能输出端子

多功能输出端子，有晶体管输出和继电器输出两种，前者只能接低压直流负载，如图 7-15a 所示，而后者既可以接直流负载，也可以接交流负载，如图 7-15b 所示。多功能输出端子是开关量输出，当 OC1 有输出时，OC1 与 CM 接通。PC 有输出时，PC 与 PB 接通。多功

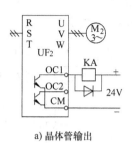

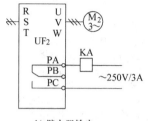

a) 晶体管输出   b) 继电器输出

图 7-15　多功能端子的接线

能输出端子通常在变频器达到某种状态时有输出，如变频器处于运行状态时，其运行中端子 RUN 有输出。最常用的多功能端子还有频率到达端子和频率检测端子。

（1）频率到达端子　是指变频器的输出频率 f_x 已经到达了给定频率 f_G 时，频率到达端子 Y1 有输出。根据需要还可以预置一个检测的幅值 Δf，意思是：只要在给定频率 $\pm \Delta f/2$ 上下的幅值范围内，Y1 都有输出，如图 7-16a 所示。

（2）频率检测端子　是指变频器的输出频率 f_x 已经到达了任一指定频率 f_{set} 时，频率检测端子 Y2 有输出。随着 f_x 的升高，Y2 一直有输出，直到 f_x 降到 f_{set}，Y2 断开。如果预置一个频率检测滞后值 Δf，那么 f_x 可以降到 $f_{set} - \Delta f$，Y2 才停止输出，如图 7-16b 所示。频率检测与频率到达最大的区别就是 f_{set} 可以根据需要预置为任一值，Δf 为频率检测滞后值。

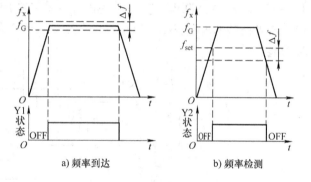

a) 频率到达   b) 频率检测

图 7-16　频率到达与频率检测

可以看到：在变频器到达某频率时，相关的端子就有输出，该输出就可以作为变频器的输出信号与其他自动化设备协调工作。比如，该信号可以起动 PLC 的相关程序，使 PLC 控制变频器自动工作。此内容在任务二中将作详细介绍。

（二）应用举例——间歇传输带的控制

间歇传输带用于流水生产线，如图 7-17a 所示。传输带上等距离地挂着被加工部件，每个部件上方，都有一个"挡块 B"。每移动一个"工位"，挡块 B 与接近开关 SP（或行程开关）相遇后，传输带便停止移动，并滞留 120s，以便加工。滞

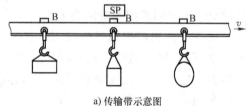

a) 传输带示意图

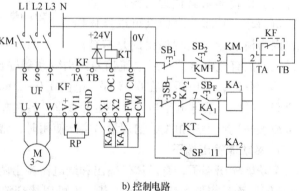

b) 控制电路

图 7-17　间歇传输带

留时间结束，又开始移动，如此循环不已。

控制电路如图 7-17b 所示，说明如下：

接触器 KM₁ 用于接通变频器 UF 的电源；继电器 KA₁ 用于控制电动机的运行；继电器 KA₂ 用于控制变频器内部计时器的开始与复位（X1 端预置为计时开始，X2 预置为计时器复位），内部计时器的计时时间即为传输带的滞留时间（120s）；变频器的输出控制端 OC1 预置为内部计时器"时间到"的信号端，用于控制继电器 KT 的工作；电位器 RP 用于调节传输带的传输速度。

控制电路的工作过程如下：

按 SB₂→KM₁ 线圈得电→KM₁ 主触点闭合→变频器通电

按 SB_F→KA₁ 线圈得电→KA₁（7—9）闭合→KA₁ 自锁

　　　　　　→KA₁（FWD—CM）闭合→电动机起动，传输带移动。

当下一工位的挡块 B 与接近开关相遇时

→SP 闭合→KA₂ 线圈得电→KA₂（5—7）断开→KA₁ 线圈断电

　　　　　　　→KA₁（FWD—CM）断开→电动机停止

　　　　　　　→KA₂（X1—CM）闭合→计时器开始计时

　　　　　　　→KA₂（X2—CM）断开→计时器不复位

当计时器"时间到"时，OC1—CM 导通

→KT 线圈得电→KT（5—9）闭合→KA₁ 线圈得电

→KA₁（FWD—CM）闭合→电动机起动

当传输带开始移动后，挡块 B 离出 SP

→SP 断开→KA₂ 线圈失电

→KA₂（5—7）闭合→KA₁ 能够自锁

→KA₂（X1—CM）断开→停止计时

→KA₂（X2—CM）闭合

→计时器复位

任务二　变频器控制端子功能验证

本任务以三菱变频器 FR-A500 为例，介绍以下各实验的操作步骤。下述内容中所用的操作码的功能请参阅附录 B。

一、监视器输出信号的应用验证

本实验的目的有二：一是改变 LED 监视器显示内容；二是用模拟量输出端子显示变频器运行参数。

1. 改变 LED 监视器显示内容

变频器复位后，LED 监视器显示的内容为 f、U、I（三菱变频器是用"SET"键在它们之间切换），也可以用参数设定显示其他内容。Pr.52 设定监视器显示选择见表 7-3。

1）在 LED 上显示电动机转速。

已知电动机额定参数：50Hz，1400r/min，4 极。参数设定：

Pr. 52 = 6，显示电动机转速；Pr. 505 = 50，设定基本频率；Pr. 37 = 1400，在基本频率下，监视器显示的转速；Pr. 144 = 104，设定电动机的极数。参见附录 B。

表 7-3　Pr. 52 设定监视器显示选择

Pr. 52	内容
0（默认）	显示频率（可用"SET"键切换 f、U、I）
1	显示频率（不可切换）
2	显示电流（不可切换）
6	电动机的转速
7	电动机的转矩
8	直流母线电压
10	电子过电流保护负荷率
18	电动机励磁电流
20	累计通电时间
23	实际运行时间
24	电动机负荷率
50	省电效果
52	PID 目标值
53	PID 测量值
54	PID 偏差

经过上述设置后，当电动机的运行频率为任意 f_x 时，变频器 CPU 可以计算出一个转速在 LED 上显示。LED 显示内容可在 f、I、n 之间用"SET"键切换。

2）在 LED 上显示电动机的励磁电流、累计通电时间、直流母线电压。

Pr. 52 = 18，Pr. 52 = 20，Pr. 52 = 8，其他参数请参阅附录 B。

2. 用变频器输出端子的模拟信号显示不同的运行参数

三菱变频器的模拟信号输出端子有 AM、5 和 CA、5。参见附录 B 中的图 B-1。

AM、5：输出直流电压（0 ~ 10V）；

CA、5：输出直流电流（4 ~ 20mA）。

选择上述端子显示的运行参数时需要设置以下参数：

AM：Pr. 158（AM 显示内容选择）⎫
CA：　Pr. 54（CA 显示内容选择）⎬还需设置端子满刻度时显示值（见附录 B）

注意：Pr. 158 一旦选择了 2 以上的值，AM、5 之间输出直流电压就在 0 ~ 5V。

1）在 AM、5 之间用电压表显示电流。

功能选择：Pr. 158 = 2，AM 电流满刻度值设定 Pr. 56 = 1.5A，即 10V 时对应的电流为1.5A。

调试：观察 f 为 0 ~ 50Hz 时 I 的变化规律。

加速时：从 0Hz 逐步增加到 10Hz 时，电流从 0A 增加至最大 0.80A，随着 f 增加至 40Hz后，略减小稳定在 0.77A。50 ~ 70Hz 时 I 的变化规律从 0.77A 急剧减小至 0.45A。

稳定时：10Hz（0.8A）、50Hz（0.68A）所对应的 I 变化不大。

试解释上述现象，提示：根据机械特性的起动点 T_{st}、临界点 T_K、额定点 T_N 的位置以及恒功率区转矩的变化规律来说明。

2）在 AM、5 之间用电压表显示变频器直流母线电压。

功能选择：Pr. 158 = 12，AM 电压基准设定固定为 800V。

给定频率从 0 ~ 50Hz 时，观察电压表的读数变化。

3）在 CA、5 之间用电流表显示电压。

功能选择：Pr. 54 = 2，CA 电压基准设定 Pr. 56 = 400V。

调试：观察 f 从 0 ~ 50Hz 时 U 的变化规律，50 ~ 70Hz 时 U 的变化规律。

稳定时：10Hz、50Hz 所对应的 U。

4）在 CA、5 之间用电流表显示电动机转速。

电动机额定参数：50Hz，1400r/min，4 极。

Pr. 54 = 6，Pr. 505 = 50，Pr. 37 = 1400 此时 CA、5 之间表示转速，LED 上只能显示 U、I 而不能显示频率。

若需要观察 1200r/min 时对应的频率，参数：Pr. 52 = 6（在 LED 上显示转速），Pr. 54 = 1（在 CA、5 之间显示频率）。

二、自锁、加减速端子和封锁输出的应用验证

某风机给加热炉供风，为使操作工操作方便，要求制作一个操作盒，上面有加、减速按钮及频率显示仪表，根据此要求需要完成以下两项工作：

利用三线控制对正转自锁；

提供加、减速端子及仪表显示频率。

1. 自锁控制

三菱变频器的自锁端子是 STOP 接常闭，STOP 断开时，自锁解除，如图 7-18 所示，参见附录 B。

2. 加、减速端子

三菱变频器的加、减速端子控制是由设置遥控功能有效完成的。

遥控功能有效：Pr. 59 = 1，2，3 时，RH：加速，RM：减速，RL：清除。

参见附录 B。

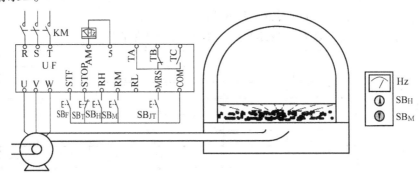

图 7-18 鼓风机的变频调速

3. 仪表显示频率

在 AM、5 之间接一直流电压表，测量频率，需要设定的参数有二：

AM 功能选择：Pr. 158 = 1；AM 频率基准设定：Pr. 55 = 60（满刻度 10V 时对应的频率值为 60Hz）。

在图 7-18 中接一按钮至 RL，验证 Pr. 59 = 1、2、3 时，清除运行频率的方法，Pr. 59 = 1、2 时用 RL 清除运行频率，Pr. 59 = 3 时，STF—OFF 清除运行频率。

4. 封锁输出

遇到故障时，需要一个紧急按钮 SB$_{JT}$，封锁变频器的输出（MRS 接通），参见附录 B。

三、模拟量输入端子的应用实验

1. 同步控制的实现

同步控制的实现如图 7-19 所示。

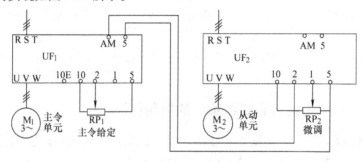

图 7-19 同步控制的实现

目标：UF$_1$ 有一给定频率 f，UF$_2$ 也以相同的 f 运行。

设定办法：UF$_1$ 接主给定，UF$_2$ 的给定频率由 UF1 的 AM、5 之间的电压来给定。

1）UF$_1$：

● RP$_1$ 接在 10、2、5 之间（$U_{2,5}$ = 0～5V 可调）；

● AM、5 之间的电压 $U_{AM,5}$ = 0～10V 可调；

● 测量 $U_{2,5}$、$U_{AM,5}$ 的电压值填入表 7-4 中 Pr. 73 = 1（默认值）一行，参阅附录 B；

● RP$_1$ 也可接在 10E、2、5 之间（$U_{2,5}$ = 0～10V 可调）；

● Pr. 73 = 0（允许 $U_{2,5}$ = 0～10V 可调）使得 2、5 之间，AM、5 之间的电压一样即可。

测量 $U_{2,5}$、$U_{AM,5}$ 的电压值填入表 7-4 中 Pr. 73 = 0 一行。

表 7-4 输出频率、模拟输入、输出量的关系

	f/Hz	$U_{2,5}$/V	$U_{AM,5}$/V
Pr. 73 = 1 $U_{2,5}$ = 0～5V	10		
	20		
	30		
	40		
	50		
Pr. 73 = 0 $U_{2,5}$ = 0～10V	10		
	20		
	30		
	40		
	50		

2）UF_2：UF_1 的 AM、5 接至 UF_2 的 2、5 端，Pr. 73 = 0（允许 $V_{2,5}$ = 0 ~ 10V 可调），RP_2 微调电位器接至 UF_2 的 10、1、5 之间，RP_2 电位器调到最小，可以看到两台变频器同步效果不好，试由测得电压值分析 UF_1、UF_2 不能完全同步的原因。

3）实现 UF_1、UF_2 同步的方法有以下两个：

① 调节 RP_2：才能使两台变频器频率相同。UF_2 变频器 Pr. 73 = 0。

② 功能选择：对于 UF_1，Pr. 158 = 1（AM 端子输出频率），Pr. 55（AM 输出满刻度时对应的频率）取值不同 $U_{AM,5}$ 的输出电压不同，测量不同 Pr. 55 取值时 $U_{AM,5}$ 的电压值填入表7-5 中。根据表 7-5 判断 Pr. 55 为多大时，UF_1、UF_2 在 50Hz 实现完全同步。

表 7-5　不同 Pr. 55 取值时 $U_{AM,5}$ 的电压值

	Pr. 55	$U_{AM,5}/V$
UF_1 给定频率 = 50Hz	20Hz	
	30Hz	
	40Hz	
	50Hz	
	60Hz	
	70Hz	

2. 调节频率给定线

不同变频器调节频率给定线的方法不尽相同，三菱变频器调节频率给定线是用偏置频率、设定偏置、增益频率、设定增益来调节的，对端子 2 输入的模拟电压来说，对应的功能码分别为 C2（Pr. 902）、C3、Pr. 125、C4（Pr. 903），其中 C2、C3 是三菱 A700 变频器功能码，Pr. 902、Pr. 903 是 A500 的功能码。对于其他的端子所用的功能码请查阅附录 B。图 7-20 是几种不同的频率给定线。

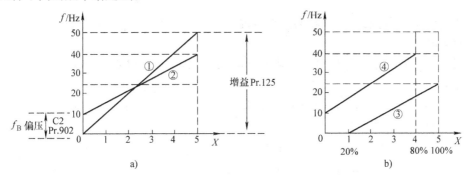

图 7-20　几种不同的频率给定线

通常情况下，变频器复位后的默认值为基本频率给定线，即图 7-20 中的①号线，对三菱变频器来说，就是 C2（Pr. 902）= 0Hz，Pr. 125 = 50Hz。

频率给定线调整为②号线，则 C2（Pr. 902）= 10Hz，Pr. 125 = 40Hz，对其设定如下：

在参数设定模式中，PU 操作，调整 C2 = 10Hz、Pr. 902 = 10Hz、Pr. 125 = 40Hz。

对于③号线：模拟输入电压为 1V（满量程的 20%）时，输出频率为 0Hz，也就是说，超过 20% 时，才有频率输出。5V（满量程）时输出频率为 25Hz。设定过程：C3 = 20%，Pr. 125 = 25Hz。

对于④号线：调整偏置频率 C2 = 10Hz，调整增益频率 C4 = 80%（Pr. 903 = 80%），Pr. 125 = 40Hz。

下面以 C4 = 80% 为例来说明调整过程。

- 按"MODE"键进入参数设定模式；
- 调节面板电位器使数值变小，直至显示 C...；
- 先按"SET"键后调面板电位器至 C4；
- 按"SET"键读出 C4 的原值；
- 再调外接电位器至 80，注意这个过程不能触动面板电位器。

整个过程如图 7-21 所示。

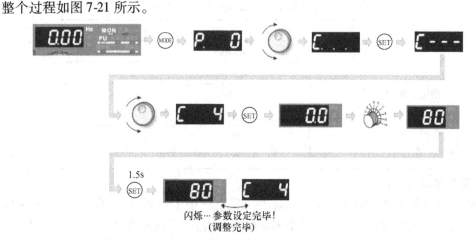

图 7-21　调节 C4 的过程

四、实现电动机正反转的几种方法

我们这里总结了电动机正反转的四种实现方法，下面请大家一一实验。

1. 面板起动

PU 操作——面板电位器调节给定频率至 40Hz，面板起动（FWD/RVE）。

2. 外部起动

EXT 操作——STF/STR 与 SD 接通，给定频率由外接电位器调节至 40Hz。

3. 利用模拟输入正负值

$U_{2,5} = 0 \sim 10V$ 可调，$U_{1,5} = 0 \sim \pm 10V$ 可调，当 $U_{1,5}$ 的值为负，且 $U_{1,5} > U_{2,5}$ 时，电动机反转。

实施方法如下：

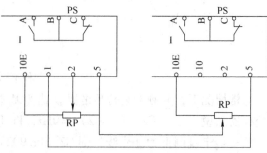

图 7-22　有极性模拟量输入连接

- Pr. 73 = 10（$U_{2,5} = 0 \sim 10V$，$U_{1,5} = 0 \sim \pm 10V$，$U_{1,5}$ 的极性可逆），参阅附录 B。
- $U_{1,5}$ 的取值可用另一台变频器的

10E、5 加电位器完成，或者用另一外接电位器和电源取得。

- 接线如图 7-22 所示，调节两个外接电位器，实现电动机在 40Hz 正反转。

- 设 Pr.73 = 11，$U_{2,5} = 0 \sim 5V$，$U_{1,5} = 0 \sim \pm 10V$，$U_{1,5}$ 的极性可逆，重做以上实验。

4. 用外接线路板控制变频器实现电动机正反转调速训练

1）读图：继电器控制的正、反转电路如图 7-23 所示。

2）接板：在线路板的接线端子上需要留有与变频器的连接端，包括 STF、STR、RES、SD、B、C。

① RES 端子的作用：变频器从运行状态到停止状态需要一个过程，RES 端子的接通可以使电动机立即停止，但显示器会有 Err 的错误提示。

② 关于 RES 端子的特点：RES 接通只能点接通，长时间接通会引起面板操作错误，特别是该端子不能与 STF（STR）同时接通，否则会烧毁变频器。

3）调试

③ 图中的 SB_3 为按钮，如果是自锁开关，则要注意其是否断开，否则会引起上述错误的出现。

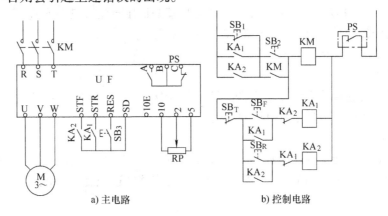

a) 主电路　　　　　b) 控制电路

图 7-23　继电器控制的正、反转电路

五、多功能端子的应用

某粉末传输带如图 7-24 所示。原料在料斗里打成粉末后，通过传输带传输到下一道工序，M_1 带动料斗，传输带由电动机 M_2 拖动。如果 M_2 转速太慢，则会引起传输带上粉末堆积，因此合理的 M_1、M_2 的转速配合才能保证物料在传输带上运行畅通。

1. 实验一

控制要求：M_2 的工作频率大于 32Hz 小于 48Hz 时，M_1 起动，即

$$32Hz < f_{x2} < 48Hz \text{ 时} \rightarrow M_1 \text{ 起动}$$

实施办法：

为了满足上述控制要求，将变频器 UF_2 的多功能输出端子 SU（频率到达）接一低压直流继电器 KA，在给定频率为 40Hz 时，如果预置频率到达范围 Pr.41 = 40%，则 40 × 40% = 16，当输出频率在 40 Hz ± 8Hz（32 ~ 48Hz）时，UF_2 的频率到达端子 SU 和 SE 之间导通（有 2kΩ 的电阻），继电器 KA 得电，其触点将变频器 UF_1 的 STF 和 SD 之间接通，电动机 M_1 开始起动。参阅附录 B。

操作过程如下：

- 给定频率：40Hz（PU、外部操作均可）。

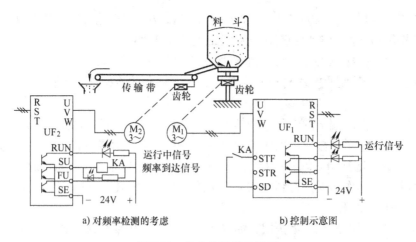

a) 对频率检测的考虑　　　　　　　b) 控制示意图

图 7-24　粉末传输带的控制

- 设置 Pr.41 =40%，SU 端子（频率到达）接一低压直流继电器 KA。
- 给出变频器起动信号（FWD 或 STF 与 SD 接通）。

通过以上操作可以完成上述任务。

2. 实验二

控制要求：当变频器 UF_2 的给定频率达到 10Hz、20Hz、30Hz、40Hz 时，要求变频器 UF_1 的频率也是 10Hz、20Hz、30Hz、40Hz。

实施办法：

用变频器 UF_2 的四个多功能输出端 SU、FU、FU2、FU3 进行频率检测，频率到达时分别作为 PLC 的输入信号，由 PLC 起动变频器 UF_1 的多挡转速控制。FU2、FU3 可以用端子定义的方法完成。参阅附录 B。

操作过程：

1）FU2、FU3 端子的使用。

- Pr.192 =5，Pr.50 =20：将 IPF 端子设为 FU2，FU2 的频率检测值为 20Hz。
- Pr.193 =6，Pr.116 =30：将 OL 端子设为 FU3，FU3 的频率检测值为 30Hz。

2）UF2 的 SU、FU、FU2、FU3 作为 PLC 的开关量输入。

- Pr.42 =10，10Hz 时，FU、SE 接通——连接至 PLC 的 X1；
- Pr.50 =20，20Hz 时，FU2、SE 接通——连接至 PLC 的 X2；
- Pr.116 =30，30Hz 时，FU3、SE 接通——连接至 PLC 的 X3；
- 给定频率 =40Hz，Pr.41 =0，40Hz 时，SU、SE 接通——连接至 PLC 的 X4。

3）PLC 与 UF2、UF1 变频器的连接如图 7-25 所示。

4）预置 UF_1 的四挡转速为 10Hz、20Hz、30Hz、40Hz，画出 PLC 的控制梯形图。该部分内容由同学们自行完成。

3. 实验拓展

1）如果需要 UF2 在 5Hz 时输出信号，接通 UF1 的第一挡转速，并稳定在该转速上，如何修改 UF2 的参数？

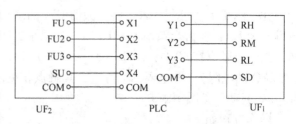

图 7-25　PLC 与变频器的连接

2）如果将 UF_2 的 RUN 设定为 UF_2，检测频率为 40Hz，要求 UF_1 接通第四挡转速 40Hz 时，UF_2 停止。该如何调整 PLC 与变频器的连接？试设计 PLC 程序。

3）用同步控制的方法来实现实验二中的任务（见模拟量输入端子的应用）。

任务三　变频/工频切换控制电路

有些工业设备工作时不能停机，一旦停机可能会造成巨大的政治经济损失，对于这种负载在变频工作时，要制定预案。变频器故障时，为保证供电正常，通常将它们切换至工频运行。下面介绍两种常见的切换电路。

一、继电器控制电路

继电器控制的切换电路很多，图 7-26 是其中的一种。

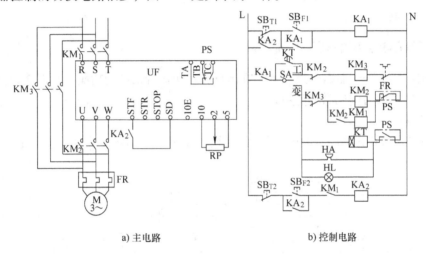

a) 主电路　　　　　　　b) 控制电路

图 7-26　继电器控制的切换电路

该电路可以完成如下工作：

● 用户可根据工作需要选择"工频运行"或"变频运行"。

● 在"变频运行"时，一旦变频器因故障而跳闸，可自动切换为"工频运行"方式，同时进行声光报警。

1. 主电路

如图 7-26a 所示，接触器 KM_1 用于将电源接至变频器的输入端；KM_2 用于将变频器的输出端接至电动机；KM_3 用于将工频电源直接接至电动机，热继电器 FR 用于工频运行时的过载保护。

对控制电路的要求是：接触器 KM_2 和 KM_3 绝对不允许同时接通，互相间必须有可靠的互锁。

2. 控制电路

如图 7-26b 所示，运行方式由三位开关 SA 进行选择。

当 SA 合至"工频运行"方式时，按下起动按钮 SB_{F1}，中间继电器 KA_1 动作并自锁，进而使接触器 KM_3 动作，电动机进入"工频运行"状态。按下停止按钮 SB_{T1}，中间继电器

KA_1 和接触器 KM_3 均断电，电动机停止运行。

当 SA 合至"变频运行"方式时，按下起动按钮 SB_{F1}，中间继电器 KA_1 动作并自锁，进而使接触器 KM_2 动作，将电动机接至变频器的输出端。KM_2 动作后，KM_1 也动作，将工频电源接到变频器的输入端，并允许电动机起动。图中 PS 为故障报警端子的简称。

按下 SB_{F2}，中间继电器 KA_2 动作，电动机开始加速，进入"变频运行"状态。KA_2 动作后，停止按钮 SB_{T1} 将失去作用，以防止直接通过切断变频器电源使电动机停机。

在变频运行过程中，如果变频器因故障而跳闸，则：

TA—TB 断开，即 PS 常闭点断开，接触器 KM_2 和 KM_1 均断电，变频器和电源之间，以及电动机和变频器之间，都被切断；

与此同时，TA—TC 闭合，一方面，由蜂鸣器 HA 和指示灯 HL 进行声光报警。同时，时间继电器 KT 延时后闭合，使 KM_3 动作，电动机进入工频运行状态。

操作人员发现后，应将选择开关 SA 旋至"工频运行"位。这时，声光报警停止，并使时间继电器断电。

二、变频器自带的切换功能

近年来，不少变频器内部设置了变频运行和工频运行切换的功能，今以变频器发生故障后自动切换成工频为例说明其使用方法。

1. 电路图

设选用三菱 FR-A700 系列变频器，其接线图如图 7-27 所示。需要注意的是：

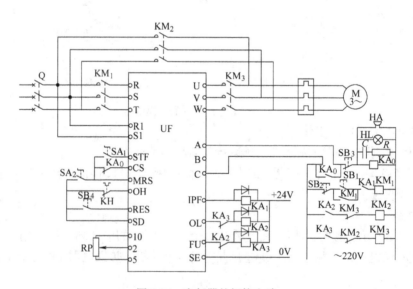

图 7-27　变频器的切换电路

1）因为在变频器通电前，须事先对变频器的有关功能进行预置，故控制电源"R1-S1"应接至接触器 KM_1 的前面。

2）输出端 IPF、OL 和 FU 都是晶体管输出，只能用于 36V 以下的直流电路内，而我国并未生产线圈电压为直流低压的接触器。解决这个问题的方法有二：一是另购专用选件；二是用直流继电器 KA_1、KA_2 和 KA_3 来过渡，今采用后者。

$\left.\begin{array}{l}KA_1 控制 KM_1 \\ KA_3 控制 KM_3\end{array}\right\}$ 闭合，变频器运行

KA_2 控制 KM_2 闭合，工频运行

2. 功能预置

使用前，必须对以下功能进行预置：请参照附录 B。

1）预置操作模式。由于变频器的切换功能只能在外部运行下有效，因此必须首先对操作模式进行预置：

Pr. 79——预置为 "2"，使变频器进入 "外部操作模式"。

2）对切换功能进行预置。

Pr. 135——预置为 "1"，使切换功能有效；

Pr. 136——预置为 "0.3"，使切换 KA_2、KA_3 互锁时间预置为 0.3s（说明书上为 0.1s，由于增加了继电器作为中间环节，故适当延长）；

Pr. 137——预置为 "0.5"，起动等待时间为 0.5s；

Pr. 138——预置为 "1"，使报警时切换功能有效，即一旦报警，KA_2 断开，KA_3 闭合；

Pr. 139——预置为 "9999"，使到达某一频率的自动切换功能失效。

3）调整部分输入端的功能（多功能端子）。

Pr. 185——预置为 "7"，使 JOG 端子变为 OH 端子，用于接收外部热继电器的控制信号；

Pr. 186——预置为 "6"，使 CS 端子用于自动再起动控制。

4）调整部分输出端的功能（多功能端子）。

Pr. 192——预置为 "17"，使 IPF 端子用于控制 KA_1；

Pr. 193——预置为 "18"，使 OL 端子用于控制 KA_2；

Pr. 194——预置为 "19"，使 FU 端子用于控制 KA_3。

3. 各输入信号对输出的影响

当选择了切换功能有效，即 Pr. 135 = 1 后，各输入信号对输出的影响见表 7-6。

表 7-6 输入信号功能表

信号	使用端子	功能	开关状态
MRS	MRS	操作是否有效	ON：变频运行和工频运行切换可以进行 OFF：操作无效
CS	用多功能端子定义	变频运行→工频电源运行的切换	ON：变频运行 OFF：工频电源运行
STF 或 STR	STF（STR）	变频运行指令（对工频运行无效）	ON：电动机正反转 OFF：电动机停止
OH	定义任一端子为 OH	外部热继电器	ON：电动机正常 OFF：电动机过载
RES	RES	运行状态初始化	ON：初始化 OFF：正常运行

注：1. MRS = ON 时，CS 才能动作。MRS = ON 与 CS = ON 时，STF 才能动作，变频运行才能进行。

2. 如果 MRS 没有接通，既不能进行工频运行，也不能进行变频运行。

4. 变频器的正常工作过程

1) 首先使旋钮开关 SA_2 闭合，接通 MRS，允许进行切换；由于 Pr. 135 功能已经预置为"1"，切换功能有效，这时，继电器 KA_1、KA_3 吸合，为 KM_1、KM_3 通电作准备。

2) 按下 SB_1，KM_1、KM_3 吸合，变频器接通电源；

3) 将旋钮开关 SA_1 闭合，变频器即开始起动，进入运行状态。其转速由电位器 RP 的位置决定。

5. 变频器发生故障后的工作过程

1) 当变频器发生故障时，"报警输出"端 A 和 C 之间接通，继电器 KA_0 吸合（为了保护变频器内部的触点，KA_0 线圈两端并联了一个 R、C 吸收电路），一方面，其常闭（动断）触点使输入端子 CS 断开，允许进行变频与工频之间的切换；同时，由蜂鸣器和指示灯进行声光报警。

2) 继电器 KA_1、KA_3 断开，KA_2 闭合，系统将按 Pr. 136 和 Pr. 137 所预置的时间自动地进行由变频运行转为工频运行的切换，接触器 KM_1、KM_2、KM_3 相应地执行切换动作。

3) 工作人员在闻声赶到后，应立即按下复位按钮 SB_3，以停止声光报警。同时，开始对变频器进行检查。

项　目　小　结

一、变频器的输入控制端子

1. 输入控制端子

1) 其输入控制端子包括模拟量输入端、开关量输入端、基本控制输入端及可编程输入端。

2) 输出控制端子包括报警输出端子、测量输出端子及多功能输出端子。

2. 频率给定线

1) 基本频率给定线：在给定模拟信号 X 从 0 增大至最大值 X_{max} 的过程中，给定频率 f_x 线性地从 0 增大到 f_{max} 的频率给定线。

2) 任意频率给定线的预置。起点坐标 $(0, f_{BI})$，f_{BI} 为偏置频率；终点坐标 (X_{max}, f_{xM})，f_{xM} 为最大给定频率，常常通过预置"频率增益"$G\%$ 来设定。

3. 开关量输入端子的常见用法

1) 以前介绍的用法：外部控制时的起动信号（STF、STR 接通）、多挡转速控制时的转速选择（RH、RM、RL）。

2) 本项目介绍的：①自锁控制功能；②点动控制功能；③逆变管封锁；④升降速控制。

二、变频器的输出控制端子

1. 测量输出端子

1) 测量输出端子的输出量是模拟直流电压或电流，输出模拟量的大小随着频率和其他参数同比例变化。因此测量输出模拟量的大小就可以判断其他参数的大小。

2）测量时有两个参数需要设定：①测量内容选择；②满刻度值设定。

2. 多功能输出端子

1）多功能输出端子有晶体管和继电器输出两种，前者只能接直流负载，后者交、直流负载都可以接。

2）多功能输出端子是变频器与 PLC 连接的媒介。通常在变频器到达某频率时，多功能输出端子有输出，以此起动 PLC 的相关程序。

3）常用的多功能输出端子有：①频率检测端子；②频率到达端子等。

三、变频/工频切换控制电路

1）继电器控制电路：利用变频器的开关量输入/输出端子，外接继电器控制电路，实现正常及故障时变频/工频的切换。

2）变频器自带的切换功能：大部分变频器都带有这样的切换功能，只需要按照说明书接好相关的继电器，设置好相关的参数，即可运行。

思 考 题

1. 变频器的输入控制端子有哪几种？各有何用途？

2. 什么是频率给定线？频率给定线有什么作用？

3. 试述最大频率、最大给定频率与上限频率的区别。

4. 某用户由仪器输出的频率给定信号为 4~20mA，要求对应的输出频率为 0~45Hz，若要求对应的输出频率改为 5~35Hz，试分别作出其频率给定线。

5. 某用户要求在控制室和工作现场都能够进行升速和降速控制，有人设计了如图 7-28 所示的给定电路，试问该电路在工作时可能出现什么现象？试画出能够使用的给定电路（提示：可采用外接按钮方式）。

6. 有一锅炉用鼓风机需要两地控制，为方便操作每一地都需要一个操作盒，操作盒上要有加减速按钮、显示电流的仪表，如图 7-29 所示，试设计该电路，并预置相关参数。

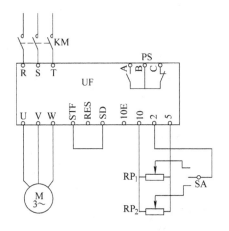

图 7-28　一种两地控制的接法

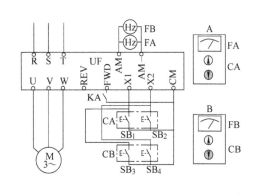

图 7-29　两地升降速控制

7. 变频器的输出控制端子有哪几种？各有何用途？

8. 测量输出端子有哪两种，其作用有哪些？

9. 用测量输出端子测量运行参数时需要经过哪几个步骤？设置哪些参数？

10. 多功能输出端子有哪两种？使用时需注意哪些问题？

11. 多功能输出端子中频率到达、频率检测有何差别?

12. 变频器 LED 监视器显示内容可以改变吗? 若在 LED 上显示电动机转速, 则需要设置哪几个参数?

13. 实现电动机正反转有哪几种方法?

14. 某正、反转的变频调速系统, 因用户有现成的 PLC, 故要求用 PLC 来进行控制, 试画出该系统的电路图、梯形图, 并编写出程序。

15. 试结合变频器内部的主电路分析: 在工频与变频可切换的电路中, 接触器 KM_2 与 KM_3 (见图 7-27) 同时接通将会出现什么样的后果?

16. 有哪些场合需要进行变频和工频的切换?

一、学习目标

1. 了解闭环控制（PID）的基本原理。
2. 掌握变频器 PID（比例、积分、微分）控制系统的接线。
3. 掌握变频器 PID 控制系统的参数设定。
4. 掌握变频器 PID 控制系统的调试方法。

二、问题的提出

在恒压供气系统中，传统的控制方式是通过进气阀的开、关来控制气体的流量，保证储气罐中的压力保持在一定范围。即压力达到上限时关阀，压缩机进入轻载状态；压力达到下限时开阀，压缩机进入满载状态。这种控制方式会频繁地操作进气阀，不仅使供气压力波动，还会使压缩机的负荷状态频繁改变。在储气罐中气体压力由于用户用气量减少而增大时，还必须通过泄载阀放出部分气体，以维持储气罐中压力平衡。显然，传统控制方式不仅控制不够精确，影响设备使用寿命，还会造成能源的浪费。使用变频器 PID 控制系统，可以很好地解决上述问题，达到控制要求。

任务一　PID 控制的基本知识

一、闭环控制

1. 闭环控制的目的

如图 8-1 所示，以某空气压缩机的恒压控制系统为例来说明闭环控制系统的工作过程。系统由电动机带动空气压缩机旋转，将空气压缩并储存于储气罐中来供给用户使用。电动机的转速 n_M 决定了空气压缩机对空气的压缩能力和储气罐中的空气压力大小。为了保证对用户的供气质量，要求储气罐中的空气压力为稳定值。储气罐中的空气压力即为我们的控制目标，本例中为目标压力 P_T。

本例中，闭环控制的目的在于储气罐中的压力在偏离目标值时，能够通过系统调节自动回到目标值，电动机的转速是由目标压力（P_T）和实际压力（P_X）的偏差来控制的。理想情况下，用户的用气量和储气罐中的进气量是平衡的，储气罐中的实际压力 P_X 等于目标压力 P_T。当用户的用气量增加，储气罐中的实际压力 P_X 小于目标压力 P_T 时，电动机会加速，使得储气罐中的压力上升至目标值，如图 8-1a 所示；反之，当用户的用气量较小，储气罐中的实际压力 P_X 大于目标压力 P_T 时，电动机会减速，使得储气罐中的压力下降至目标值，如图 8-1b 所示。

2. 目标信号和反馈信号

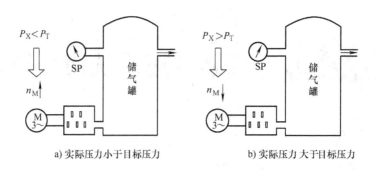

a) 实际压力小于目标压力　　　　　　　b) 实际压力 大于目标压力

图 8-1　闭环控制的目的

在图 8-1 所示系统中，一般会将各种物理信号变换为电信号以方便控制。与目标压力所对应的电信号称为目标信号，用 X_T 表示。在变频器控制系统中，X_T 即为系统的给定值，可以通过变频器键盘或外部信号来给定。与储气罐中的实际压力对应的电信号称为反馈信号，由压力传感器 SP 测出，用 X_F 表示，在变频器控制系统中，X_F 即为系统的反馈量，可从变频器的外部端子输入。

恒压控制系统的目标是使反馈信号 X_F 无限接近于目标信号 X_T，即储气罐中的实际压力 P_X 无限接近于目标压力 P_T，以保证供气压力的稳定。

二、PID 调节

1. 基本工作过程与问题

空气压缩机的恒压控制系统工作过程如下：

1）当储气罐中的实际压力 P_X 超过目标值 P_T 时，则

$$X_F > X_T \rightarrow (X_T - X_F) < 0$$

$f_X \downarrow \rightarrow$ 电动机转速 $n_M \downarrow \rightarrow$ 储气罐实际压力 $P_X \downarrow \rightarrow$ 直至 $P_X = P_T$；

2）当储气罐中的实际压力 P_X 低于目标值 P_T 时，则

$$X_F < X_T \rightarrow (X_T - X_F) > 0$$

$f_X \uparrow \rightarrow$ 电动机转速 $n_M \uparrow \rightarrow$ 储气罐实际压力 $P_X \uparrow \rightarrow$ 直至 $P_X = P_T$。

如图 8-2 所示，变频器的输出频率 f_X 的大小由合成信号 $(X_T - X_F)$ 决定。

出现的问题：储气罐中的实际压力（大小由反馈信号 X_F 体现）应无限接近于目标压力，即要求 $(X_T - X_F) \rightarrow 0$，而 f_X 的值是由 $\Delta X(\Delta X = X_T - X_F)$ 来决定。可以想象，如果将 $(X_T - X_F)$ 直接作为给定信号 X_g 来控制实际的输出频率 f_X，则当 $X_g = X_T - X_F = 0$ 时，f_X 也必等于 0，变频器就不可能维持一定的输出频率，储气罐的压力无法维持，系统将达不到预想目的。也就是说，为了维持储气罐有一定的压力，变频器必须维持一定的输出频率 f_X，这就要求有一个与之对应的给定信号 X_g。这个给定信号 X_g 既需要有一定的值，又要和 $X_T - X_F = 0$ 相联系。

2. PID 调节功能

1）比例环节（P）：解决上述系统所出现问题的方法是将 $(X_T - X_F)$ 进行放大后再作为频率给定信号，如图 8-3 所示，即

$$X_g = K_P(X_T - X_F)$$

式中，K_P 为放大倍数，也叫比例增益。

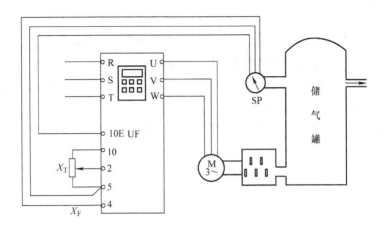

图8-2　空气压缩机恒压控制系统接线

根据上式可得到 $(X_T - X_F) = \dfrac{X_g}{K_P}$，显然在 X_g 保持一定值的

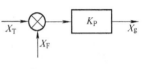

时候，K_P 越大，则 $(X_T - X_F)$ 的值越小，X_F 越接近于 X_T。这里 X_F 只能无限接近于 X_T，而不能等于 X_T，X_F 与 X_T 之间总会有一个差值，称为静差，静差值越小则系统的精确度越高。

图8-3　比例环节

比例环节的引入在一定程度上增加了系统的精确度，但会带来新的问题。为了减小静差，要求 K_P 尽可能的大，这样会导致系统的惯性越大。同时，系统中存在若干个时间上的滞后环节，如传感器将压力转换为电信号的环节、变频器得到反馈信号的变化到调整输出频率的环节、电动机的转速调整环节等。当 K_P 很大时，储气罐中的压力将很快地调整到目标压力，但滞后环节却跟不上变化，这样会使得变频器的输出频率出现超调（调过了头）。发生超调之后系统又会向反方向调整，如此反复，导致系统振荡。P调节及其结果如图8-4所示。

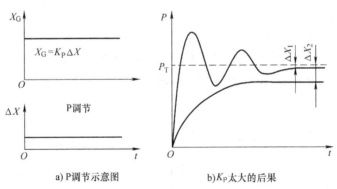

a)P调节示意图　　　　b)K_P太大的后果

图8-4　P调节及其结果

2）积分环节（I）：比例环节的引入可能会使系统产生超调，为了避免这一现象，可以适当减小比例增益 K_P，同时引入积分环节。积分环节是将原来的给定信号 X_g 对时间求积分，从而得到一个新的给定信号，即

$$X_g = K_P \Delta X + \frac{K_P}{T_I}\int \Delta X \mathrm{d}t$$

式中，T_I 为积分时间（s）。

单纯使用比例环节时，给定信号 X_g 可能会一下子增大（或减小）很多，而引入积分环节之后，给定信号 X_g 只能在积分时间 T_I 内逐渐地增大（或减小），减缓了 X_g 的变化速度，从而避免引起超调。只要有偏差 ΔX 存在，积分就不会停止，积分时间 T_I 的大小决定了给定信号 X_g 上升的快慢。加入积分环节（I 环节）可以有效消除系统振荡，减小偏差，但积分时间过长，可能会使系统反应迟钝。PI 调节及其结果如图 8-5 所示。

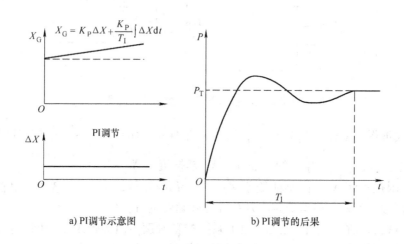

a) PI调节示意图　　　　　　　　　　b) PI调节的后果

图 8-5　PI 调节及其结果

3）微分环节（D）：对于某些容易发生振荡的系统，比例增益 K_P 只能取得较小，于是当系统的用气量发生较大变化时，系统难以迅速地恢复，这时可以引入微分环节。微分环节是将原来的给定信号 X_g 对时间求微分，从而得到一个新的给定信号，即

$$X_G = K_P\Delta X + K_P T_D(\mathrm{d}\Delta X/\mathrm{d}t)$$

式中，T_D 为微分时间（s）。

微分环节的作用是可以根据系统的变化趋势提前给出较大的调节动作，从而缩短调节时间，克服因积分时间太长而引起的系统恢复速度较慢的缺点。微分环节只在被控量刚发生变化时，迅速地做出反应，因此，其作用时间很短。PD 调节及其结果如图 8-6 所示。

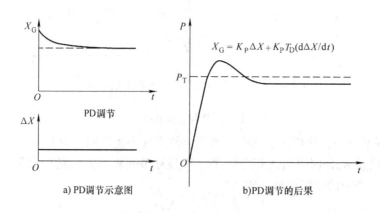

a) PD调节示意图　　　　　　　　　　b)PD调节的后果

图 8-6　PD 调节及其结果

4）PID 调节：PID 调节是把比例、积分和微分环节结合起来，其结果是：一方面能减小或消除静差，改善系统的稳态性能；另一方面是当偏差出现时，使系统能够迅速地恢复，改善系统的暂态性能。PID 调节及其结果如图 8-7 所示。

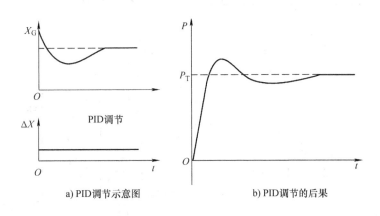

a) PID调节示意图　　　　　　　　b) PID调节的后果

图 8-7　PID 调节及其结果

三、传感器接线及目标值的设置方式

1. 选择闭环控制的意义

PID 控制是闭环控制的一种常见形式。反馈信号取自系统的输出，当系统输出量偏离设定值时，设定值与反馈量相比较所得的偏差量会控制系统输出恢复到设定值。PID 控制系统可以迅速地消除系统偏差，振荡和误差较小，抗干扰能力强。以三菱 A700 系列变频器为例，当端子 X14 与公共端 SD 之间接通时，系统进入 PID 运行状态，当不通时，PID 不起作用。

2. 传感器接线及目标信号确定

1）传感器的接线。压力传感器是将压力转换为电信号的装置。压力传感器所要求的电源大多是 24V 直流电源。若变频器本身没有配置 +24V 辅助直流电源，则压力传感器需外接电源。压力传感器有电压输出型和电流输出型两类，从线型上来分有 2 线型和 3 线型两大类。

2 线型：2 条线分别为电源的正（红色）、输出（黑色）。接线时一条接电源，另一条接变频器反馈输入，如图 8-8 所示。

3 线型：3 条线分别为电源的正（棕或红色）、负（蓝色）和输出（黑色）。与 2 线型传感器相比，3 线型接线多出一条接电源负极的线，如图 8-8 中所示。

2）目标值的确定和设置。

目标信号一般是由变频器键盘或外部电位器给定的电压信号，反馈信号是由压力传感器取得的电流信号，两者之间难以直接进行比较，故变频器的目标信号和反馈信号大多采用传感器量程（SP）的百分数来表示。

【实例】　恒压供气系统要求储气罐内的空气压力保持为 0.6MPa，传感器的输出信号为 4~20mA 的电流信号，SP 的量程为 0~1MPa，求信号电流 I_T。

解：0.6MPa 对应 SP 量程的百分数为 60%，则

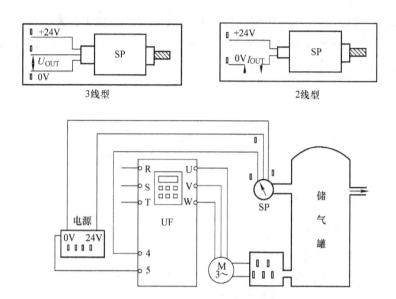

图 8-8　压力传感器接线

$$I_T = 4mA + (20 - 4) \times 60\% mA = 13.6mA$$

目标值为 60%，如图 8-9a 所示。

当压力传感器的量程为 0～5MPa 时，与 0.6MPa 相对应的百分数为 12%，对应的信号电流为

$$I_T = 4mA + (20 - 4) \times 12\% mA = 5.92mA$$

目标值为 12%，如图 8-9b 所示。

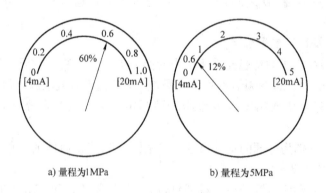

a) 量程为1MPa　　　　　　　b) 量程为5MPa

图 8-9　目标信号的确定

3. PID 控制逻辑

变频器的 PID 控制逻辑分为负反馈和正反馈。如上述恒压供气控制系统，假设储气罐中的压力 P_X 由于用气量增大而减小，这时要求电动机增大转速，以产生更多的压缩空气补充进储气罐。反映到变频器，则是当反馈信号 X_F 下降到低于目标信号 X_T 时，变频器的输出频率 (f_X) 应该上升，以提高电动机的转速 (n_X)，使储气罐中的压力能够保持恒定。像这种变频器的输出频率的变化趋势与反馈量的变化趋势相反的控制方式称为负反馈。反之，若变频器的输出频率的变化趋势与反馈量的变化趋势相同，则称为正反馈，即：

$$X_F \downarrow \to f_X \uparrow \qquad 负反馈$$
$$X_F \downarrow \to f_X \downarrow \qquad 正反馈$$

也可用图 8-10 表示。

4. 当 PID 控制有效时，变频器产生的变化

1）所给定的信号 X_T 不再是频率给定信号，而是目标值给定信号，如 0.6MPa。

2）变频器预置的加、减速时间将不再起作用，其速度改变将仅由 P、I、D 运算结果来决定；如果偏差较大，或 K_P 取值较大，则其加、减速时间就会较短。

3）显示屏上显示的目标信号和反馈信号都是百分数形式。

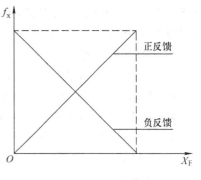

图 8-10　控制逻辑

任务二　PID 闭环调节实验

实验目的：设计一个恒压供气系统，要求供气压力恒定为 0.6MPa。

这个实验需要储气罐和空气压缩机等设备，对于没有这些设备的学校，我们也设计了替代的方法，以方便他们进行实验。

一、反馈值取自电位器时的操作

1. 实验构思

由于没有储气罐、空气压缩机等设备，我们用一个电位器（10~100kΩ）取一模拟电压信号作为反馈信号，从 4 号端子接入，如图 8-11 所示，这就要求 4 号端子为电压反馈量输入，由目标值电位器取出目标值为 60%，观察不同偏差、不同 P、I 时系统加减速时间的变化。现以三菱 FR-A700 变频器为例说明其操作步骤。

2. 实验的操作步骤

1）目标值、反馈值、偏差值的设定。

● P.52 = 52：在 LED 上显示目标值。用"SET"键经 Hz、A 切换至目标值，调整目标值电位器使目标值为 60%，目标值一旦调好，目标值电位器就不再变动。此时目标值是由端子 2 输入的。

● P.52 = 54：在 LED 上显示偏差值。用"SET"键经 Hz、A 可切换至偏差值，当实际偏差值为 0 时，LED上显示 1000。

● P.158 = 53：在 AM、5 之间接

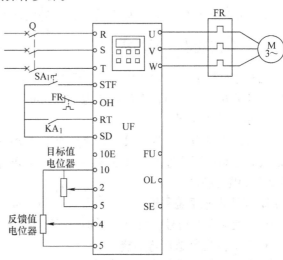

图 8-11　电位器反馈量的接线

一电压表显示从 4 端接入的反馈值（测量值）。反馈值为 0 ~ 100%（0 ~ 5V）时，电压表的显示值为 0 ~ 10V。

2）PID 参数设定。

- P.180 = 14：设定 RL 为 X14 端子，当 X14 = ON 时，PID 功能有效。
- P.128 = 20：负反馈，反馈值从端子 4 输入。
- P.267 = 1：反馈值为 0 ~ 5V 时，量程为 0 ~ 100%。
- P.129 = 100%：比例带值，比例增益 $K_P = 1/$比例带值。
- P.130 = 1s：积分时间，该值越大，调整速度越慢。

3）调试。

- 外部操作模式 EXT 灯亮，接通 STF—SD；
- 调节反馈电位器使反馈量为最小 0，此时 LED 上显示的偏差为 1060 左右，由于该值远大于 1000，这说明反馈值小于目标值，应该升速。由于偏差过大，频率早升为 50，用"SET"键切换至显示 Hz，此时输出频率为 50Hz。
- 调节反馈电位器使反馈量为最大 100%，此时 LED 上显示的偏差为 950 左右，由于该值远低于 1000，这说明反馈值大于目标值，应该降速。由于偏差过大，频率早降为 0，用"SET"键切换至显示 Hz，此时输出频率为 0。
- 调节反馈电位器使反馈量为 50% 左右，此时 LED 上显示的偏差为 1002 左右，用"SET"键切换至显示 Hz，观察加速过程及加速时间。再调节反馈值使 LED 上显示的偏差为 1006 左右，观察加速时间有何变化。
- 调节比例带值 P.129 = 500%，观察偏差为 1002、1006 时加速时间与前面的不同。
- 调节积分时间 P.130 = 6s，观察偏差为 1002、1006 时加速时间与前面的不同。

3. 实验拓展

1）如果用面板操作（PU 灯亮）上述内容，参数及目标值该如何设定？与外部操作模式比较，哪个操作更方便？

2）如果用 A540 变频器做上述实验，哪些地方要改动？

二、有实验设备时的操作

已知空气压缩机电动机型号为 LS286TSC-4，功率为 22kW，频率为 50Hz，额定电压为380V，额定电流为 42A，额定转速为 1470r/min。

1. 变频器的选择

空气压缩机为恒转矩负载，故选择通用型变频器。又因为空气压缩机的转速不允许超过额定值，电动机不能过载，且变频器的额定容量都有一定的裕量，所以可以选择三菱 FR-A540-22k 型变频器。

2. 恒压供气系统原理

根据变频器的型号，设计恒压供气系统，其电路原理图如图 8-12 所示。

3. 压力变送器选择与连接

假设用户所要求的供气压力为 0.6MPa，选择的压力变送器型号为 DG1300-BZ-A-2-2，量程为 0 ~ 1MPa，输出 4 ~ 20mA 的模拟信号。

变频器的 10E 端和 5 端之间可以提供 10V 直流电源，若压力变送器需要 DC24V 电源，

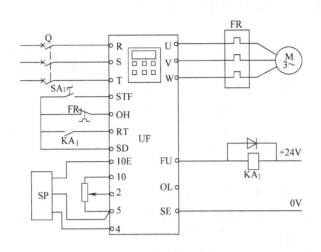

图 8-12　空气压缩机变频调速系统电路原理图

则需要另行单独配置。

压力反馈信号从 4 号端输入，给定信号由面板键盘或电位器给定。

4. 目标值的确定

1）通过面板键盘给定。

- 确定目标值（0.6MPa）；
- 通过比较计算将设定值变为百分数（60%）；
- 通过键盘调节参数 Pr.133 将设定值设为 60%。

2）通过外部端子给定。

- 确定目标值（0.6MPa）；
- 通过比较计算将设定值变为百分数（60%）；
- 按照设定值的百分数从端子 2、5 输入相应的电压，例如本例，默认情况下端子 2、5 之间电压输入为 0～5V，则端子 2 在 0V 时代表 0，5V 时等于 100%，所以输入 5V×60% =3V 电压到输入端；若端子电压输入为 0～10V（通过参数 Pr.73 调节），则输入电压为 6V。

5. 变频器端子说明及其参数设定

1）R、S、T 端子为变频器的三相交流电源输入端子，U、V、W 为变频器电压输出端子。

2）RT 端子为 PID 控制有效端子，设定 RT 端子的第二功能选择参数 Pr.183 = 14，此时，端子 RT 与公共端 SD 接通，进入 PID 运行状态，不通时 PID 不起作用。

3）OH 端子，设定 JOG 端子功能选择参数 Pr.185 = 7，选择 JOG 端子 OH 端子功能。此时 OH 端子用于接收外部热继电器的控制信号。

4）FU 端子为频率检测端子，OL 为过负荷端子，SE 为输出公共端子。设定 OL 端子功能选择参数 Pr.193 = 14，选择 OL 端子为 PID 输入下限，设定 FU 端子功能选择参数 Pr.194 = 15，选择 FU 端子为 PID 输入上限。FU 端子外接继电器和电源用于电动机起动时的控制。

Pr.128 = 20，选择 PID 控制为 PID 负作用，反馈值由端子 4 输入。

其他 PID 控制有关参数根据实际情况调试后设定。

6. 工作过程

合上开关 Q，变频器通电，调整参数 Pr.79 = 2，变频器进入"外部运行模式"；闭合旋钮开关 SA₁，变频器带动电动机运行，此时 PID 控制不起作用，系统为开环控制方式；当变频器的输出频率达到预置的 PID 上限值（参数 Pr.132 调节）时，继电器 KA₁ 接通，其触点闭合，RT 端子接通，PID 有效，系统进入闭环控制方式。这样控制是因为系统在刚启动时，反馈信号为"0"，和目标信号之间的偏差 ΔX 很大，由 PID 运算得出的调节量也很大，这样电动机将很快加速，可能会导致电动机起动电流过大而跳闸。

7. 系统调试

1）检查系统接线，保证变频器、电动机等的连线正确。

2）闭合旋钮开关 SA₁，观察系统开环模式下运行时，运行情况是否正常，空气压缩机压力上升是否稳定，压力变送器工作是否正常。

3）触点 KA₁ 闭合后，系统进入 PID 控制模式。空气压缩机系统对过渡时间无要求，所以采用 PI 调节模式，以减少对变频器的冲击。PID 参数调试过程中，首先根据经验设定一个 PI 调节参数，使系统运行起来，观察其工作情况。如果压力下降或上升后难以恢复，则说明反应太慢，需要减小积分时间 T_{T} 或增大比例系数 K_{P}；若系统产生振荡，则应该增大积分时间 T_{T} 或减小比例系数 K_{P}。观察系统压力的变化情况，经过多次调试得到理想的 PI 参数（PI 参数的调节由 Pr.129，Pr.130 参数确定）。

项 目 小 结

1. 变频器可以通过键盘操作，也可以通过外部端子输入信号进行操作控制，本例中 A540 系列变频器是通过参数 Pr.79 参数来调节操作模式。

2. 变频器 PID 控制属于闭环控制。变频器随时将传感器测得的反馈信号与目标信号值比较，判断其所控制的物理量是否已经达到预定的目标值，如未达到，则通过两者差值控制变频器输出频率，直到达到目标值为止。

3. 系统中加入比例环节（P）可以提高系统精度，加快系统回复的速度。但由于系统中通常会存在一些滞后环节，导致产生超调现象，引起系统振荡。加入积分环节（I）可以有效消除系统振荡，减小偏差，但积分时间过长，可能会使系统反应迟钝。加入微分环节（D），可以根据物理量的变化趋势，提前给出回复信号，使系统能够迅速回复到目标值。

4. 目标信号和反馈信号通常是不同的物理量，为便于比较，两者统一用百分数表示。

5. 控制系统中，如变频器的输出频率和反馈信号的变化趋势相同，称为正反馈（负逻辑）；当变频器的输出频率和反馈信号的变化趋势相反时，称为负反馈（正逻辑）。

6. 当变频器的 PID 功能有效时，变频器会发生如下变化：所给定的信号不再是频率给定信号，而是目标值给定信号 X_{T}；变频器预置的加、减速时间将不再起作用，其速度改变将仅由 P、I、D 运算结果来决定；显示屏上显示的目标信号和反馈信号都是百分数形式。

7. 当闭环控制系统刚开始起动时，因为目标信号与反馈信号的差值较大，PID 调节速度会很快，电动机会因为起动过快而产生过电流，从而导致跳闸。解决办法是：使系统起动时工作于开环状态，通过变频器加、减速时间来控制电动机的起动速度；当系统输出达到目标值时，切换为闭环 PID 控制。

思 考 题

1. 闭环控制的目的是什么？

2. 什么是目标信号？什么是反馈信号？目标信号可以通过什么方法设定？反馈信号是如何得到的？

3. 什么是负反馈？什么是正反馈？

4. 怎样设定变频器 PID 功能有效？变频器 PID 功能有效时，会产生哪些变化？

5. 压力传感器有哪两类？接线方式有何区别？

6. 某变频器 PID 控制的恒压供气系统中，压力传感器的量程是 0 ~ 1.6MPa，空气压缩机中的压力目标值为 0.5MPa。试确定系统的目标值。

7. 变频器 PID 控制的恒压供气系统中，如果显示的频率不稳定，此现象是否正常？如果系统的压力时高实低，该如何解决？如果系统压力发生变化时回复过程较慢，该如何解决？

项目九　变频器的安装、调试及干扰防范

一、学习目标

1. 了解安装变频器的注意事项。
2. 了解变频器干扰的常见形式及防治措施。
3. 了解变频调速系统的调试方法及常见故障。

二、问题的提出

在变频器的使用过程中，常常会出现一些无法解释的现象，例如：变频器莫名其妙地跳闸，重新合闸后又可继续工作。有时也会烧毁变频器，这些现象多半与变频器的安装、接地、干扰有关系，因此了解上述内容对判断故障原因、消除故障隐患有着非常重要的意义。

任务一　变频器的安装及布线

【案例】　某厂整形车间工作温度较高，一鼓风机的控制变频器安装在一个狭小的铁盒内，该变频器冬天工作正常、夏天经常跳闸，即使没有跳闸用温度计测量其输入/输出主接点，温度都很高，如图9-1所示，产生该故障的原因在哪里呢？

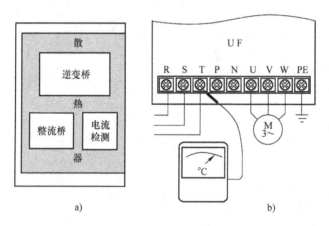

图9-1　温度计测量主接点温度

一、变频器的设置环境

变频器是精密的电力电子装置，在设置安装方面必须考虑周围的环境条件，一般说来需要考虑以下因素。

1. 环境温度

一般来说允许的环境温度为 −10 ～ +40℃。如果散热条件好，其上限温度可提高到

+50℃。

2. 环境湿度

当空气中湿度较大时，会使绝缘性能变差。一般来说以保证变频器内部不出现结露现象为度。

3. 其他条件

变频器的安装环境还应满足无腐蚀、无振动、少尘埃、无阳光直射等条件。

二、变频器的安装

变频器也和其他大部分电力设备一样，需认真对待其工作过程中的散热问题，温度过高对任何设备都具有破坏作用。所不同的是对多数设备而言，其破坏作用比较缓慢，而对变频器的逆变电路，温度一旦超过限值，会立即导致逆变管的损坏。因此变频器的散热问题也显得尤为重要。为了不使变频器内部温度升高，通常采用的办法是通过冷却风扇把热量带走，一般说来，每带走 1kW 热量，所需要的风量约为 $0.1m^3/s$。

在安装变频器时，首要的问题便是如何保证散热的途径畅通，不易被阻塞。常用的安装方式有下面几种。

1. 壁挂式安装

由于变频器具有较好的外壳，在安装环境允许的前提下可以直接靠墙安装。壁挂式安装及要求如图 9-2 所示。

为了保持通风良好，还要求变频器与周围物体之间的距离符合下列要求：

两侧：≥100mm

上下：≥150mm

为改善冷却效果，变频器需垂直放置，为保证变频器的出风口畅通不被异物阻塞，最好在变频器的出风口加装保护网罩。

2. 柜内安装

如果安装现场环境较差，如尘埃多、噪声大，或者其他控制电器较多需要和变频器一起安装时，可以选择柜内安装的方式。

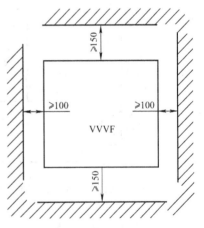

图 9-2 壁挂式安装及要求

（1）柜外冷却方式 在较清洁的地方，可以将变频器本体安装在控制柜内，而将散热片留在柜外，如图 9-3 所示。这种方式可以通过散热片进行柜内空气和外部空气之间的热传导，这样对柜内冷却能力的要求就可以低一些。此种安装方式对柜内温度的要求可参考图中标出的数值。

（2）柜内冷却方式 对于不方便使用柜外冷却方式的变频器，连同其他散热片都要安装在控制柜内。此时应采用强制通风的办法来保证柜内的散热。通常在控制柜的柜顶加装抽风式冷却风扇，风扇的位置应尽量在变频器的正上方，如图 9-4 所示。

（3）多台变频器的安装 当一个控制柜内安装有两台或者两台以上的变频器时，应尽量横向排列，以便使散热效果最好，如图 9-5 所示。

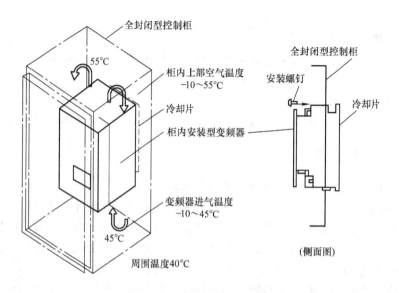

图9-3　将散热片留在柜外的方式

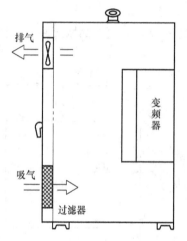

图9-4　通过强制通风为控制柜换气

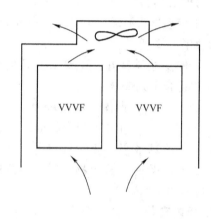

图9-5　2台变频器的柜式安装

三、变频器的布线

在确定了变频器的安装及接线方案以后，如何进行布线呢？下面将分三方面来进行分析。

1. 主电路的布线

在对主电路进行布线以前，应该首先检查一下电缆的线径是否符合要求。此外在进行布线时，还应该注意将主电路和控制电路的布线分开，并分别走不同的路线。在不得不经过同一接线口时，也应在两种电缆之间设置隔离壁，以防止动力线的噪声侵入控制电路，造成变频器工作异常。

2. 控制电路的布线

在变频器中，主电路是强电信号，而控制电路所处理的信号一般为弱电信号。因此在控制电路的布线方面，应采取必要的措施避免主电路中的干扰信号进入控制电路。

1）模拟量控制线：模拟量控制线主要包括：输入侧的频率给定信号线，输出侧的频率信号线，电流信号反馈线等。由于模拟量信号的抗干扰能力较差，因此必须采用屏蔽线。

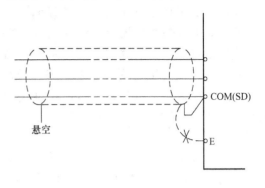

图9-6　屏蔽线的连接

屏蔽线在连接时，要按照图9-6所示的方法连接。屏蔽层靠近变频器一端应接变频器控制电路的公共端（COM或SD）端，注意不要接到了变频器的接地端，而屏蔽层的另一端应悬空。

除了采用屏蔽线以外，对模拟信号的布线还要注意：

① 尽量远离主电路，至少在100mm以上。

② 尽量不和主电路交叉，必须交叉时应采用垂直交叉的方式。

2）开关量控制线。开关量控制线主要包括：正、反转起动，多挡速度控制等控制线。由于开关量信号抗干扰能力较强，在距离较近时，可以不使用屏蔽线，但同一信号的两根线必须绞在一起。开关量控制线的布线要领可参照模拟信号线，如图9-7所示。

如果操作指令来自远方，需要控制线较长时，可以采用中继继电器控制，如图9-8所示。

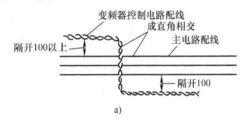

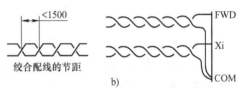

图9-7　开关量控制线的布线

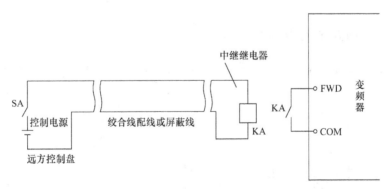

图9-8　使用中继继电器的连接方法

由于接触器、继电器的线圈都具有较大的电感，在接通或断开的瞬间，电流的突变会产生很高的感应电动势，有可能导致变频器内部的触点或晶体管击穿。因此在电感线圈的两端必须接入浪涌电压吸收回路。交流电路常用阻容吸收，直流电路用反向二极管。浪涌电压吸收电路如图9-9所示。

3）接地线：由于变频器主电路中的半导体开关器件在工作过程中将进行高速通断动作，变频器主电路和外壳及控制柜之间的漏电电流也相对较大，因此为了防止操作者触电、雷击等自然灾害对变频器的伤害，必须保证变频器接地端可靠接地。可靠接地还有利于抗干扰。在进行布线时，应注意以下几点：

① 多台变频器时，每台变频器必须分别和接地线相连。多台变频器的接地如图9-10所示。

② 尽可能缩短接地线。

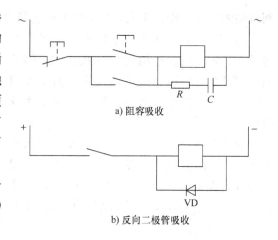

a) 阻容吸收

b) 反向二极管吸收

图 9-9　浪涌电压吸收电路

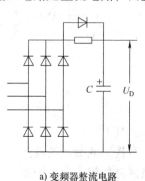

a) 正确

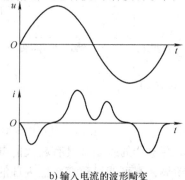

b) 错误

图 9-10　多台变频器的接地

③ 绝对避免同电焊机、变压器等强电设备共用接地电缆或接地极。此外，接地电缆布线上也应与强电设备的接地电缆分开。

任务二　变频器的功率因数和改善措施

一、变频器输入电流中的高次谐波

变频器的输入电路是整流电路，而整流电路是产生谐波的谐波源。图 9-11a 为变频器的

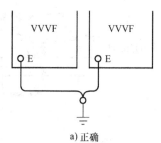

a) 变频器整流电路

b) 输入电流的波形畸变

图 9-11　变频器的输入电流波形

整流电路，三相电源经全波整流后，由 C 进行滤波。因此输入电流总是在电压的幅值附近呈不连续的冲击波形式，如图9-11b所示，可以看到输入电流的波形发生了畸变。

对输入电流进行频谱分析后，可以看到其5次、7次谐波分量也很大，比基波分量少不了多少，如图9-12所示。

二、高次谐波对功率因数的影响

1. 高次谐波电流的平均功率

现以5次谐波为例说明。图9-13中画出了电源电压波形①和5次谐波电流的波形②，此时5次谐波的瞬时功率可用下式来计算：

$$p = ui$$

从而得到其瞬时功率曲线③。p 曲线与时间轴之间的面积（图中的阴影部分）表示在该段时间内所做的功。可以证明：在半个周期内做"＋"功与做"－"功的代数和为0，

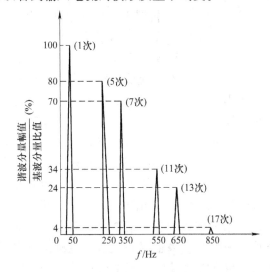

图9-12 输入电流的频谱分析

也就是说平均功率为0。因此高次谐波电流使电源和负载之间不停地进行能量交换，却并不真正做功。从这个效果上看，它和电容或电感的作用是完全相同的，所以高次谐波提供的是一种无功功率。

2. 变频器输入侧功率因数

根据功率因数定义知：

$$功率因数 = \frac{有功功率}{无功功率} = \frac{P}{S}$$

有功功率 P：由于电流的基波分量与电压同相，所以有功功率就等于基波电流与电压的乘积。

视在功率 S：它是总电流有效值与电压有效值的乘积，而非正弦交流电的有效值。总电流有效值可用下式表示：

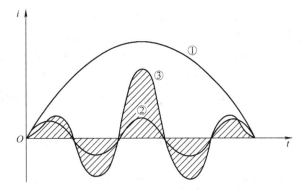

图9-13 5次谐波电流的瞬时功率

$$I_S = \sqrt{\sum I^2}$$

式中，$\sum I^2$ 是各次谐波电流（包括基波电流）有效值的二次方和。

由于变频器的输入电流中含有大量的高次谐波，而且5次、7次谐波分量比较大，根据上式知，I_S 的值较大，因此变频的功率因数一般偏低。

3. 改善功率因数的方法

根据以上分析，变频器功率因数偏低的原因是由于变频器的输入电流中存在着高次谐波成分，因此改善功率因数的根本途经就是削弱高次谐波电流。在变频器的输入电路中串入电抗器是比较好的方法。

1）串入直流电抗器 L_D。在整流桥和电容之间串入直流电抗器 L_D，如图9-14所示。

直流电抗器结构简单，体积小，可使功率因数提高到0.9。

2）串入交流电抗器L_A。在三相输入电路中，串入电抗器L_A如图9-14所示，由于交流电抗器滤波效果较差，所以只能将功率因数提高到$0.75 \sim 0.85$。交流电抗器和直流电抗器一起用时，功率因数可提高至0.95。交流电抗器除了滤波功能外，还具有以下功能：

① 抑制输入电路中的浪涌电流；

② 削弱电源电压不平衡的影响。

接入电抗器后，各次谐波电流与电抗器的电感量之间的关系如图9-15所示。可以看到：电感量越大，各次谐波电流就越小，改善功率因数的效果也越好。但是电感量如果太大，也会增大基波电流的电压降，减小输入电压。因此选用电抗器时常按以下几个要点进行：

① 电抗器上的电压降以不大于额定电压的3%为宜；

② 电源变压器的内部阻抗也能起到电抗器的上述作用，但是如果变压器的容量较大（大于500kVA）或变压器容量大于变频器容量10倍以上时，变压器的内部阻抗起的作用变小，应另选配电抗器；

③ 各变频器生产厂家都有专用的电抗器选件供用户选用。

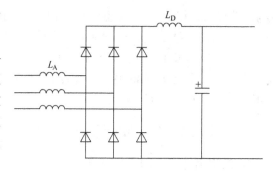

图9-14 直流电抗器的接法

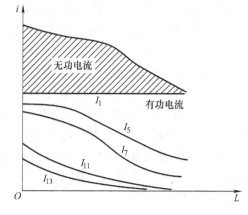

图9-15 接入电抗器的效果

任务三 变频器的抗干扰措施

【案例1】 楼上、楼下使用同一个变压器，楼下有4台电阻炉加热器，100kW，即使一台加热器起动，楼上的变频器就会跳闸（共10台0.75kW，其中固定的5台跳闸），后在每一个变频器前加了一个稳压器（1kVA），故障消失。试分析故障原因。

【案例2】 某车间有一台75kW变频器，由于空间有限，离弱电设备较近，时常引起其他设备工作异常，我们将变频器的主电路从墙的夹层中走过，效果还是不好。有无解决办法？

【案例3】 某车间有$0.75 \sim 7.5$kW变频器27台，经常莫名其妙地集体跳闸，合闸后又工作正常，虽然没有大的危险，但影响心情，也影响生产，该怎样解决？

以上案例都是多台变频器一起跳闸，这种情况多半是由于干扰引起的。变频器的干扰主要包括：外界对变频器的干扰以及变频器对周边设备的干扰两部分。

一、外界对变频器的干扰

外界对变频器的干扰主要反映在电源异常对变频器的干扰。

1. 电源波形畸变带来的干扰

当某一电源上接有其他变频器或者晶闸管整流器时，晶闸管在进行换流时将引起电源波形的畸变，如图9-16所示。它不但污染了电网，而且有可能使变频器的续流二极管因出现较大的反向电压而受到损害。

作为对策，当多台变频器或者整流器共用同一电源时，可以采取在各个变频器或者整流器的输入端分别串入交流电抗器的措施。

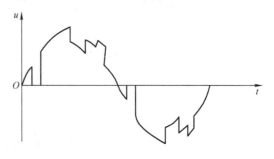

图9-16　晶闸管换相引起的畸变

2. 电源的浪涌电压对变频器的干扰

产生浪涌电压的原因可能由于雷击或电源变压器补偿电容的投入等。而过高的浪涌电压可能会使变频器整流部分的二极管因承受过高的反向电压而损坏。为了减轻浪涌电压的影响，可以在变频器的输入电路中接入交流电抗器，或浪涌吸收器。大部分的变频器内部都已有了图9-17a所示的浪涌吸收器，但对于设置在室外的传送设备来说，由于存在遭到雷击的可能，必须将浪涌吸收电路接成Y联结并将中性点接地，以防变频器出现中性点过电压的现象。

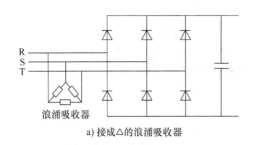

a) 接成△的浪涌吸收器

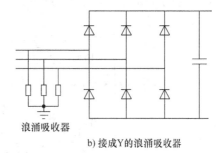

b) 接成Y的浪涌吸收器

图9-17　浪涌吸收器的接法

二、变频器对周边设备的干扰和对策

由于在变频器的整流电路和逆变电路中使用了半导体开关器件，在其输入输出电压和电流中除了基波之外还含有一定的高次谐波成分，而这些高次谐波的存在将给变频器的周边设备带来不同程度的影响。下面将这些影响分类，并介绍不同的应对措施。

1. 电路耦合引起的干扰

前已述及电源的波形畸变会给变频器的工作带来干扰，而变频器的工作又会反过来污染电网引起电源波形的畸变。另一方面，输出漏电流也会通过分布电容和接地线影响其他设备，它们都是通过线路来传播干扰信号的。如图9-18所示，解决的办法可以在受干扰设备的输入侧加隔离变压器或滤波环节。

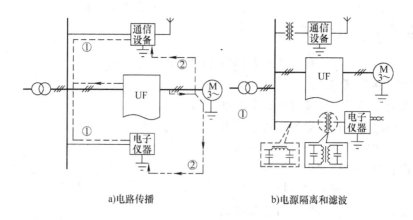

a)电路传播　　　　　　b)电源隔离和滤波

图9-18　电路传播与隔离

2. 电磁干扰的分类和对策

由于变频器的输出电流中含有高次谐波，有些高次谐波通过各种方式将自己的能量传播出去，形成对其他设备的干扰信号，这种干扰信号也叫电波噪声。它们不仅会影响无线电设备的正常接收，也会影响传感器、仪表和其他弱电设备的正常工作。电波噪声包括传导噪声和辐射噪声。

1）传导噪声。传导噪声通过电源线传播，如图9-19所示。图9-19a是变频器输出电压的高频信号产生磁场，切割附近设备的控制线而引发的干扰。图9-19b是其他设备导线的分布电容为上述的高频信号提供通路，而引发的干扰。对于通过电源线传播的传导噪声，都是因为其他设备离变频器太近引起的，采用的措施可以用以下四句话来概括：

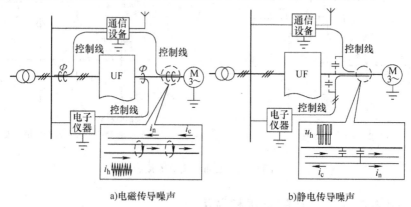

a)电磁传导噪声　　　　　　b)静电传导噪声

图9-19　传导噪声

①　远离：设备控制线远离变频器；

②　相绞：控制线拧成麻花状布线，以使线路中产生的感应电动势相互抵消；

③　屏蔽：控制线采用屏蔽线，主电路动力线也可以采用屏蔽线；

④　不平行：控制线与主动力线不能平行。

抑制传导噪声的方法如图9-20所示。

2）辐射噪声。辐射噪声是由辐射至空中的电磁波和磁场直接传播，如图9-21所示。电磁波传播辐射噪声的大小，取决于变频器的安装、布线等多种因素，因此抑制辐射噪声比抑制传导噪声困难一些，但一般说来可以采用下述方法来抑制辐射噪声：

① 准确接地：在车间的接地网络上分开接地，如果解决不了问题，变频器就单独接地，接地电阻要小于4Ω；

② 尽量缩短布线距离，并采用将电线双绞的措施，以减小阻抗；

③ 在变频器的输入侧接入无线电抗干扰滤波器，利用变频器厂家提供的专用"无线电抗干扰滤波器"对抑制辐射噪声是个较好的选择。无线电抗干扰滤波器如图9-22所示。

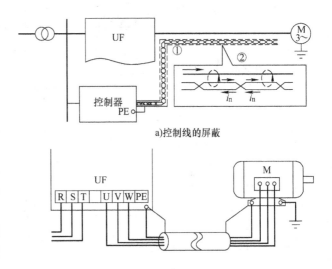

a)控制线的屏蔽

b)主电路的屏蔽

图9-20 抑制传导噪声的方法

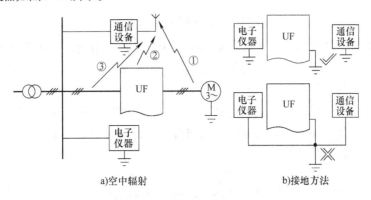

a)空中辐射　　　　　　　　b)接地方法

图9-21 空中辐射与接地

电波噪声的防治是一个综合问题，图9-23给出了电波噪声的对策示意图和一个例子以供参考。

3. 对被驱动电动机的影响

由于变频器的输出侧只是和被驱动电动机相连，对于GTR、GTO变频器，为了削弱输出电流中的高次谐波成分，可以在变频器输出侧和电动机之间串入滤波电抗器，此举非但起到了抗干扰的作用，而且削弱了高次谐波电流在电动机中的附加转矩，从而改善了电动机的运行特性。而IGBT变频器，由于其载波频率很高，高次谐波电流极小，所以没有必要串入电抗器。

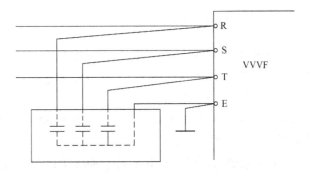

图9-22 无线电抗干扰滤波器

值得指出的是，**在变频器的输出侧是绝对不允许用电容来吸收高次谐波电流的**，这是因

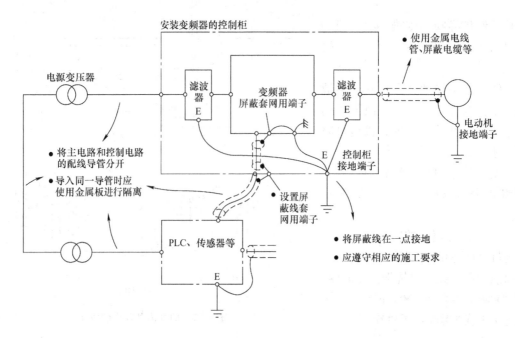

图 9-23　电波噪声的对策示意图

为如果用电容滤波，逆变器工作时会产生峰值很大的充放电电流，使逆变管损坏。

本任务开始提出的三个案例：案例1加了稳压源，其实就是加了一个隔离变压器，很显然是电路耦合引起的干扰；案例2中由于控制线离动力线太近，最有效的办法就是用屏蔽线，控制线和主电路都采用屏蔽线；案例3中27台变频器集体跳闸，最有可能的是附近有一大的干扰源，当其起动时，通过电源或接地对车间里的变频器产生了干扰，解决的办法就是找到该干扰源，将其单独接地。

任务四　变频调速系统的调试及常见故障

一、变频调速系统的调试

对变频调速系统的调试工作，并没有严格的规定和步骤，只是大体上应遵循"先空载、后轻载、再重载"的一般规律。下面介绍的是通常采用的方法，以供参考。

1. 变频器的通电和预置

一台新的变频器在通电时，输出端可先不接电动机，而是首先要熟悉它，在熟悉的基础上进行各种功能的预置。

1）熟悉键盘。即了解键盘上各键的功能，进行试操作，并观察显示的变化情况等。

2）按说明书要求进行"起动"和"停止"等基本操作，观察变频器的工作情况是否正常，同时也要进一步熟悉键盘的操作。

3）进行功能预置。关于功能预置的方法和步骤在前文中已作了详细的介绍。预置完毕后，先就几个比较易观察的项目，如加减速时间、点动频率、多挡速时的各挡频率等，检查变频器的执行情况是否与预置的相符合。

4）将外接输入控制线接好，逐项检查各外接控制功能的执行情况。

5）检查三相输出电压是否平衡。

2. 电动机的空载试验

变频器的输出端接上电动机，但电动机尽可能与负载脱开，进行通电试验。其目的是观察变频器配上电动机后的工作情况，顺便校准电动机的旋转方向。试验步骤如下。

1）先将频率设置于 0 位，合上电源后，微微增大工作频率，观察电动机的起转情况，以及旋转方向是否正确。如方向相反，则予以纠正。

2）将频率上升至额定频率，让电动机运行一段时间，如一切正常，再选若干个常用的工作频率，也使电动机运行一段时间。

3）将给定频率信号突降至 0（或按停止按键），观察电动机的制动情况是否正常。

3. 拖动系统的起动和停机

将电动机的输出轴与机械的传动装置连接起来，进行试验。

1）起转试验。使工作频率从 0Hz 开始微微增加，观察拖动系统能否起转，在多大频率下起转。如起转比较困难，应设法加大起动转矩。具体方法有：加大起动频率，加大 U/f 比，以及采用矢量控制等。

2）起动试验。将给定信号调至最大，按起动键，观察：

- 起动电流的变化。
- 整个拖动系统在升速过程中，运行是否平稳。

如因起动电流过大而跳闸，则应适当延长升速时间。如在某一速度起动电流偏大，则设法通过改变起动方式（S 形、半 S 形等）来解决。

3）停机试验，按停止键，观察拖动系统的停机过程。

- 停机过程中是否出现因过电压或过电流而跳闸？如有，则应适当延长降速时间。
- 当输出频率为 0Hz 时，拖动系统是否有爬行现象？如有，则应适当加强直流制动。

4. 拖动系统的负载试验

负载试验主要内容有：

1）如 $f_{max} > f_N$，应进行最高频率时的带负载能力试验，也就是在正常负载下能不能带得动？

2）在负载的最低工作频率下，考察电动机的发热情况。使拖动系统工作在负载所要求的最低转速下，施加该转速下的最大负载，按负载所要求的连续运行时间进行低速连续运行，观察电动机的发热情况。

3）过载试验。按负载可能出现的过载情况及持续时间进行试验，观察拖动系统能否继续工作。

二、变频调速系统故障原因分析

1. 过电流跳闸的原因分析

1）重新起动时，一升速就跳闸。这是过电流十分严重的表现，主要原因有：

- 负载侧短路；
- 工作机械卡住；
- 逆变管损坏；

- 电动机的起动转矩过小，拖动系统转不起来。

2）重新起动时并不立即跳闸，而是在运行过程（包括升速和降速运行）中跳闸，可能的原因有：

- 升速时间设定太短；
- 降速时间设定太短；
- 转矩补偿（U/f 比）设定较大，轻载时励磁电流 I_0 过大，引起定子电流过大。
- 热继电器整定不当，动作电流设定得太小，引起误动作。

2. 电压跳闸的原因分析

1）过电压跳闸，主要原因有：

- 电源电压过高；
- 降速时间设定太短；
- 降速过程中，再生制动的放电单元工作不理想。若来不及放电，则应增加外接制动电阻和制动单元。放电支路发生故障，实际并不放电。

2）欠电压跳闸，可能的原因有：

- 电源电压过低；
- 电源断相；
- 整流桥故障。

3. 电动机不转的原因分析

1）功能预置不当：

- 上限频率与基本频率的预置值矛盾，上限频率必须大于基本频率；
- 使用外接给定时，未对"键盘给定/外接给定"的选择进行预置。
- 其他的不合理预置。

2）在使用外接给定方式时，"起动"信号无法接通。如图 9-24 所示，当使用外接给定信号时，必须由起动按钮或其他触点来控制其起动。如不需要由起动按钮或其他触点来控制，则应将 RUN 端（或 FWD 端）与 COM（SD）端之间短接起来。

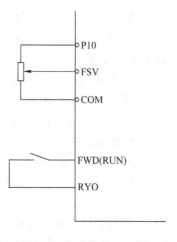

图 9-24　起动信号无法接通

3）其他原因：

- 机械有卡住现象；
- 电动机的起动转矩不够；
- 变频器的电路故障。

项 目 小 结

一、了解变频器的安装、布线

1）在安装变频器时，主要对安装环境的温度、湿度等条件有一定的要求。在安装时变频器的散热问题比较突出，常用的安装方式有：壁挂式和柜内安装式。

2）变频器的布线主要有主电路、控制电路和接地线的布线。主电路和控制电路的布线应分开走，尽量不要交叉。对模拟量控制线要采用屏蔽线。变频器的接地线要单独和接地体相连，而不能与其他设备共用。

二、掌握变频器功率因数的改善方法

在变频器的输入电流中含有大量的高次谐波，致使变频器输入电路的无功功率增加，因此变频器的功率因数是比较低的。改善的方法是在变频器的输入电路中串入交、直流电抗器。

三、掌握变频器的抗干扰措施

1. 外界对变频器的干扰

1）电源波形畸变带来的干扰：是由其他变频器或晶闸管整流器等引起的电源波形的畸变。

2）电源的浪涌电压对变频器的干扰：由于雷击或电源变压器补偿电容的投入等引起的过高的浪涌电压。

2. 变频器对周边设备的干扰

1）电路耦合引起的干扰：通过线路来传播的干扰信号。

2）电磁干扰的分类：①传导噪声，传导噪声通过电源线传播；②辐射噪声，辐射噪声是由辐射至空中的电磁波和磁场直接传播。

3）对被驱动电动机的影响。

另外了解变频调速系统的调试和故障判断方法。

思 考 题

1. 在安装变频器时对环境的要求有哪些？
2. 变频器的安装方式有哪几种？各有何特点？
3. 变频器的主电路、控制电路和接地线在布线时有哪些注意事项？
4. 变频器的功率因数为什么偏低？如何进行改善？各种改善方法有何不同？
5. 外界对变频器的干扰主要来自哪几方面？
6. 变频器对周围设备的干扰表现在哪些方面？
7. 电波噪声是由变频器的哪部分产生的？包括哪两种？如何进行抑制？

一、学习目标

1. 了解变频调速拖动系统设计的基本要求。
2. 掌握有效转矩线、有效功率线在变频调速拖动系统设计中的作用。
3. 掌握恒转矩负载变频调速系统设计的要点。
4. 掌握恒功率负载变频调速系统设计的要点。
5. 掌握二次方率负载变频调速系统设计的要点。

二、问题的提出

当某一具体的负载摆在我们面前，需要对其进行变频改造时，首先需要考虑哪些问题？遵循哪些原则？设计的难点在哪里？这些问题是必须搞清楚的。由于负载类型不同，在设计时考虑的侧重点不同，因此下面将按照负载不同分类介绍。

任务一　变频调速系统设计的基本知识

一、变频调速系统设计的基本要求

（一）在机械特性方面的要求

1. 对调速范围的要求

任何调速装置的首要任务，便是必须满足负载对调速范围的要求。负载调速范围 α_L 的定义是：

$$\alpha_L = \frac{n_{Lmax}}{n_{Lmin}} \tag{10-1}$$

式中，n_{Lmax} 是负载的最高转速；n_{Lmin} 是负载的最低转速。

就变频器的频率调节范围而言，理论上可以非常宽。问题是：三相异步电动机在实施了变频调速后，是否在整个频率范围内都带得动负载？能不能长时间地运行？为此，在设计之前，必须对负载和电动机这两个方面的情况有比较充分的了解。具体说就是：

1）负载的机械特性。
2）电动机在变频调速后的有效转矩线。

2. 对机械特性"硬度"的要求

异步电动机的自然机械特性的运行部分属于"硬特性"，频率改变后，其机械特性的稳定运行部分基本上是互相平行的。因此，在大多数情况下，只需采用 U/f 控制方式，变频调速系统的机械特性就已经能够满足要求了。

但是，对于某些对精度要求较高的机械，则有必要采用矢量控制方式（无反馈方式或有反馈方式），以保证在变频调速后得到足够硬的机械特性。

除此以外，根据节能的要求某些负载需配置低减 U/f 比功能等。

所以，负载对机械特性"硬度"的要求对于选择变频器的类型具有十分重要的意义。

3. 对加、减速过程及动态响应的要求

一般说来，近代的变频器在加、减速时间和方式方面，都有着相当完善的功能，足以满足大多数负载对加、减速过程的要求，但也必须注意以下几个方面。

1）负载对起动转矩的要求。有的负载由于静态的摩擦阻力特别大，而要求具有足够大的起动转矩。例如印染机械及浆纱机械在穿布或穿纱过程中；又如起重机械的起升机构在开始上升时，也必须有足够大的起动转矩，以克服重物的重力转矩等。

2）负载对制动过程的要求。对于制动过程，需要考虑的问题有：

● 根据负载对制动时间的要求，考虑是否需要配用制动电阻，以及配用多大的制动电阻？

● 对于可能在较长时间内，电动机处于再生制动状态的负载（如起重机）来说，还应考虑是否采用电源反馈方式的问题。

3）负载对动态响应的要求。在大多数情况下，变频调速开环系统的动态响应能力是能够满足要求的，但对于某些对动态响应要求很高的负载，则应考虑采用具有转速反馈环节的矢量控制方式。

（二）在运行可靠性方面的要求

1. 对于过载能力的要求

在决定电动机容量时，主要考虑的是发热问题，只要电动机的温升不超过其额定温升，短时间的过载是允许的。在长期变化负载、断续负载以及短时负载中，这种情况是常见的。**必须注意的是：**这里所说的短时间，是相对于电动机的发热过程而言的。对于容量较小的电动机来说，可能是几分钟；而对于容量较大的电动机，则可能是几十分钟、甚至几小时。

变频器也有过载能力，但允许的过载时间只有 1min。这仅仅对电动机的起动过程才有意义，而相对于电动机允许的"短时间的过载"而言，变频器实际上是没有过载能力的。对于电动机可能存在短时间过载的负载，必须考虑加大变频器容量的问题。

2. 对机械振动和寿命的要求

在这方面，需要考虑的有：

1）避免机械谐振的问题；

2）高速（超过额定转速）时，机械的振动以及各部分轴承及传动机构的磨损问题等。

（三）设计拖动系统的主要内容

1）选择电动机的类型、容量及磁极对数等。

2）选择变频器的类型、容量及型号等。

3）选择拖动系统运行的相关参数，如升速与降速的时间和方式等。

4）确定电动机与负载之间的传动比。

5）设计主电路，并确定外围选配件的主要规格。

6）设计控制电路，并选定外围所需要的选配件。

二、变频调速系统中电动机的有效转矩线和有效功率线

（一）有效转矩线

在项目三中讲到有效转矩线时有以下几个要点。

1）有效转矩和有效转矩线：电动机在某一转速（频率）下能够长期、安全、稳定地输出的最大电磁转矩，称为有效转矩，用 T_{MEX} 表示。将所有频率下的有效转矩点连接起来，即得到电动机在变频调速过程中的有效转矩线。

2）$f_x \leqslant f_N$ 时的有效转矩线：在 $f_x \leqslant f_N$ 的范围内得到的有效转矩线如图 10-1a 所示，如果给予一定的补偿，并强制通风，其有效转矩线可变为图 10-1b 所示曲线，具有是恒转矩特征。

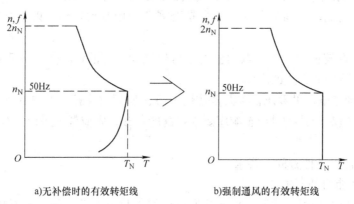

a)无补偿时的有效转矩线   b)强制通风的有效转矩线

图 10-1   全频范围的有效转矩线

3）$f_x > f_N$ 时的有效转矩线：$f_x > f_N$ 时的有效转矩线具有恒功率的特性。$f \uparrow \to T \downarrow$，无论是通过补偿或散热都已无法再增加其转矩，因此 $f_x > f_N$ 时的有效转矩线已不能修正，只适合带恒功率负载，如图 10-1 所示。

4）有效转矩线包围负载机械特性曲线：要使拖动系统在全调速范围内都能正常运行，必须使有效转矩线把负载机械特性曲线的运行段包围在内。这里所说的负载机械特性曲线的运行段，是指在负载所要求的调速范围内的那一段。如果某恒转矩负载的调速范围为 2:1，调频时的范围应是从 $f_N \sim f_N/2$，如图 10-2 所示，其运行段为 ab 段，如图中之粗线所示。负载正常工作时的最低转速是与 b 点对应的转速，而 b 点在有效转矩线以内。因此，如图 10-2 所示的拖动系统是能够正常运行的。如果负载机械特性曲线的运行段改为 ad 段，由于 cd 段已经在有效转矩线以外，因此长期工作时，电动机的最低频率只能调到 n_c，如果频率继续下调至 n_c 以下，则只能短时间运行。

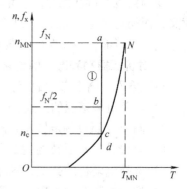

图 10-2   负载的运行段

（二）有效功率线

1. 有效功率

在某一工作频率下，由对应的转速和有效转矩决定的功率即为有效功率。其计算公式如

下：

$$P_{\text{MEX}} = \frac{T_{\text{MEX}} n_{\text{MEX}}}{9550}$$

式中，P_{MEX} 是频率为 f_x 时的有效功率（kW）。

2. 有效功率线

把不同频率下的有效功率点连接起来，便是有效功率线。如图 10-3 所示。图 10-3a 是有效转矩线，图 10-3b 是对应的有效功率线。

工作频率在额定频率（50Hz）以下时，有效转矩线具有恒转矩的特点，如图 10-3a 中的曲线①所示。对应的有效功率线如图 10-3b 中的曲线②所示。

工作频率在额定频率以上时，有效转矩线具有恒功率的特点，如图 10-3a 中的曲线①′所示。对应的有效功率线如图 10-3b 中的曲线②′所示。

根据有效功率线可知，任何电动机在额定转速以下进行调速时，随着转速的下降，电动机的输出功率必随之下降。

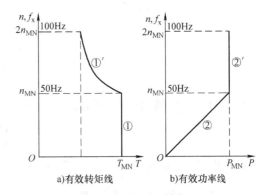

a)有效转矩线　　　b)有效功率线

图 10-3　有效转矩线和有效功率线

任务二　恒转矩负载变频调速系统的设计

一、恒转矩负载的基本特点

带式输送机是恒转矩负载的典型例子之一，其基本结构和工作情况如图 10-4a 所示。

负载阻转矩 T_L 的大小决定于：

$$T_L = Fr$$

式中，F 是传动带与滚筒间的摩擦阻力；r 是滚筒的半径。

下面介绍这种负载的基本特点。

1. 转矩特点

由于 F 和 r 都与转速的快慢无关，所以在调节转速 n_L 的过程中，负载的阻转矩 T_L 保持不变，即具有恒转矩的特点：

$$T_L = 常数$$

其机械特性曲线如图 10-4b 所示。

必须注意：这里所说的转矩大小的是否变化，是相对于转速变化而言的，不能和负载轻重变化时，转矩大小的变化相混淆。或者说，"恒转矩"负载的特点是：负载转矩的大小仅仅取决于负载的轻重，而与转速大小无关。对于带式输送机，当传输带上的物品较多时，不论转速有多大，负载转矩都较大；当传输带上的物品较少时，也不论转速有多大，负载转矩都较小。

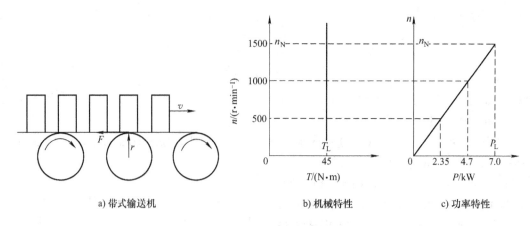

a) 带式输送机   b) 机械特性   c) 功率特性

图 10-4   恒转矩负载及其特性

2. 功率特点

根据负载的机械功率 P_L 和转矩 T_L、转速 n_L 之间的关系，有

$$P_L = \frac{T_L n_L}{9550} \propto n_L$$

即负载功率与转速成正比，其负载功率线如图 10-4c 所示。

二、系统设计的主要问题

对于恒转矩负载，在设计变频调速系统时，必须注意的要害问题是调速范围能否满足要求？

例如，某变频调速系统的有效转矩线如图 10-5 所示。图中，横坐标是电动机的负荷率，其定义是：电动机轴上的负载转矩 T'_L（负载折算到电动机轴上的转矩）与电动机额定转矩 T_{MN} 的比值，即

$$\sigma = \frac{T'_L}{T_{MN}} \tag{10-2}$$

式中，σ 是电动机的负荷率；T'_L 是负载转矩的折算值（N·m）；T_{MN} 是电动机的额定转矩（N·m）。

电动机在不同频率下的有效转矩与额定转矩之比，是电动机的允许负荷率。

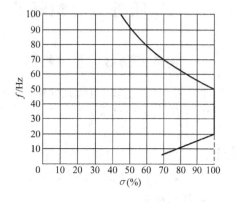

图 10-5   有效转矩线举例

因为
$$T_{MEX} = \frac{T_{MN}}{k_f}$$

所以
$$\sigma_A = \frac{T_{MEX}}{T_{MN}} = \frac{1}{k_f} \tag{10-3}$$

式中，σ_A 是允许负荷率。

所以，变频调速系统能够正常运行的条件是：

$$\sigma \leqslant \sigma_A$$

由图 10-5 知：当负荷率 $\sigma = 100\%$ 时，电动机允许的最大工作频率 $f_{max} = 50\text{Hz}$，最小工作频率 $f_{min} = 20\text{Hz}$，调速范围只有 2.5，这将满足不了许多负载所要求的调速范围。具体分

析如下。

（一）工作频率范围

1. 最低工作频率

变频调速系统中允许的最低工作频率除了决定于变频器本身的性能及控制方式外，还和电动机的负荷率及散热条件有关。各种控制方式的最低工作频率见表10-1。

表10-1　各种控制方式的最低工作频率

控制方式	最低工作频率/Hz	允许负荷率	
		无外部通风	有外部通风
有反馈矢量控制	0.1	≤75%	100%
无反馈矢量控制	5	≤80%	100%
V/F 控制	1	≤50%	≤55%

2. 最高工作频率

由式（10-3）知，最高工作频率的大小和负荷率成反比。工作频率越高（k_f 越大），允许的负荷率越小。

此外，在确定最高工作频率时，还必须考虑机械承受振动的强度，以及轴承的耐磨程度等。

（二）调速范围与传动比

1. 调速范围和负荷率的关系

如上所述，变频调速系统的最高工作频率和最低工作频率都和负荷率有关，所以，调速范围也就和负荷率有关。

假设某变频器在外部无强迫通风的状态下提供的有效转矩线如图10-5所示。由图知，在拖动恒转矩负载时，允许的频率范围和负荷率之间的关系见表10-2。

表10-2　不同负荷率时的转速范围表

负荷率（%）	最高频率/Hz	最低频率/Hz	调速范围
100	50	20	2.5
90	56	15	3.7
80	62	11	5.6
70	70	6	11.6
60	78	6	13.0

表10-2说明：负荷率越低，允许的调速范围越大。

2. 负荷率与传动比的关系

尽管负载本身的阻转矩是不变的，但负载转矩折算到电动机轴上的值却是和传动比有关的。传动比 λ 越大，则负载转矩的折算值越小，电动机轴上的负荷率也就越小。传动机构的这一特点，提供了一个扩大调速范围的途径。

3. 调速范围与传动比的关系

由表10-2知：

1）当电动机轴上的负荷率为100%时，允许的调速范围是比较小的。

2）在负载转矩不变的前提下，传动比 λ 越大，则电动机轴上的负荷率越小，调速范围

（频率调节范围）越大。

因此，当调速范围不能满足负载要求时，可以考虑通过适当增大传动比，来减小电动机轴上的负荷率，增大调速范围。

（三）传动比的选择举例

【例 10-1】 某恒转矩负载要求最高转速 $n_{Lmax}=720r/min$，最低转速 $n_{Lmin}=80r/min$（调速范围 $\alpha_n=9$）。满负荷时负载侧的转矩为 $T_L=140N\cdot m$。

原选电动机的数据：$P_{MN}=11kW$，$n_{MN}=1440r/min$，$p=2$。

原有传动装置的传动比为 $\lambda=2$。因此，折算到电动机轴上的数据为

$$n'_{Lmax}=n_{Lmax}\times 2=1440r/min$$

$$n'_{Lmin}=n_{Lmin}\times 2=160r/min$$

$$T'_L=(140/2)N\cdot m=70N\cdot m$$

根据以上负载参数可作出负载的机械特性，如图 10-6 中曲线②所示。

今采用变频调速，用户要求不增加额外的装置，如转速反馈装置及风扇等。但可以适当改变带轮的直径，在一定的范围内调整传动比。

解：

1. 计算负荷率

1）电动机的额定转矩。根据电动机的额定功率和额定转速求出：

$$T_{MN}=\frac{9550\times 11}{1440}N\cdot m$$

$$=72.95N\cdot m$$

2）电动机满载时的负荷率。根据电动机轴上的负载转矩与额定转矩求出：

$$\sigma=\frac{70}{72.95}=0.96$$

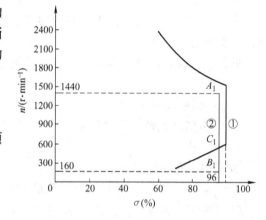

图 10-6　负荷率为 0.96 时的情形

2. 核实允许的变频范围

由图 10-5 可知，当负荷率为 0.96 时，允许频率范围是 $19\sim 52Hz$，调频范围为

$$\alpha_f=\frac{52}{19}=2.74 << \alpha_n(=9)$$

显然，与负载要求的调速范围相去甚远，如图 10-6 所示。图中，曲线①是电动机的有效转矩线，曲线②是负载机械特性，其实际运行段为 A_1B_1 段。由图知，负载实际运行段的相当一部分（C_1B_1 段）在有效转矩线之外。

3. 选择传动比

1）由图 10-5 知，如果负荷率为 70%，则允许频率范围为 $6\sim 70Hz$，调频范围为

$$\alpha_f=\frac{70}{6}=11.7 > \alpha_n(=9)$$

2）电动机轴上的负载转矩应限制在下列范围内：

$$T'_L\le 72.95\times 70\% N\cdot m=51N\cdot m$$

3）确定传动比：

$$\lambda' \geq \frac{140}{51} = 2.745$$

选

$$\lambda' = 2.75$$

4. 校核

1）电动机的转速范围。

$$n_{Mmax} = 720 \times 2.75 r/min = 1980 r/min$$

$$n_{Mmin} = 80 \times 2.75 r/min = 220 r/min$$

2）工作频率范围。

$$s = \frac{1500 - 1440}{1500} = 0.04$$

$$f_{max} = \frac{pn}{60(1 - s)} = \frac{2 \times 1980}{60 \times 0.96} Hz$$

$$= 68.75 Hz < 70 Hz$$

$$f_{min} = \frac{2 \times 220}{60 \times 0.96} Hz = 7.64 Hz > 6 Hz$$

负荷率为 0.7 时的情形如图 10-7 所示。由图知，增大了传动比后，负载的机械特性曲线移到了曲线③的位置，其实际运行段（A_2B_2 段）全都在电动机有效转矩线的范围内。

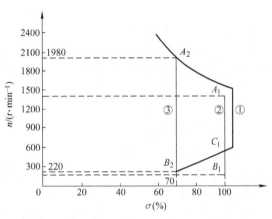

图 10-7　负荷率为 0.7 时的情形

三、电动机和变频器的选择

（一）电动机的选择

1. 可供选择的方法

在上例中，如果对于如何实现变频调速不作任何限制的话，则可以采取的方法有以下几种：

1）原有电动机不变，增大传动比，如上例所述。

2）原有电动机不变，增加外部通风，并采用带转速反馈的矢量控制方式。

3）选择同容量的变频调速专用电动机，并采用带转速反馈的矢量控制方式。

4）采用普通电动机，不增加外部通风，也不采用带转速反馈的矢量控制方式，而是增大电动机容量。增大后的容量可按如下方法求出：

$$P'_{MN} = P_{MN} \frac{\lambda'}{\lambda} = 11 \times \frac{2.75}{2} kW = 15 kW$$

2. 选择原则

在实际工作中，大致有以下几种情况：

1）如果属于旧设备改造，则应尽量不改变原有电动机。

2）如果是设计新设备，则应尽量考虑选用变频调速专用电动机，以增加运行的稳定性和可靠性。

3）如果在增大传动比以后，电动机的工作频率过高，则可考虑采取增大电动机容量的方法。

3. 电动机最高工作频率的确定

电动机最高工作频率以多大为宜，需要根据具体情况来确定。

1）$2p \geq 4$ 的普通电动机。

如上述，当 $f_x > 2f_N$ 时，电动机的有效转矩将减小很多，即

$$T_{MEX} < \frac{T_N}{2}$$

这对于拖动恒转矩负载来说，并无实际意义。一般说来，在拖动恒转矩负载时，实际工作频率的范围是

$$f_x \leq 1.5f_N$$

2）$2p = 2$ 的普通电动机。

由于在额定频率以上运行时，电动机转速超过 3000r/min。这时，需要考虑轴承和传动机构的磨损及振动等问题，通常以

$$f_x \leq 1.2f_N$$

为宜。

（二）变频器的选择

1. 容量的选择

1）对于长期恒定负载。变频器的容量（指变频器说明书中的"配用电动机容量"）只需与电动机容量相当即可。

2）对于长期变化负载、断续负载和短时负载。由于电动机有可能在"短时间"内过载，故变频器的容量应适当加大。通常，应满足最大电流原则，即

$$I_N \geq I_{Mmax}$$

式中，I_N 是变频器的额定电流；I_{Mmax} 是电动机在运行过程中的最大电流。

2. 类型及控制方式的选择

在选择变频器类型时，需要考虑的因素有：调速范围、负载转矩的变动范围及负载对机械特性的要求等。

1）调速范围。如上所述，在调速范围不大的情况下，可考虑选择较为简易的、只有 V/F 控制方式的变频器，或采用无反馈矢量控制方式。

当调速范围很大时，应考虑采用有反馈的矢量控制方式。

2）负载转矩的变动范围。对于转矩变动范围不大的负载，也可首先考虑选择较为简易的只有 V/F 控制方式的变频器。但对于转矩变动范围较大的负载，由于所选的 U/f 曲线不能同时满足重载与轻载时的要求，故不宜采用 V/F 控制方式。

3）负载对机械特性的要求。如负载对机械特性的要求不很高，则可考虑选择较为简易的、只有 V/F 控制方式的变频器，而在要求较高的场合，则必须采用矢量控制方式。如果负载对动态响应性能也有较高要求的话，还应考虑采用有反馈的矢量控制方式。

任务三　恒功率负载变频调速系统的设计

一、恒功率负载的基本特点

各种薄膜的卷取机械是恒功率负载的典型例子之一，如图 10-8a 所示。下面介绍恒功率

负载的工作特点。

1. 功率特点

薄膜在卷取过程中，要求被卷物的张力 F 必须保持恒定，其基本手段是使线速度 v 保持恒定。所以，在不同的转速下，负载的功率基本恒定，即

$$P_L = Fv = 常数$$

即负载功率的大小与转速的高低无关，其功率特性曲线如图10-8c所示。

同样需要说明的是：这里所说的恒功率，是指在转速变化过程中，功率基本不变，不能和负载轻重的变化相混淆。就卷取机械而言，当被卷物体的材质不同时，所要求的张力和线速度是不一样的，其卷取功率的大小也就不相等。

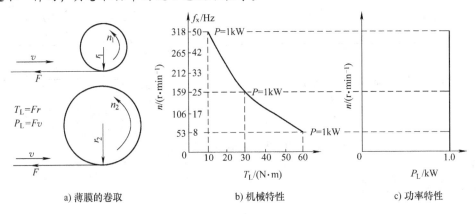

a) 薄膜的卷取　　　b) 机械特性　　　c) 功率特性

图 10-8　恒功率负载及其特性

2. 转矩特点

负载阻转矩的大小为

$$T_L = Fr$$

式中，F 是卷取物的张力；r 是卷取物的卷取半径。

十分明显的是，随着卷取物不断地卷绕到卷取辊上，卷取半径 r 将越来越大，负载转矩也随之增大。另一方面，由于要求线速度 v 保持恒定，故随着卷取半径 r 的不断增大，转速 n_L 必将不断减小。

根据负载的机械功率 P_L 和转矩 T_L、转速 n_L 之间的关系，有

$$T_L = \frac{9550P_L}{n_L}$$

即负载阻转矩的大小与转速成反比，如图10-8b所示。

二、系统设计的主要问题

对于恒功率负载，在设计变频调速系统时，必须注意的要害问题是如何减小拖动系统的容量。

（一）实例

【**例 10-2**】　某卷取机的转速范围为 $53 \sim 318\text{r/min}$，电动机的额定转速为 960r/min，传动比 $\lambda = 3$。卷取机的机械特性如图10-9a中的曲线①所示。图中，横坐标是负载转矩 T_L 及其折算值 T'_L；纵坐标是负载转速 n_L 及其折算值 n'_L。这里，转速的折算值 n'_L 实际上就是电动

机的转速 n_M。在计算时，为了便于比较，负载的转矩和转速都用折算值。

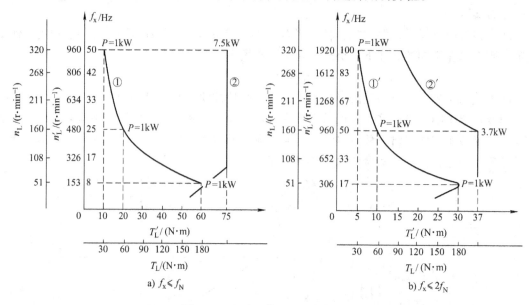

a) $f_x \leqslant f_N$ b) $f_x \leqslant 2f_N$

图 10-9   电动机拖动恒功率负载

解：

1. 最高转速时的负载功率

因为

$$T'_L = T'_{Lmin} = 10 \mathrm{N} \cdot \mathrm{m}$$
$$n'_L = n'_{Lmax} = 960 \mathrm{r/min}$$

所以

$$P_L = \frac{10 \times 960}{9550} \mathrm{kW} \approx 1 \mathrm{kW}$$

2. 最低转速时的负载功率

因为

$$T'_L = T'_{Lmax} = 60 \mathrm{N} \cdot \mathrm{m}$$
$$n'_L = n'_{Lmin} = 153 \mathrm{r/min}$$

所以

$$P_L = \frac{60 \times 153}{9550} \mathrm{kW} \approx 1 \mathrm{kW}$$

3. 所需电动机的容量

因为电动机的额定转矩必须能够带动负载的最大转矩，即

$$T_{MN} \geqslant T'_{Lmax} = 60 \mathrm{N} \cdot \mathrm{m}$$

同时，电动机的额定转速又必须满足负载的最高转速，即

$$n_{MN} \geqslant n'_{Lmax} = 960 \mathrm{r/min}$$

所以电动机的容量应满足：

$$P_{MN} \geqslant \frac{60 \times 960}{9550} \mathrm{kW} \approx 6 \mathrm{kW}$$

选

$$P_{MN} = 7.5 \mathrm{kW}$$

可见，所选电动机的容量比负载所需功率增大了7.5倍。

这是因为，如果把频率范围限制在 $f_x \leqslant f_N$ 内，则所需电动机容量为

$$P_{MN} \geqslant \frac{T_{Lmax} n_{Lmax}}{9550}$$

而负载所需功率为

$$P_{\mathrm{L}} = \frac{T_{\mathrm{Lmax}} n_{\mathrm{Lmin}}}{9550}$$

两者之比为

$$\frac{P_{\mathrm{MN}}}{P_{\mathrm{L}}} \geqslant \frac{n_{\mathrm{Lmax}}}{n_{\mathrm{Lmin}}} = \alpha_{n} \tag{10-4}$$

式中，α_{n} 是负载的调速范围。

变频调速系统的容量比负载所需功率大了 α_{n} 倍，是很浪费的。

（二）减小容量的对策

1. 基本考虑

电动机在 $f_{\mathrm{x}} > f_{\mathrm{N}}$ 时的有效转矩线也具有恒功率性质，因此应考虑利用电动机的恒功率区来带动恒功率负载，使两者的特性比较吻合。

2. 频率范围扩展至 $f_{\mathrm{x}} \leqslant 2f_{\mathrm{N}}$ 时的系统容量

以 $f_{\mathrm{max}} = 2f_{\mathrm{N}}$ 为例，因为电动机的最高转速比原来增大了一倍，则传动比 λ' 也必增大一倍，为 $\lambda' = 6$。图 10-9b 画出了传动比增大后的机械特性曲线。其计算结果如下：

1）电动机的额定转矩。因为 $\lambda' = 2\lambda$，所以负载转矩的折算值减小了一半，即

$$T_{\mathrm{MN}} \geqslant T'_{\mathrm{Lmax}} = 30\mathrm{N} \cdot \mathrm{m}$$

2）电动机的额定转速，仍为 960r/min。

3）电动机的容量：

$$P_{\mathrm{MN}} \geqslant \frac{30 \times 960}{9550}\mathrm{kW} \approx 3\mathrm{kW}$$

取

$$P_{\mathrm{MN}} = 3.7\mathrm{kW}$$

可见，所需电动机的容量减小了一半。

由于电动机的工作频率过高，会引起轴承及传动机构磨损的增加，故对于卷取机一类的必须连续调速的机械来说，拖动系统的容量已经不大可能进一步减小了。

3. $f_{\mathrm{x}} \leqslant 2f_{\mathrm{N}}$ 两挡传动比时的系统容量

有些机械对转速的调整只在停机时进行，而在工作过程中并不调速，如车床等金属切削机床的调速。对于这类负载，可考虑将传动比分为两挡，如图 10-10 所示。

（1）分挡方法

1）低速挡。当电动机的工作频率从 $f_{\mathrm{min}} \to f_{\mathrm{max}}$ 时，负载转速从 $n_{\mathrm{Lmin}} \to n_{\mathrm{Lmid}}$，$n_{\mathrm{Lmid}}$ 是高速挡与低速挡之间的分界速。

2）高速挡。当电动机的工作频率从 $f_{\mathrm{min}} \to f_{\mathrm{max}}$ 时，负载转速从 $n_{\mathrm{Lmid}} \to n_{\mathrm{Lmax}}$。

在这里，工作频率、电动机转速和负载转速之间的关系见表 10-3。

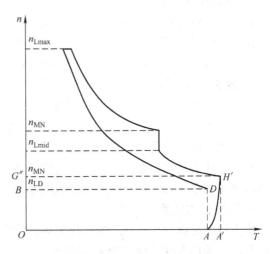

图 10-10　$f_{\mathrm{x}} \leqslant 2f_{\mathrm{N}}$ 两挡传动比
带恒功率负载

表 10-3　工作频率、电动机转速和负载转速之间的关系

转速挡次	负载转速	传动比	电动机转速	工作频率
低速挡	n_{Lmin}	λ_L	n_{Mmin}	f_{min}
	n_{Lmid}		n_{Mmax}	f_{max}
高速挡		λ_H	n_{Mmin}	f_{min}
	n_{Lmax}		n_{Mmax}	f_{max}

（2）分界速（n_{Lmid}）的计算　忽略掉电动机转差率变化的因素，则：

在低速挡，有

$$\frac{n_{Lmid}}{n_{Lmin}} \approx \frac{f_{max}}{f_{min}} = \alpha_f$$

在高速挡，有

$$\frac{n_{Lmax}}{n_{Lmid}} \approx \frac{f_{max}}{f_{min}} = \alpha_f$$

所以

$$\alpha_n = \frac{n_{Lmax}}{n_{Lmin}} = \alpha_f^2$$

从而

$$\alpha_f = \sqrt{\alpha_n} \tag{10-5}$$

分界速的大小计算如下：

$$n_{Lmid} = \frac{n_{Lmax}}{\alpha_f} = \frac{n_{Lmax}}{\sqrt{\alpha_n}} \tag{10-6}$$

如果计算准确，则可使电动机的有效转矩线与负载的机械特性曲线十分贴近，所需电动机容量也与负载所需功率接近，如图 10-10 中之面积 $OA'H''G''$（详见项目十二中车床的应用实例）。

三、电动机和变频器的选择

1. 电动机的容量

如上例，电动机的容量与传动比密切相关，所以在进行计算时，必须和传动机构的传动比、调速系统的最高工作频率等因素一起，进行综合考虑。总的原则是：在最高工作频率不超过两倍额定频率的前提下，通过适当调整传动机构的传动比，尽量减小电动机的容量。

2. 电动机的类别

对于卷取机械，由于随着卷径的增大，转速（频率）不断下降，机械特性曲线也就不断地变换。因此，机械特性的"硬度"对于这类负载来说，并无意义（因为机械特性是针对在同一条曲线上运行时的转速变化而言的）。一般说来，选用普通电动机就可满足要求。

对于机床类负载，则由于在切削过程中转速是不调节的，故对机械特性的要求较高，且调速范围也往往很大，应考虑采用变频调速专用电动机。

3. 变频器的容量和类别

卷取机械是很少出现过载的，故变频器的容量只需与电动机相符即可。变频器也可选择通用型的，采用 V/F 控制方式已经足够。

但机床类负载则是长期变化负载，是允许电动机短时间过载的，故变频器的容量应加大一挡，并且应采用矢量控制方式。

任务四　二次方律负载变频调速系统的设计

一、二次方律负载的基本特点

二次方律负载的典型实例是离心式风机和水泵，如图 10-11a 所示。其主要特点在项目三中已有讲解，二次方律负载阻转矩 T_L、负载功率 P_L 的表达式如下：

$$T_L = T_0 + K_T n_L^2$$

$$P_L = P_0 + K_P n_L^3$$

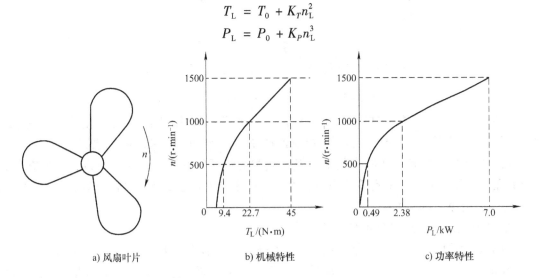

a) 风扇叶片　　　　b) 机械特性　　　　c) 功率特性

图 10-11　二次方律负载及其特性

二、系统设计的主要问题

二次方律负载实现变频调速后的主要问题是如何得到最佳的节能效果。

1. 节能效果与 U/f 曲线的关系

如图 10-12a 所示，曲线 0 是二次方律负载的机械特性；曲线 1 是电动机在 **V/F** 控制方式下转矩补偿为 0（$k_U = k_f$）时的有效转矩线，与图 10-12b 中的曲线 1 对应。当转速为 n_X（$n_X < n_N$）时：

由曲线 0 知，负载转矩为 T_{LX}；

由曲线 1 知，电动机的有效转矩为 T_{MEX}。

十分明显，即使转矩补偿为 0，在低频运行时，电动机的转矩与负载转矩相比，仍有较大余量。这说明，该拖动系统还有相当大的节能余地。

为此，变频器设置了若干低减 U/f（$k_U < k_f$）曲线，如图 10-12b 中的曲线 01 和曲线 02 所示。与此对应的有效转矩线如图 10-12a 中的曲线 01 和 02 所示。

但在选择低减 U/f 曲线时，有时会发生难以起动的问题，如图 10-12a 中的曲线 0 和曲线 02 相交于 S 点。显然，在 S 点以下，拖动系统是难以起动的。对此，可采取的对策有：

1）U/f 比选用曲线 01。

2）适当加大起动频率。

应该注意的是，几乎所有变频器在出厂时都把 U/f 曲线设定在具有一定补偿量的情况

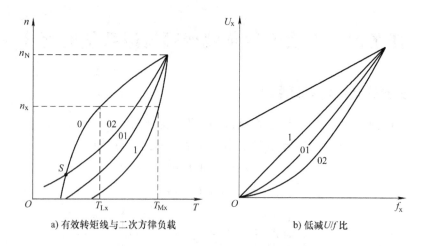

a) 有效转矩线与二次方律负载   b) 低减U/f比

图 10-12　电动机的有效转矩线与低减 U/f 比

下（U/f 比大于 1）。如果用户未经功能预置，直接接上水泵或风机运行，则节能效果就不明显了。个别情况下，甚至会出现低频运行时因励磁电流过大而跳闸的现象。

由于电动机有效转矩线的形状不可能与负载的机械特性完全吻合，所以，即使在低减 U/f 比的情况下运行，仍具有节能潜力。为此，有的变频器还设置了"自动节能"功能，以利于进一步挖掘节能潜力。

2. 节能效果与变频器台数的关系

由于变频器的价格较贵，为了减少设备投资，不少单位常常采用由一台变频器控制多台泵的方案。即：只有一台泵进行变频调速，其余都在工频下运行。从控制效果（如恒压供水）来说，这是完全可行的。但显然这是以牺牲节能效果为代价的。

三、电动机与变频器的选择

1. 电动机的选择

绝大多数风机和水泵在出厂时都已经配上了电动机，采用变频调速后没有必要另配。

2. 变频器的选择

大多数生产变频器的工厂都提供了"风机、水泵用变频器"，可以选用。它们的主要特点有如下。

1）过载能力较低。风机和水泵在运行过程中一般不容易过载，所以，这类变频器的过载能力较低，为 120%、1min（通用变频器为 150%、1min）。

因此，在进行功能预置时必须注意，由于负载的阻转矩与转速的二次方成正比，当工作频率高于额定频率时，负载的阻转矩有可能大大超过额定转矩，使电动机过载。所以，其最高工作频率不得超过额定频率。

2）配置了进行多台控制的切换功能。

如上所述，在水泵的控制系统中，常常需要由 1 台变频器控制多台水泵的情形，为此，不少变频器都配置了能够自动切换的功能。

3）配置了一些其他专用于水泵控制的功能。

如"睡眠"与"唤醒"功能、PID 调节功能等。

项 目 小 结

一、了解设计变频调速系统的基本要点

变频调速系统属于电力拖动系统中的一个分支，因此，设计电力拖动系统的各项要求也都适用于变频调速系统。

可以说，对于电力拖动系统的几乎所有要求，变频调速系统都能实现。但是要满足这些要求，首先必须充分了解异步电动机在实行变频调速后的机械特性和有效转矩线。

归纳起来，有效转矩线的要点如下。

1. 在额定频率以下

1）如果采用有反馈的矢量控制方式，并且通风良好的话，可以实现完全的恒转矩调速。

2）如果采用其他控制方式，并且外部没有强迫通风的话，则低频段的有效转矩将有所减小。

2. 在额定频率以上

基本上可以实现恒功率调速。

二、掌握各类负载变频调速系统的设计要点

根据机械特性的特点，负载可分为恒转矩负载、恒功率负载及二次方律负载等。

1. 所谓恒转矩负载，是指当转速改变时，负载的阻转矩基本不变的负载。典型例子如带式输送机、起重机械等。

在设计恒转矩负载的变频调速系统时，主要问题是必须充分满足负载对调速范围的要求。解决好这个问题的关键是正确地选择拖动系统的传动比。

在选择电动机时，应尽量遵循"先普通、后专用，先4极、后其余"的原则。

在选择变频器时，应注意考虑负载的工况。对于变动负载、断续负载和短时负载，应根据电动机在工作过程中的最大电流来选择。控制方式大体上遵循先"无反馈"、后"有反馈"的原则。

2. 所谓恒功率负载，是指当转速改变时，负载的功率基本不变，其机械特性呈抛物线形。典型例子如各种卷取机械，和金属切削机床的高速部分。

在设计恒功率负载的变频调速系统时，主要问题是如何尽量减小拖动系统的容量。

解决好这个问题的关键是把工作频率提高到额定频率以上，使电动机的有效转矩线尽量靠近负载的机械特性曲线。

对于诸如金属切削机床一类停机调速的负载，还可考虑采用两挡传动比的方案。

在恒功率负载中，电动机容量的选择必须综合考虑传动比、最高工作频率等因素。

需要特别注意的是：卷取类机械和机床类负载的工况不一样，选择电动机和变频器的原则不同。

3. 所谓二次方律负载，是指阻转矩的大小和转速二次方成正比的负载，典型例子是风机和水泵。

在设计二次方律负载的变频调速系统时，主要问题是如何正确地预置变频器的功能，以确保节能效果。

电动机通常是与风机和水泵连成一体的，变频器也有风机和水泵专用的型号。所以选择起来十分方便。

思 考 题

1. 试分析起重机械的负载性质。

2. 某恒转矩负载，最高转速为 1000r/min，要求调速范围 $\alpha_n = 8$，试为该拖动系统选择电动机和变频器的容量，并确定传动比。

3. 某卷取机械，要求被卷物的线速度为 150m/min，张力为 5N。卷取辊的最小卷径为 15cm，最大卷径为 1m。试设计其变频调速拖动系统（包括：选择电动机的容量和磁极对数、变频器的容量以及传动比等）。

4. 某水泵向水塔泵水，电动机容量为 5.5kW，泵水时的负荷率为 90%。原拖动系统有水位控制装置，每次从最低水位泵水至最高水位，约需 1h。今采用变频调速，通过试验知道，能够泵水的最低频率为 32Hz（实际工作频率应略高一些），试分析其节能效果。（注：水的流量是和转速成正比的）

项目十一　风机、水泵类负载变频调速应用实例

一、学习目标

1. 了解各种典型负载，如风机、水泵的应用要领。
2. 掌握变频器的节能效果及计算。
3. 了解变频调速在恒压供水、中央空调、水位控制等领域中的应用。
4. 了解变频恒压供水、中央空调、水位控制的相同点及不同点。

二、问题的提出

前面已经学习了变频的基本知识，这些知识应用在不同的负载中，要领与侧重点是不一样的，所考虑的问题也不尽相同。对于风机、水泵类的二次方率负载，典型的应用有恒压供水，考虑的首要问题为节能。中央空调和水位控制的控制对象及控制量都有各自的特点。而风机变频调速则非常简单。

任务一　变频调速的节能

【案例1】　某带式输料机，根据新工艺要求可以将其转速降低30%，是否可以节能？节能效果如何？可以计算吗？

【案例2】　一台工业锅炉使用的鼓风机，以前用调节风门开度来调整风量，现改用变频调节电动机的转速来改变鼓风机的风量，如果将其转速降低30%，是否可以节能？节能效果如何？可以计算吗？

一、节能的几种情况

1. 工频运行时的浪费

在图11-1a中，当调节风门来调节鼓风机的风量时，风门会消耗掉许多能量，电动机的输出功率超出了负载的实际需要，从而造成浪费。这种情况可以通过调速，使电动机的转速下降来减少风量，实现节能。

2. 工艺上有降速的可能性

在案例1中，新工艺允许带式输料机转速降低30%，由于负载的转速降低，根据 $P_L = n_L T_L/9550$ 知，其消耗的功率也降低，当然可以节能，关键是节能的效果。由于带式输料机属于恒转矩负载，调速过程中转矩不变，机械特性为图11-2a中的①号线，图中 n_x^*、T_x^*、P_x^* 分别表示转速、转矩和功率的相对值。100%转速和转矩时消耗的功率记为100%，如图11-2a中的阴影部分。当转速降低30%后，功率消耗为原来的70%，如图11-2b中的阴影部分，可节能30%。可以看到，对恒转矩负载来说，降速多少，节能多少。

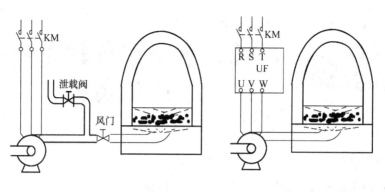

a)风门调节风量　　　　　　　　　　　b)变频调速调节风量

图 11-1　鼓风机变频改造

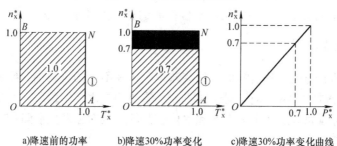

a)降速前的功率　　　b)降速30%功率变化　　　c)降速30%功率变化曲线

图 11-2　恒转矩负载降速后功率变化

案例 2 中的风机、水泵类二次方率负载，转速变化时，其转矩和功率可表示为

$$T_L = T_0 + K_T n_L^2 \qquad (11\text{-}1)$$

$$P_L = P_0 + K_P n_L^3 \qquad (11\text{-}2)$$

在风机降速 30% 后，负载消耗功率的节能效果可用图 11-3 表示。

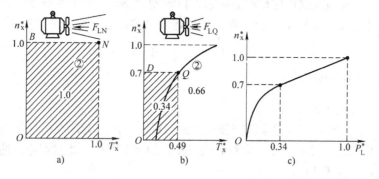

图 11-3　二次方率负载降速后功率变化

100% 转速时消耗的功率记为 100%（图 11-3a），降速 30% 后，转矩为原来的 49%（图 11-3b），功率消耗只有原来的 34%（图 11-3c），节能 66%。

同样是降速 30%，不同类型的负载，节能效果相差很大。即使是风机、水泵类负载，如果工艺上没有调速的空间，节能效果就会大打折扣。

3. 减小电动机的输入功率

电动机在带得动负载的前提下，有一个最佳工作点，这个点就是额定磁通点，在这一点运行的电动机消耗的电能最少，也最省电，如图 11-4 所示。

1）电压减小时，定子电流同比例增大，因此，耗电量基本不变。如 $U_D < U_C$，$I_{1D} > I_{1C}$，即

$$U_x \downarrow \rightarrow \Phi \downarrow \rightarrow I_2' \uparrow \rightarrow I_1 \uparrow$$

因为 $T = C_T \Phi I_2' \cos\varphi$，所以在负载不变的情况下，$\Phi \downarrow \rightarrow I_2' \uparrow$。此时定子电流的增加主要是由负载电流 I_2' 增大而引起。

2）电压增大时，定子电流也增大，耗电量增加。如 $U_A > U_B$，$I_{1A} > I_{1B}$，即

$$U_x \uparrow \rightarrow \Phi \uparrow \rightarrow I_0 \uparrow \rightarrow I_1 \uparrow$$

此时定子电流的增加主要是由励磁电流 I_0 增大而引起，而负载电流 I_2' 并没有多大变化。对于大容量电动机带小负载的情况，由于电动机的 I_0 较大，就可以通过降低 U_x 实现降低 I_0 的目的。因此，大电动机带小负载，可以通过降压节能，这也变成一个固定的模式。下面通过几个实例加以说明。

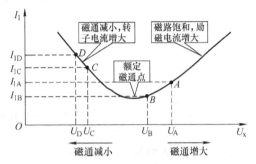

图 11-4　电动机的最佳工作点

【实例 1】　某水泵厂为响应国家节能减排的号召，在水泵出厂时就为每台水泵配备了变频器，但变频器的参数还是其出厂设置，没有调整过，节能效果好吗？有何需要改进的地方？

如果水泵在工作过程中有调速的要求，那是可以节能的，如果水泵始终工作在 50Hz，使用变频器意义就不大了。除此之外，水泵是二次方率负载，在低频时负载很小，其负载特性如图 11-5a 中的曲线①，而变频器出厂时的参数设置中，U/f 曲线都是按恒转矩负载设置的，其有效转矩线如图 11-5a 中的曲线②，有效转矩比负载转矩大，有一定的节能空间。由于变频器出厂设置中 U/f 曲线都有一定的转矩提升，而水泵在低频时不仅不需要提升，反而要降低电压，因此需选择二次方压频比 U/f 曲线，如图 11-5b 中的曲线④。当水泵的实际运行频率为 f_A 时，改变 U/f 曲线后，$U_B < U_A$，实际上这就是降低电压来节能的实例。

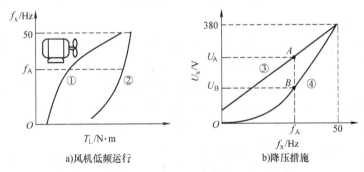

a)风机低频运行　　　　b)降压措施

图 11-5　低频轻载的降压措施

【实例 2】　某车间有一台送风机，目前用的电动机是 380V、50Hz、75kW，而风机的功率只有 60kW，怎样设置才能达到节能的目地？

这是典型的大电动机带小负载，可以通过降低电压来节能，降低电压的方法有：

1）降频而降压：即 $f_x \downarrow \rightarrow U_x \downarrow$，但此方法会因频率降低引起风量减少。

2）升高基本频率：即 $f_{BA} \uparrow \rightarrow U_x \downarrow$。考虑到电动机容量应略大于负载，假设67kW较合适，那么就通过降低电压，使电动机的容量达到这个水平。电压的值应降为（67/75）×380V＝340V，对应的基本频率为（380/340）×50Hz＝56Hz，如图11-6所示。

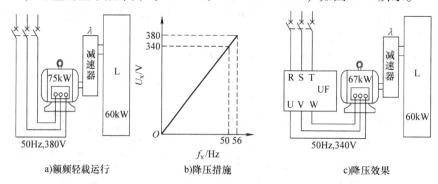

a)额频轻载运行　　　　b)降压措施　　　　c)降压效果

图11-6　额频轻载的降压措施

二、节能的计算

【例11-1】　某小区供水主泵功率为75kW，采用变频恒压供水后，主泵的频率在40Hz时就能满足小区管网的压力，此时主泵消耗的功率减小多少？

分析：根据式（11-2）知水泵消耗的功率为

$$P_L = P_0 + K_p n^3$$

近似表示为　　　　　　　　$P_L \approx K_P' f^3$ 　　　　　　　　　　　　（11-3）

当 $f = f_N = 50\text{Hz}$ 时，主泵 $P_L = P_N$，由式（11-3）得

$$K_P' = P_N / f_N^3$$

变频前后主泵消耗功率的减小值为

$$\Delta P_L = P_{LN} - P_{Lx} = K_P' f_N^3 - K_P' f_x^3 = K_P' \ (f_N^3 - f_x^3) \ = \ (P_N/f_N^3) \ (f_N^3 - f_x^3)$$

即　　　　　　　　　　　　$\Delta P_L = P_N \left[1 - (f_x/f_N)^3\right]$

所以主泵消耗的功率减小了

$$\Delta P_L = 75\text{kW} \times \left[1 - (40\text{Hz} /50\text{Hz})^3\right] = 75 \times 0.488 \ \text{kW} = 36.6\text{kW}$$

课堂思考题：如果主泵的转速降低25%，主泵消耗的功率减小多少？

【例11-2】　以一台工业锅炉使用的30 kW 鼓风机为例，一天24h连续运行，其中每天10h运行在90%负荷（频率按46Hz计算，挡板调节时电动机功耗按98%计算），14h运行在50%负荷（频率按20Hz计算，挡板调节时电动机功耗按70%计算）；全年运行时间以300天为计算依据。则变频调速时每年的节电量为

$$W_1 = 30 \times 10 \times \left[1 - (46/50)^3\right] \times 300 \ \text{kW} \cdot \text{h} = 19918\text{kW} \cdot \text{h}$$

$$W_2 = 30 \times 14 \times \left[1 - (20/50)^3\right] \times 300 \ \text{kW} \cdot \text{h} = 117936\text{kW} \cdot \text{h}$$

$$W_b = W_1 + W_2 = 19918 \ \text{kW} \cdot \text{h} + 117936 \ \text{kW} \cdot \text{h} = 137854 \ \text{kW} \cdot \text{h}$$

挡板开度时的节电量为

$$W_1 = 30 \times (1 - 98\%) \times 10 \times 300 \ \text{kW} \cdot \text{h} = 1800\text{kW} \cdot \text{h}$$

$$W_2 = 30 \times （1 - 70\%） \times 14 \times 300 \text{ kW} \cdot \text{h} = 37800 \text{kW} \cdot \text{h}$$

$$W_d = W_1 + W_2 = 1800 \text{ kW} \cdot \text{h} + 37800 \text{ kW} \cdot \text{h} = 39600 \text{ kW} \cdot \text{h}$$

相比较节电量为 $W = W_b - W_d = （137854 - 39600） \text{ kW} \cdot \text{h} = 98254 \text{ kW} \cdot \text{h}$

每度电按 0.6 元计算，则采用变频调速每年可节约电费 58952 元。一般来说，变频调速技术用于风机设备改造的投资，通常可以在 1 ~ 2 年的生产中全部收回。

任务二　风机和空气压缩机的变频调速

一、风机的变频调速

从消耗电能的角度讲，各类风机在工矿企业中所占的比例是所有生产机械中最大的，达 20% ~ 30%。大多数风机属于二次方律负载，采用变频调速后节能效果极好，约可节电 20% ~ 60%，有的场合甚至超过 70%。所以，推广风机的变频调速，具有十分重要的意义。

（一）风机实现变频调速的要点

1. 变频器与控制方式的选择

1）变频器的选择：风机在某一转速下运行时，其阻转矩一般不会发生变化，只要转速不超过额定值，电动机也不会过载。所以变频器的容量只需按照说明书上标明的"配用电动机容量"进行选择即可。

2）控制方式的选择：由于风机在低速时阻转矩很小，不存在低频时能否带动的问题，故采用 **V/F** 控制方式已经足够。并且从节能的角度考虑，U/f 曲线可选最低的。多数生产厂都生产了比较价廉的专用于风机、水泵的变频器，可以选用。

2. 变频器的功能预置

1）上限频率：因为风机的机械特性具有二次方律特点，所以一旦转速超过额定转速，阻转矩将增大很多，容易使电动机和变频器处于过载状态。因此，上限频率 f_H 不应超过额定频率 f_N，即

$$f_H \leqslant f_N$$

2）下限频率：从特性或工况来说，风机对下限频率 f_L 没有要求。但转速太低时，风量太小，在多数情况下，并无实际意义。故一般预置为

$$f_L \geqslant 20 \text{Hz}$$

3）加、减速时间：风机的惯性很大，加速时间短，容易引起过电流；减速时间短，容易引起过电压。另一方面，风机的起动和停止次数很少，起动时间和停止时间一般不会影响正常生产。因此，加、减速时间应预置得长一些，具体时间视风机的容量大小而定。一般来说，容量越大者，加、减速时间越长。

4）加、减速方式：风机在低速时阻转矩很小，随着转速的增高，阻转矩增大得很快；反之，在停机开始时，由于惯性的原因，转速下降较慢，阻转矩下降更慢。所以，加、减速方式以半 S 方式比较适宜，如图 11-7 所示。

5）起动前的直流制动：风机在停机状态下，其叶片常常因自然风而反转，使电动机在刚起动时处于"反接制动"状态，产生很大的冲击电流。针对这种情况，许多变频器设置了"起动前的直流制动功能"，即在起动前首先使电动机进行直流制动，以保证电动机能够

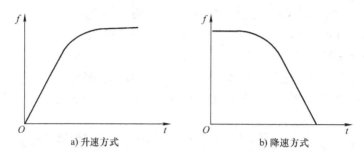

图 11-7 风机的加、减速方式

在"零速"的状态下起动。

6）回避频率：风机在较高速运行时，由于阻转矩较大，较容易在某一转速下发生机械谐振。遇到机械谐振时，首先应注意紧固所有的螺钉及其他紧固件。如无效，则考虑预置回避频率。预置前，先缓慢地反复调节频率，观察产生机械谐振的频率范围，然后进行预置。

（二）风机变频调速系统的控制电路

1. 一般控制

多数情况下，风机只需进行简单的正转控制即可，其控制电路可参照项目七所示的电路。也有不少场合，风机是不允许停机的。在这种情况下，必须考虑当变频器一旦发生故障时，将风机切换为工频运行的控制。

2. 两地转速控制

某厂锅炉房的鼓风机，控制室在楼上。用户要求：既能在控制室进行转速控制，也能在楼下的工作现场进行转速控制。

1）电位器控制：图 11-8a 所示。当三位选择开关 SA 合至 A 时，由电位器 RP_A 调节转速；当 SA 合至 B 时，由电位器 RP_B 调节转速。此法有一个明显的缺点：由于两地的电位器不可能同步调节，其滑动接点的位置是不一样的。当开关 SA 进行切换时，转速将发生变化，因而不可能立即在原有转速的基础上进行调节。例如，电动机的转速先由 RP_A 进行调节（SA 在 A 位），当 SA 合至 B 位时，电动机的转速将首先改变为与 RP_B 的状态相一致，故切换前后的转速难以衔接。

2）按钮控制：以三菱 FR-A700 系列变频器为例，如图 11-8b 所示。

首先，进行功能预置：

P. 79 = 2   使变频器处于外部运行模式。

P. 59 = 1   使"遥控方式"有效。

所谓遥控方式，是指用控制端子的通断实现变频器的加、减速，而不是用电位器来完成。

对三菱变频器来说：

RH 接通——频率上升。

RH 断开——频率保持。

RM 接通——频率下降。

RM 断开——频率保持。

即可以通过 SB_1、SB_2、SB_3、SB_4 进行控制，并且当上述按钮松开时，能保持当时的频

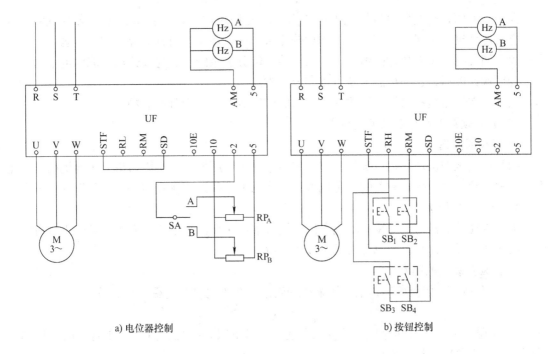

a) 电位器控制　　　　　　　　　　　b) 按钮控制

图 11-8　两地转速控制

率，即具有"记忆功能"：

P.182 = 2　使 RH 端具有加速功能。

P.181 = 1　使 RM 端具有减速功能。

图中，SB_1 和 SB_2 是一组加、减速按钮；SB_3 和 SB_4 是另一组加、减速按钮。按下 SB_1 或 SB_3，都能使频率上升，松开后频率保持；反之，按下 SB_2 或 SB_4，都能使频率下降，松开后频率保持，从而在易地控制时，电动机的转速总是在原有转速的基础上升或下降的，很好地实现了两地控制。

此外，在进行控制的两地，都应有频率显示。今将两个频率表并联接于端子 AM 和端子 5 之间。这时，需进行以下的功能预置：

P.158——预置为 1，使 AM 端子输出频率信号。

P.55——为 50，使频率表的量程为 0～50Hz。

依此类推，还可实现多处控制。上述参数设置请参阅附录 B。

二、空气压缩机的变频调速

(一) 空气压缩机的运行特点及节能分析

空气压缩机是一种把空气"压"入储气罐中，使之保持一定压力的机械，属于恒转矩负载，其运行功率与转速成正比：

$$P_L = \frac{T_L n_L}{9550} = C_P n_L \tag{11-4}$$

式中，因为 T_L 基本不变，故 $T_L/9550$ 是常数，用 C_P 表示。

所以，单就运行功率而言，其节能效果远不如风机。

但另一方面，空气压缩机储气罐的压力是不允许超过一定限值的，否则会有危险。同时，空气压缩机由于起动和停止的操作比较复杂，一般不允许时开时停。因此，当由于用气量较少，储气罐的压力超过限值时，必须放掉一部分多余的气，这就造成了能源的浪费。采用了变频调速以后，这部分的浪费可以完全节省。

因此，空气压缩机采用变频调速后，总的节能效果也是十分可观的。

（二）变频器的选择及功能的预置

1. 变频器的选择

因为空气压缩机是恒转矩负载，故变频器应选用通用型的。又因为空气压缩机的转速也不允许超过额定值，故变频器的容量也可按说明书上标明的"配用电动机容量"进行选择。

2. 控制方式的选择

由于空气压缩机的工作频率不宜太低，故可选用无反馈矢量控制方式。又由于对机械特性的硬度并无要求，所以，也可采用 **V/F** 控制方式。

3. 变频器功能的预置

1）上限频率：如上所述，空气压缩机的转速一般不允许超过额定值，故

$$f_H \leqslant f_N$$

2）下限频率：空气压缩机采用变频调速后，其下限频率的预置要视压缩机的机种和工况而定，一般说来，其范围约为

$$f_L \geqslant （25 \sim 40） \text{Hz}$$

3）加、减速时间：空气压缩机有时需要在储气罐已经有一定压力的情况下起动，这时，通常要求快一点加速，故加速时间应尽量缩短（以起动过程不因过电流而跳闸为原则）；减速时间可参照加速时间进行预置（以制动过程不因过电压而跳闸为原则）。

4）加、减速方式：并无特殊要求，可预置为线性方式。

（三）控制要点

1. 控制框图

空气压缩机采用变频调速系统后，应能实现恒压控制，即使储气罐的压力保持在某一数值上。空气压缩机控制框图如图11-9所示。

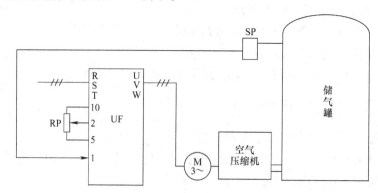

图11-9　空气压缩机控制框图

图中，SP是压力变送器，其作用是测量储气罐内的空气压力，并把它转换成电压信号或电流信号，作为反馈信号 X_F 反馈给变频器。电位器 RP 用于设定目标信号 X_T。参考项目

八的相关内容。

2. P、I、D 的预置要点

变频器应预置为 PID 控制方式，在工作过程中，反馈信号 X_F 时时刻刻都在与目标信号 X_T 进行比较，并据此调整自己的输出频率，从而调整电动机的转速。

首先保持变频器的出厂设定值不变，观察系统的工作过程：

如反应过程太慢，例如，当 $X_F > X_T$ 时，通过电动机减速，使系统回复至 $X_F = X_T$ 所需的时间太长，则应将比例增益调整得大一些；

如上述过程反应太快，反馈量 X_F 忽大忽小，很难稳定到与目标值 X_T 相符时，则应加大积分时间。

在空气压缩机拖动系统中，由于对过渡过程的时间并无严格要求，故微分环节可以不用。

（四）常用的压力变送器及其接法

1. 压力传感器

压力传感器是一种能够将压力信号转换成电压信号或电流信号（通常为 4～20mA）的装置。当距离较远时，应选用电流信号，以消除因线路压降引起的误差。以三菱 FR-A700 为例，其接线图如图 11-10a 所示，说明如下。

1）10E 端与 5 号端为压力传感器提供电源。**但须注意：**10E 端与 5 号端之间提供的是 DC10V 电源，当压力传感器需要 DC24V 电源时，应另行配置。

2）继电器 KA 将 X14 端接通，使变频器进入 PID 运行状态。

3）目标信号从 2 号端输入。

4）反馈信号（电流信号）从 4 号端输入。

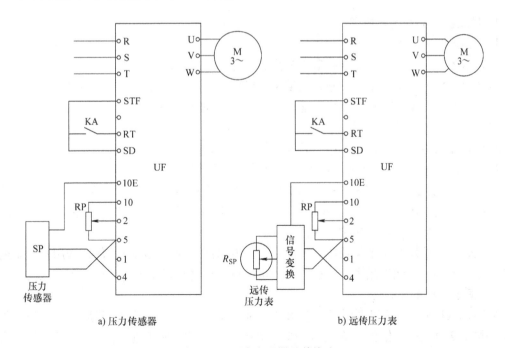

a) 压力传感器　　　　　　　　　　　b) 远传压力表

图 11-10　压力变送器及其接法

2. 远传压力表

其基本结构是在压力表的指针轴上附加了一个能够带动电位器滑动触点的装置。因此，从电路器件的角度看，实际上是一个电阻值随压力而变的电位器。使用时，需另行设计信号处理电路，将"压力"的大小转换成电压或电流信号。其接线方法如图 11-10b 所示。

远传压力表的价格较低廉，但由于电位器的滑动触头总在一个地方摩擦，故寿命较短。

（五）目标值的设定

目标信号 X_T 的大小除了和所要求压力的控制目标有关外，还和压力变送器 SP 的量程有关。举例说明如下。

假设用户要求的供气压力为 0.6MPa，压力变送器 SP 的量程为 $(0 \sim 1)$MPa，则目标值为 60%。

目标值的设定方法有以下两种。

1. 外接设定

图 11-10 所示即为外接设定，即其目标信号是由外接的电位器来进行设定的。

2. 面板设定

图 11-10 中的电位器 RP 可以省去，而直接通过键盘进行设定。

任务三　恒压供水系统

恒压供水系统中的控制对象是水泵，水泵也属于二次方律负载，实施变频调速后的节能效果也十分可观。迄今，变频调速恒压供水系统（包括楼层恒压供水和自来水厂的恒压供水）已经为广大用户所接受，应用最为普遍，目前已有几种固定的模式，下面将一一介绍。

一、单机的恒压供水系统

1. 恒压供水的目的与框图

1）恒压供水的目的。

对供水系统进行控制，归根结底，是为了满足用户对流量的需求。所以，流量是供水系统的基本控制对象。但流量的测量比较复杂，考虑到在动态情况下，管道中水压 p 的大小与供水能力（用流量 Q_G 表示）和用水流量（Q_U）之间的平衡情况有关。

如供水能力 $Q_G >$ 用水流量 Q_U，则压力上升（$p \uparrow$）。

如供水能力 $Q_G <$ 用水流量 Q_U，则压力下降（$p \downarrow$）。

如供水能力 $Q_G =$ 用水流量 Q_U，则压力不变（$p =$ 常数）。

需要说明的是：在实际的供水管道中，流量具有连续性，并不存在"供水流量"与"用水流量"的差别。这里的 Q_G 和 Q_U，是为了说明当供水能力与用水流量之间不相适应时，导致管道内的压力发生变化而假设的量。

总之，保持供水系统中某处压力的恒定，也就保证了使该处的供水能力和用水流量处于平衡状态，恰到好处地满足了用户所需的用水流量，这就是恒压供水所要达到的目的。

2）恒压供水系统框图。

如图 11-11 所示，这里选用了森兰 BT12S 系列风机、水泵专用变频器。压力变送器 SP 的信号接至变频器的反馈信号输入端 VPF（电压信号）或 IPF（电流信号）；目标信号由电位器 RP 给出，也可直接由键盘给出。

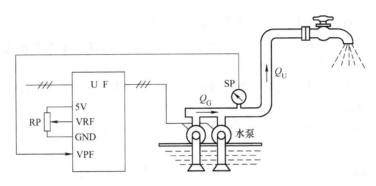

图 11-11　恒压供水框图

变频器也应预置为 PID 控制方式，但供水系统的压力变化比空气压缩机缓慢一些，对压力稳定程度的要求也较低，故一般说来，比例增益不必设定得过大。

2. 变频器的选择与功能预置

变频器的选择与风机完全相同。功能预置的要点如下：

1）上限频率：水泵的机械特性也具有二次方律特点，所以上限频率 f_H 也不应超过额定频率 f_N，即

$$f_H \leqslant f_N$$

2）下限频率：在决定下限频率时，有以下两种情况应予考虑：

一是水泵的扬程必须满足供水所需的基本扬程；

二是供水系统常常是多台水泵共同供水，如果其他水泵在高速下运行，一台水泵转速过低，实际上将无法供水。

故下限频率一般预置为

$$f_L \geqslant （30 \sim 35） Hz$$

3）加、减速时间：水泵由于水管中有一定压力的缘故，在转速上升和下降的过程中，惯性的作用非常微小。但过快地升速或降速，会在管道中引起水锤效应，所以也应将加、减速时间适当地预置得长一些。

4）加、减速方式：通常预置为线性方式。

5）暂停（睡眠与苏醒）功能。当变频器的工作频率已经降至下限频率而压力仍偏高时，水泵应暂停工作（使变频器处于睡眠状态）。以森兰 BT12S 系列变频器为例，当压力传感器的量程为 1MPa，而所要求的供水压力为 0.2MPa 时，则目标值为 20%，"睡眠值"可设定为 21% ~ 25%（相当于压力的上限），而"苏醒值"（即中止暂停值，相当于压力的下限）可设定为 15% ~ 19%。参见附录 C。

3. 变频调速供水系统的优点

供水系统采用变频调速后，除了具有可观的节能效果外，还有以下优点。

1）彻底消除水锤效应。异步电动机在全压起动时，从静止状态加速到额定转速所需时间小于等于 0.5s。这意味着在不足 0.5s 的时间里，水的流量从零猛增到额定流量。由于流体具有动量和一定程度的可压缩性，因此，在极短时间内流量的巨大变化将引起对管道的压强过高或过低的冲击。压力冲击将使管壁受力而产生噪声，犹如锤子敲击管子一样，称为水锤效应。

水锤效应具有极大的破坏性：压强过高，将引起管子的破裂；反之，压强过低，又会导

致管子的瘪塌。此外，水锤效应也可能损坏阀门和固定件。

在直接停机时，供水系统的水头将克服电动机的惯性而使系统急剧地停止。这也同样会引起压力冲击和水锤效应。

采用了变频调速后，可以通过对加速时间和减速时间的预置来延长起动和停止过程，从而彻底消除了水锤效应。

2）延长水泵寿命。水锤效应的消除，无疑可大大延长水泵及管道系统的寿命。除此以外，采用变频调速以后，由于水泵平均转速下降、工作过程中平均转矩减小的原因，使轴承的磨损和叶片承受的应力都大为减小，水泵的工作寿命将大大延长。

二、PLC控制的1控3的恒压供水系统

所谓1控3，是由1台变频器控制3台水泵的方式，目的是减少设备费用。但显然，3台水泵中只有1台是变频运行的，其总体节能效果与用3台变频器控制3台水泵相比，是大为逊色的。

1. 1控3的工作方式

设3台水泵分别为1号泵、2号泵和3号泵，其工作过程如下：

先由变频器起动1号泵运行，如工作频率已经达到50Hz，而管网压力仍不足时，将1号泵切换成工频运行，再由变频器去起动2号泵，供水系统处于"1工1变"的运行状态；如变频器的工作频率又已达到50Hz，而压力仍不足时，则将2号泵也切换成工频运行，再由变频器去起动3号泵，供水系统处于"2工1变"的运行状态。

如果变频器的工作频率已经降至下限频率，而压力仍偏高时，则令1号泵停机，供水系统又处于"1工1变"的运行状态；如变频器的工作频率又降至下限频率，而压力仍偏高时，则令2号泵也停机，供水系统又回复到1台泵变频运行的状态。这样安排，具有使3台泵的工作时间比较均匀的优点。

2. 1控3的控制电路

图11-12中，由 $KM_0 \sim KM_5$ 负责切换，如 KM_0 通电，KM_1 断电，1#泵变频运行；KM_0 断电，KM_1 通电，1#泵工频运行。

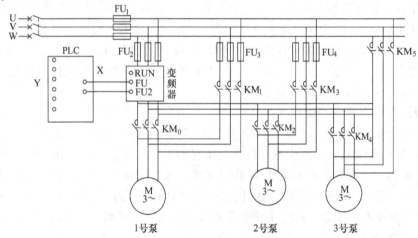

图11-12　1控3电路

1）变频器的作用：①将反馈信号与给定信号比较，经 PID 调节后决定加、减速；②设定变频器的多功能输出端 FU、FU2 分别为上、下限频率检测，当变频器的频率到达上、下限频率时，FU、FU2 分别有输出；③变频器参数设置参照单机的设置。

PLC 与变频器的连接如图 11-13 所示。

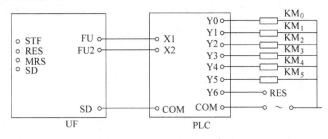

图 11-13　PLC 与变频器的连接

2）PLC 的作用：①变频器到达上限频率，FU 接通，启动 PLC 加泵程序，现有泵切换到工频，变频器复位，起动下一台泵；②变频器到达下限频率，FU2 接通，启动 PLC 减泵程序，切除一台工频运行的水泵；③给变频器复位。

3. 简化 PLC 控制程序

简化 PLC 的程序框图如图 11-14 所示，程序没有考虑切换需要延时的问题。

这种利用 PLC、变频器的恒压供水系统，已经做成了各种成熟的产品。其中较常见的是有加压罐的恒压供水。在系统正常工作时，一方面维持管网压力，另一方面将压力储存在加压罐中，当系统流量极低时，变频器可以停止运行，由加压罐储存的压力维持管网的压力恒定。PLC 进行切换同上。

三、变频器自带的恒压供水系统

某大楼的供水系统：实际扬程 $H_A = 30\mathrm{m}$，要求供水压力保持在 0.5MPa，压力变送器的量程是 0～1 MPa。采用一主二辅供水系统。

图 11-14　PLC 程序框图

主泵电动机 M_0：22kW、42.5A、1470r/min，由变频器控制。配用变频器：配用西门子 MM430 系列变频器，29kVA（适配电动机为 22kW），45A。

辅泵电动机 M_1、M_2：5.5kW、11.6A、1440r/min，直接接到工频电源上。

1. 供水系统的接线

一主二辅供水系统的接线如图 11-15 所示。

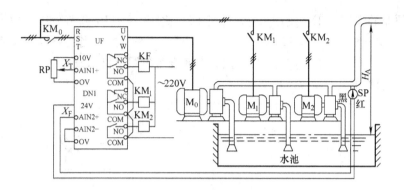

图 11-15　一主二辅供水系统接线图

当网管压力小于给定值时，变频器加速，到达最高频率后，若网管压力仍未达标，则 $KM1$ 闭合，M_1 投入工频，变频器复位后再运行，到 M_2 投入工频。网管压力过高时，变频器减速，直至将 M_1、M_2 切除。这些加减速判断、切换都是按照变频器的程序自动运行的，我们需要做的是将线接好，参数设置好就可以了。

传感器的接线：2 线式传感器的接线如图 11-15 所示。

目标信号的确定：因为压力变送器的量程为 0 ~ 1 MPa，而要求的供水压力是 0.5MPa，所以目标信号应为 50%。

2. 参数设置

上下限频率：水泵工作频率太低时，水流量很小，几乎没有什么意义，因此下限频率设得较高，达到 30Hz，上限频率为 50Hz，如图 11-16a 所示。

加、减速时间：水泵的加、减速时间太短，会引起水锤效应，加大管网的噪声，因此 20min 左右较合适，如图 11-16b 所示。

U/f 曲线：二次方律 U/f 曲线，如图 11-16c 所示。

PID 功能设置见表 11-1，其中，反馈信号的上、下限值的含义是：反馈信号达到此值时，系统不需要经过延时确认，直接进行加、减泵操作。

表 11-1　PID 功能设置表

功能码	功能名称	数据码	数据码含义
P2200	允许 PID 控制投入	1	PID 功能有效
P2253	PID 设定值信号源	755	目标信号从 AIN1 + 端输入
P2264	PID 反馈信号	755	反馈信号从 AIN2 + 端输入
P2266	反馈信号的上限值	60%	与上限压力对应（0.6MPa）
P2268	反馈信号的下限值	40%	与下限压力对应（0.4MPa）
P2271	传感器的反馈形式	0	负反馈
P2280	PID 增益系数	5	比例增益为 5
P2285	PID 积分时间	10s	积分时间为 10s
P2291	PID 输出上限	10%	上、下限预置得越小，则加、减泵的切换越频繁
P2292	PID 输出下限	-10%	
P2293	PID 上升时间	20s	起动时防止因加速太快而跳闸

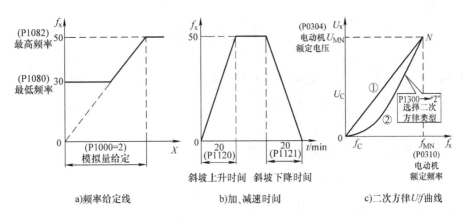

a)频率给定线 　　　　 b)加、减速时间 　　　　 c)二次方律U/f曲线

图 11-16　水泵基本功能的预置

3. 切换控制

变频器的切换程序如图 11-17 所示，不同的变频器切换程序不同。

加泵程序：

主泵 $f\uparrow$ →达到最高频率→PID 调节量 $\Delta_{PID}>0$（压力过低）→延时 t_{Y1}（加泵确认时间）→ $f\downarrow$ →加、减泵控制频率（以防止在频率过高时加泵，引起水锤效应）。

减泵程序同理。

切换时同样需要对相关参数进行设置，见表 11-2。

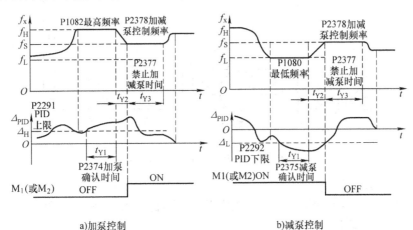

a)加泵控制 　　　　　　　　 b)减泵控制

图 11-17　一主二辅加、减泵控制

表 11-2　西门子 MM430 系列变频器加减泵时参数设置

功能码	功能名称	数据码	数据码含义	说　明
P2371	辅助泵分级控制	2	M_1+M_2	有 2 台辅助泵参与控制
P2372	辅助泵分级循环	1	分级循环	运行时间短者先加后减
P2373	PID 回线宽度	20%	上下限宽度	即 Δ_H 和 Δ_L 之间的宽度
P2374	加泵延时	300s		加泵确认时间，图 11-7a 中之 t_{Y1}
P2375	减泵延时	300s		减泵确认时间，图 11-7b 中之 t_{Y1}
P2376	PID 调节量极限	40%		Δ_{PID} 超过极限时，立即加、减泵
P2377	禁止加减泵时间	400s		Δ_{PID} 未回到正常范围时不能加、减泵（图中之 t_{Y3}）
P2378	加减泵控制频率	85%		切换过渡频率，即图中之 f_S（42.5Hz）

任务四　水泵的变频调速

水泵的变频调速除了在恒压供水中的典型应用以外，不少商场和宾馆内中央空调的冷却水和冷冻水系统的变频调速控制也正在迅速推广。此外，水位控制的变频调速系统也已开始起步。

一、中央空调冷却水的变频调速系统

（一）中央空调系统的构成

中央空调系统的构成如图11-18所示。

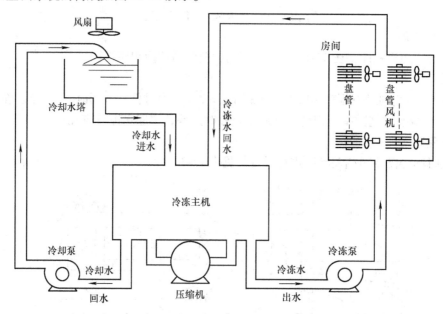

图11-18　中央空调系统的构成

1. 冷冻主机与冷却水塔

1）冷冻主机：也叫致冷装置，是中央空调的致冷源，通往各个房间的循环水由冷冻主机进行内部热交换，降温为冷冻水。

2）冷却水塔：冷冻主机在致冷过程中，必然会释放热量，使机组发热。冷却水塔用于为冷冻主机提供冷却水。冷却水在盘旋流过冷冻主机后，将带走冷冻主机所产生的热量，使冷冻主机降温。

2. 外部热交换系统

外部热交换系统由以下几个系统组成。

1）冷冻水循环系统。由冷冻泵及冷冻水管道组成。从冷冻主机流出的冷冻水由冷冻泵加压送入冷冻水管道，通过各房间的盘管，带走房间内的热量，使房间内的温度下降。同时，房间内的热量被冷冻水吸收，使冷冻水的温度升高。温度升高了的循环水经冷冻主机后又成为冷冻水，如此循环不已。这里，冷冻主机是冷冻水的"源"，从冷冻主机流出的水称为出水，经各楼层房间后流回冷冻主机的水称为回水。

2）冷却水循环系统。

由冷却泵、冷却水管道及冷却水塔组成。冷却水在吸收冷冻主机释放的热量后，必将使自身的温度升高。冷却泵将升温后的冷却水压入冷却水塔，使之在冷却水塔中与大气进行热交换，然后再将降温后的冷却水，送回到冷冻机组。如此不断循环，带走了冷冻主机释放的热量。

这里，冷冻主机是冷却水的冷却对象，是负载，故流进冷冻主机的冷却水称为进水；从冷冻主机流回冷却水塔的冷却水称为回水。回水的温度将高于进水的温度，形成温差。

3）冷却风机。有以下两种情况：

①　盘管风机，安装于所有需要降温的房间内，用于将由冷冻水盘管冷却了的冷空气吹入房间，加速房间内的热交换；

②　冷却水塔风机，用于降低冷却水塔中的水温，加速将回水带回的热量散发到大气中去。

可以看出，中央空调系统的工作过程是一个不断地进行热交换的能量转换过程。在这里，冷冻水循环系统和冷却水循环系统是能量的主要传递者。因此，对冷冻水循环系统和冷却水循环系统的控制便是中央空调控制系统的重要组成部分。两个循环系统的控制方法基本相同，本节以冷却水的控制系统为例，进行说明。

（二）冷却水变频调速系统

1. 基本分析

1）进水温度与回水温度的特点。

冷却水的进水温度也就是冷却水塔内的水温，它主要取决于环境温度，故变化大，最热天的中午与较凉天夜晚的温度差异可达10℃以上。

冷却水的回水温度则既和进水温度有关，也和冷冻主机的发热情况有关，在运行过程中，温度的差异也较大。

2）控制方案。

如上所述，冷却水的进水温度和回水温度都不能准确地反映冷冻主机的发热情况，难以作为控制的依据。

但回水温度与进水温度之差，则能够说明冷却水从冷冻主机带走热量的多少，从而反映了冷冻主机产生热量的多少。因此，对于冷却水系统来说，采用温差控制是比较适宜的。即：温差大，说明冷冻主机产生的热量多，应提高冷却泵的转速、加快冷却水的循环；反之，温差小，说明冷冻主机产生的热量少，可以适当降低冷却泵的转速、减缓冷却水的循环。

实际运行表明，把温差值控制为3～5℃是比较适宜的。

3）温差的大小可根据进水温度调整。

由于进水温度是随环境温度而改变的，因此，把温差恒定为某值并非上策。因为，当我们采用变频调速系统时，所考虑的不仅仅是冷却效果，还必须考虑节能效果。具体地说：温差值定低了，水泵的平均转速上升，影响节能效果；温差值定高了，在进水温度偏高时，又会影响冷却效果。实践表明，根据进水温度来随时调整温差的大小是可取的。即：进水温度低时，应主要着眼于节能效果，控制温差可适当地高一点；而在进水温度高时，则必须保证冷却效果，控制温差应低一些。回水温度太高将影响冷冻主机的冷却效果。为了保护冷冻主机，当回水的温度超过一定值后，必须进行保护性跳闸。一般情况下，回水温度不得超过37℃。因此，根据回水温度来决定冷却水的流量是可取的。

4）温差很小，也不允许冷却水断流。

即使进水和回水的温差很小，也不允许冷却水断流，应该在某一下限频率下继续工作。

2. 控制框图

冷却水温差控制框图如图11-19所示（变频器为森兰BT12S系列）。今说明如下。

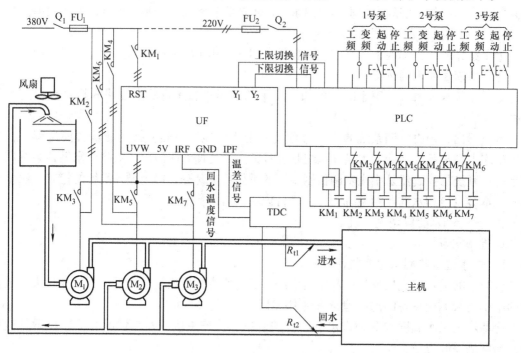

图11-19 冷却水温差控制框图

1）主电路。

三台冷却泵都具有和工频电源进行切换的功能：

1号机由 KM_2 和 KM_3 切换；2号机由 KM_4 和 KM_5 切换；3号机由 KM_6 和 KM_7 切换。

KM_1 用于接通变频器的电源。

三台冷却泵的工作方式如下：

① 每次运行，最多只需两台泵，另一台为备用。

② 任一台泵都可以选定为主控泵。运行时，首先由1号泵作为主控泵，进行变频运行，如频率已经升高到上限值，而温差仍偏大时，则将1号泵切换为工频运行，变频器将与2号泵相接，使2号泵处于变频运行状态。当变频器的工作频率已经下降到下限值，而温差仍偏小时，令1号泵停机，2号泵仍处于变频运行的状态。

2）控制电路。由PLC进行控制。要点如下：

每台泵都可以选择工频运行方式和变频运行方式。当切换开关切换为"变频"位时，该泵将作为主泵，实现上述控制；而当切换开关切换为"工频"位时，该泵可通过起动和停止按钮进行手动控制，使电动机在工频下运行。

3. PID 调节

1）反馈信号：在进水和回水管道处分别安装两个热电阻 R_{t1} 和 R_{t2}，以检测进水温度和回水温度，由温差控制器 TDC 转换成与温差大小成正比的电流信号，作为变频器的反馈信号，接至反馈信号输入端 IPF。

2）目标信号：如上所述，由于要求温差的大小能根据进水温度而随时调整，所以目标信号从温差控制器 TDC 中取出，是一个能随进水温度而变的量，接至变频器的给定信号输入端 IRF。

二、水位控制的变频调速系统

（一）水位控制的工作特点与节能计算

顾名思义，所谓水位控制，是将水位限制在一定范围内的控制。其应用范围较广，主要有：

1）部分供水系统的供水方式是用水泵将水泵入一个位于较高位的储水器中（水塔、水箱等），然后向低水位的用户供水。这时，须对储水器中的水位进行控制；

2）在锅炉及许多其他的工业设备中，也常常需要对水位或其他液位进行控制。

1. 基本工作方式与特点

通常，在储水器中设定一个上限水位 L_H 和一个下限水位 L_L，当水位低于下限水位 L_L 时，起动水泵，向储水器内供水；当水位达到上限水位 L_H 时则关闭水泵，停止供水。因此，水泵每次起动后的任务便是向储水器内提供一定容积（下限水位与上限水位之间）的水，如图 11-20 所示。

水位控制时，供水管路与用水管路（从而供水流量 Q_G 与用水流量 Q_U）之间并无直接联系。用水流量 Q_U 的大小只能间接地影响泵水系统的工作时间，而不影响供水流量 Q_G 的大小。此外，在水位控制的供水系统中，阀门通常是完全打开的，所以不存在调节阀门开度的问题。

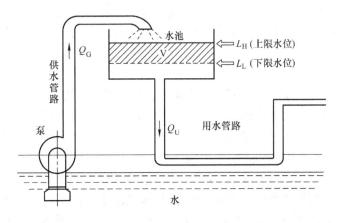

图 11-20　水位控制示意图

2. 节能分析

如上所述，可以看出：在分析变频调速水位控制的节能问题时，应该以在不同转速下提供相同容积的水作为比较的基础。

设：V 为下限水位与上限水位之间水的容积（图中之阴影部分），Q_1 为转速等于 n_1 时的流量，t_1 为以流量 Q_1 供满容积 V 的水所需的时间；Q_2 为转速等于 n_2 时的流量，t_2 为以流量 Q_2 供满容积 V 的水所需的时间。则

$$V = Q_1 t_1 = Q_2 t_2 \tag{11-5}$$

又设：电动机在额定转速 n_N 时，有：

供水流量为额定流量 Q_N；

供满容积 V 的水所需的时间为 $t = 1\text{h}$；

消耗的电功率为额定功率 P_N；

供满容积 V 的水消耗的电能为 $W = P_N \times 1\text{h}$。

如果将电动机的转速下降为 $n' = 0.8 n_N$，根据流量与其转速成正比的原则：

供水流量为　　　　　　　　$Q' = 0.8 Q_N$；

根据　　　　　　　　　　　$Q_1 t_1 = Q' t'$

供满容积 V 的水所需的时间为　$t' = 1/0.8 = 1.25\text{h}$；

消耗电功率为　　　　　　　$P' = (0.8)^3 P_N = 0.512 P_N$；

供满容积 V 的水消耗的电能为　$W' = 0.512 P_N \times 1.25\text{h} = 0.64 W$

两者相比较，可节约电能　　$\Delta W = W - W' = 0.36 W$

即可节能 36%。

除此以外，还有全速运行时由于起动比较频繁、起动电流大而引起的功率损失以及对设备的冲击等，在变频调速时均可避免。

可见，水位控制采用变频调速后，节能效果也是相当可观的。

（二）水位控制的具体方法

1. 水位的检测

检测水位的方法很多，目前，比较价廉而可靠的是金属棒方式，水位控制框图如图 11-21 所示（变频器选用森兰 BT12S 系列）。这种方法是利用水的导电性能来取得信号的：当两根金属棒都在水中时，它们之间是"接通"的；当两根金属棒中只有一根在水中时，它们之间便是"断开"的。图中，1 号棒用于作为公共接点，2、3、4 号棒分别用于控制不同的水位。

2. 控制要点

根据上面的计算，在供水容积相同的前提下，只需通过变频调速适当降低水泵的转速就可以达到节能的目的。但在用水的高峰期，必须考虑是否来得及供水的问题。如果出现来不及供水的情况，则应该考虑进行提速控制。为此，在水池中设置了两挡下限水位 L_{L1}（由 3 号棒控制）和 L_{L2}（由 2 号棒控制）。

正常情况下，水泵以较低转速 n_L 运行，水位被控制在 3 号棒（L_{L1}）和 4 号棒（L_H）之间。在用水高峰期，如果水泵低速（n_L）运行时的供水量不足以补充用水量，则水位将越过 3 号棒（L_{L1}）后将继续下降。当水位低于 2 号棒（L_{L2}）时，使水泵的转速提高至 n_H（可通过设置第二挡工作频率来实现），以增大供水量，阻止水位的继续下降。

n_H 的大小（即第二挡工作频率 f_H 的大小）究竟以多大为宜，须通过反复多次的实践来确定。总的原则是：在能够阻止水位继续下降的前提下，n_H（f_H）应越小越好。

当水位上升至 3 号棒（L_{L1}）以上时，经适当延时后又可将转速恢复至低速 n_L（第一挡

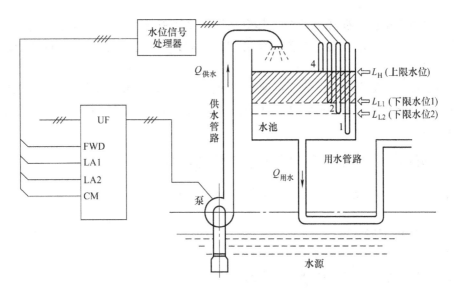

图 11-21 水位控制框图

工作频率）运行。

项 目 小 结

一、掌握风机、水泵的变频调速方法，了解其节能的效果

风机、水泵均属于二次方律负载，采用变频调速后节能效果极好。

1. 风机的变频调速。

在进行变频器的功能预置时，应注意风机的以下特点：转速不允许超过额定值、惯性大、停止时易受自然风的影响而反转、较易发生机械谐振等特点。

风机变频调速系统的控制电路比较简单，但有时需考虑发生故障时和工频切换的控制，以及两处加、减速控制等。

空气压缩机采用变频调速后的节能效果不能单纯从电动机的运行功率来考察，还应把未调速前浪费的能量包括在内。

空气压缩机变频调速系统一定是一个闭环的恒压 PID 控制系统，否则难以满足用户的要求。因此，必须充分了解反馈信号的取得和接入变频器的方法，以及与此相关联的功能预置；还必须充分了解目标信号的确定方法，和有关的功能预置。

系统能否稳定运行，取决于比例增益（P）和积分时间（I）的设定，这在调试时常常需要通过反复设定和观察后才能最终确定。

2. 水泵也是二次方律负载，实现变频调速的主要目的也是节能。

水泵的工作情况有三种类型：

第一种是供水系统，其变频调速系统的控制目标是保持供水与用水之间的平衡，实现恒压供水，是一种以压力为参变量的闭环控制系统。利用变频器本身的功能，可进行 PID 调节，以及在稍加附件的情况下，实现"1 控 X"（由一台变频器控制 X 台电动机）的控制。

第二种是中央空调的循环水系统，其变频调速系统的控制目标是保持一定的温度或温差。因此，是一种以温度或温差为参变量的闭环控制系统，也可进行 PID 调节，以及实现"1 控 X"的控制。

第三种是水位控制系统，其变频调速系统的控制目标是使水塔或水箱内的水位控制在一定范围内，是一种用水位来控制转速的开环控制系统，不需要 PID 调节，一般也不进行"1 控 X"的控制。

二、掌握风机、水泵在变频调速后节能的计算

1. 当风机、水泵降速后，其消耗的功率减小量可用下式表示：

$$\Delta P_L = P_N \left[1 - \left(f_x/f_N \right)^3 \right]$$

2. 水位控制的节能计算。

n_N 时水量为 $Q_N t_N$；n' 时水量为 $Q't'$。

根据调速前后水量相同的原则，有 $Q_N t_N = Q't'$。

调速前后消耗的电能分别为 $W_N = P_N t_N$；$W' = \left(\dfrac{n'}{n_N} \right)^3 P_N t'$。

思 考 题

1. 某鼓风机，原来用风门控制其风量，所需风量约为最大风量的 80%。现改用变频调速，试分析其节能效果。

2. 某厂风机，要求三处控制，试画出其控制电路。

3. 某空气压缩机在实行变频调速时，所购压力变送器的量程为 0～1.6MPa，实际需要压力为 0.4MPa，试确定在进行 PID 控制时的目标值。

4. 试列表比较供水系统、空调的冷却水系统和水位控制系统的异同点。

5. 在恒压供水、空气压缩机及中央空调循环水的变频调速控制系统中均使用了 PID 调节，试总结使用它需要进行哪些步骤。

6. 某水位控制原采用阀门开合控制水位，变频改造后，采用两挡转速，高速挡为 50Hz、低速挡为 30Hz，平均每天高速挡运行时间为 6h，试问变频改造后每天比原来节能多少？

7. 中央空调的冷冻水系统也可以像循环水系统一样进行变频改造吗？如果可以，则应该考虑哪些问题？

8. 简述水位变频控制系统的构成环节。

其他各类负载变频调速应用实例

一、学习目标

1. 了解变频调速在多单元同步中的应用。
2. 了解变频调速在起重机械中的应用。
3. 了解变频调速在车床中的应用。
4. 了解变频调速在龙门刨床中的应用。

二、问题的提出

对于起重机械和各种冷加工机床及其他负载，都有它们各自的焦点问题。这是变频调速系统首先要解决的问题。如同步控制的统调与整步；起重机械的溜钩防止；冷加工机床上限频率与调速范围之间的矛盾等。这些问题具体怎样解决？通过什么样的步骤解决？怎样操作？是本项目的重点所在。

任务一　多单元同步的变频调速系统

一、概述

1. 同步运行的概念

印染机械、造纸机械等常常由若干个加工单元构成，犹如一条生产线。每个单元都有单独的拖动系统，各拖动系统的电动机转速和传动比可能不完全相同，但要求被加工物（布匹或纸张）的行进速度必须一致，或者说必须同步运行。

2. 同步控制的要点

同步控制必须解决好以下问题。

1）统调：就是说，所有单元应能同时加速和减速。

2）整步：当某单元的速度与其他单元不一致时，应能够通过手动或自动的方式进行微调，使之与其他单元同步。

3）单独调试：在各单元进行调试过程中，应能单独运行。

二、手动微调的同步控制

1. 基本电路

以三个单元的同步控制为例，如图 12-1 所示。图中所用变频器是三菱 FR-A540 系列的。

1）主电路。各单元的拖动电动机分别是 M_1、M_2、M_3，它们各自由变频器 UF_1、UF_2、UF_3 控制。

2）控制电路。统调电路：由按钮开关 SB_1、SB_2 以及继电器 KA_1、KA_2 组成。由于触点

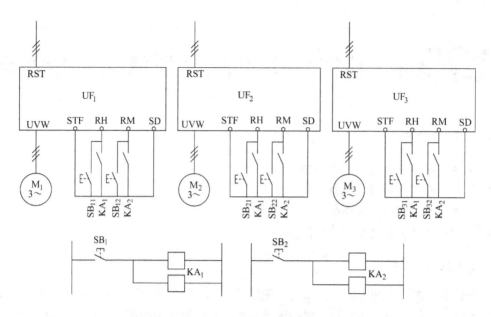

图 12-1　手动微调的同步控制

数量的原因，KA_1 和 KA_2 分别由两个或多个继电器并联而成。

微调电路：由 SB_{11}、SB_{12}（1 单元）、SB_{21}、SB_{22}（2 单元）、SB_{31}、SB_{32}（3 单元）组成。

2. 工作原理

1）变频器的功能预置。

利用变频器的遥控外接加、减速功能进行控制。即：

将变频器的 Pr. 59 预置为 1，使"遥控功能"有效。

将变频器的 Pr. 183 预置为 3，则外控端 RH 接通时，电动机将加速。

将变频器的 Pr. 181 预置为 1，则外控端 RM 接通时，电动机将减速。

当外控端 RH 和 RM 断开时，电动机将保持原有转速。

2）控制原理。

统调：

按下 SB_1，继电器 KA_1 吸合，则所有变频器的 RH 端都接通，各单元同时加速。

按下 SB_2，继电器 KA_2 吸合，则所有变频器的 RM 端都接通，各单元同时减速。

手动微调：

以 1 单元为例，按下 SB_{11}，则 UF_1 的 RH 端接通，M_1 加速；按下 SB_{12}，则 UF_1 的 RM 端接通，M_1 减速。2、3 单元依此类推。

三、自动微调的同步控制

自动微调的同步控制如图 12-2 所示。现以印染机械为例，其被加工物是布匹，所用变频器也是三菱 FR-A 系列。

1）同步信号的获得。在前后单元之间，加入一根滑辊。滑辊的位置取决于前后两单元的布速。

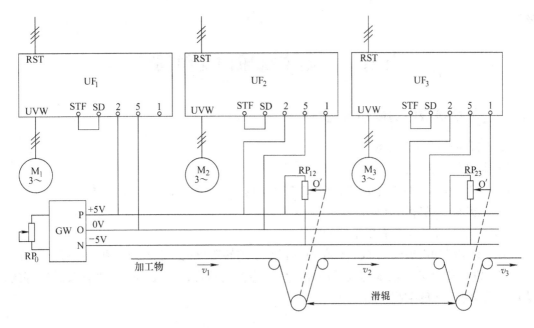

图 12-2　自动微调的同步控制

设各单元的布速分别为 v_1、v_2、v_3，则：

如 $v_1 > v_2$，滑辊下降。

如 $v_1 < v_2$，滑辊上升。

如 $v_1 = v_2$，滑辊位置不变。

当滑辊上下移动时，将通过连杆使电位器旋转，改变电位器 RP 滑动点的位置。所以，在 RP 的滑动点上，可获得与前后两单元的布速差成正比的整步信号（RP 应尽量使用无触点的电位器）。

2）控制方法。图 12-2 中，GW 是可调直流稳压电源，其电压调节范围是：

$$U_{PO} = 0 \sim +5V;$$
$$U_{NO} = 0 \sim -5V。$$

U_{PO} 和 U_{NO} 是同时调节的。

统调：

各单元变频器的"2"端接入主控信号 U_{PO}，调节 RP_0，使所有单元变频器的输出频率同时改变，从而实现了所有单元的统调。

自整步（微调）：

电位器 RP_{12}、RP_{23} 是跨接在 P、N 之间的，其滑动端 O′ 接至变频器的辅助给定信号端"1"，1 端得到的辅助信号将与 2 端得到的主控信号叠加，作为变频器的实际给定信号。辅助信号的大小与符号，由电位器滑动端 O′ 的位置决定，即由电压 $U_{O'O}$ 决定。参看附录 B 的相关内容。

当前后布速不一致时，滑辊的位置和电压 $U_{O'O}$ 同时变动，使变频器的实际给定信号自动得到了调整。

需要注意的是，FR-A 系列变频器的辅助信号范围在出厂时预置为 $0 \sim \pm 10V$ 的，应通过 Pr. 73 功能预置为"13"（2 端输入为 $0 \sim 5V$，1 端输入为 $0 \sim \pm 5V$，无超调功能，极性可递）。

任务二 起重机械的变频调速

一、起重机械中的电动机运行状态

1. 起升机构的主要特点

1）起升机构的大致组成。

如图12-3所示，M是电动机，DS是减速机构，R是卷筒，r是卷筒的半径，G是重物。

2）起升机构的转矩分析。

在起升机构中，主要有以下三种转矩。

① 电动机的电磁转矩T_M，即由电动机产生的转矩，是主动转矩，其方向可正可负。

② 重力转矩T_G，由重物及吊钩等作用于卷筒的转矩，其大小等于重物及吊钩等的重量G与卷筒半径r的乘积，即

$$T_G = Gr \tag{12-1}$$

T_G的方向永远是向下的。

③ 摩擦转矩T_0 由于减速机构的传动比较大，最大可达50（$\lambda = 50$），因此，减速机构的摩擦转矩（包括其他损失转矩）不可小视。摩擦转矩的特点是，其方向永远与运动方向相反。

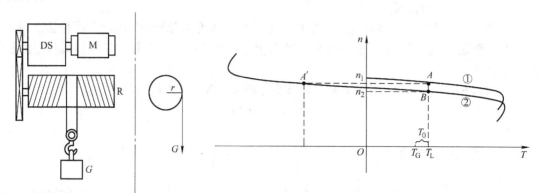

图12-3 起升机构的结构   图12-4 重物上升时的工作点

2. 电动机的工作状态

1）重物上升。重物的上升完全是电动机正向转矩作用的结果。这时，电动机的旋转方向与转矩方向相同，处于电动机状态，其机械特性在第1象限，如图12-4中的曲线①所示，工作点为A点，转速为n_1。

当通过降低频率而减速时，在频率刚下降的瞬间，机械特性已经切换至曲线②了，工作点由A点跳变至A'点，进入第二象限，电动机处于再生制动状态（发电机状态），其转矩变为反方向的制动转矩，使转速迅速下降，并重又进入第一象限，至B点时，又处于稳定运行状态，B点便是频率降低后的新的工作点，这时，转速已降为n_2。

2）空钩（包括轻载）下降。空钩（或轻载）时，由于传动机构具有一定的制动转矩，

故重物自身是不能下降的，必须由电动机反向运行来实现。电动机的转矩和转速都是负的，故机械特性曲线在第三象限，如图 12-5 中之曲线③所示，工作点为 C 点，转速为 n_3。

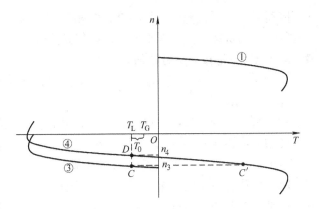

图 12-5　空钩下降时的工作点

当通过降低频率而减速时，在频率刚下降的瞬间，机械特性已经切换至曲线④，工作点由 C 点跳变至 C' 点，进入第四象限，电动机处于反向的再生制动状态（发电机状态），其转矩变为正方向，以阻止重物下降，所以也是制动转矩，使下降的速度减慢，并重又进入第三象限，至 D 点时，又处于稳定运行状态，D 点便是频率降低后的新的工作点，这时，转速为 n_4。

3）重载下降。重载时，重物将因自身的重力而下降，电动机的旋转速度将超过同步转速而进入再生制动状态。电动机的旋转方向是反转（下降）的，但其转矩的方向却与旋转方向相反，是正方向的，其机械特性如图 12-6 的曲线⑤所示，工作点为 E 点，转速为 n_5。这时，电动

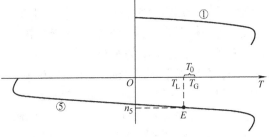

图 12-6　重载下降时的工作点

机的作用是防止重物由于重力加速度的原因而不断加速，达到使重物匀速下降的目的。在这种情况下，摩擦转矩将阻碍重物下降，故重物在下降时构成的负载转矩比上升时小。

二、再生电能的处理

1. 能耗电路及其计算

1）一般机械在降速过程中的再生制动。这是在频率刚下降时，拖动系统由于惯性的原因，使电动机的实际转速高于同步转速，而处于再生制动状态。这种再生制动属于从高速到低速的过渡过程，在多数情况下，时间较短。所以，各变频器生产厂生产的制动电阻的容量，都是按短时运行计算的。

2）重物下降过程中的再生制动。从本质上说，这是重物的位能从高到低的转移过程，是拖动系统释放位能、通过电动机转换成电能的过程，属于正常工作的稳态运行过程。因此，再生制动的时间往往较长。在考虑制动电阻的容量时，必须按长期运行来计算。

3）制动电阻容量的粗略计算。制动电阻容量的精确计算是比较复杂的，这里介绍的粗略计算法，虽然并不十分严谨，但在实际应用中是足够准确的。

① 重物位能的最大释放功率。重物位能的最大释放功率应等于起升机构在装载最大重荷的情况下以最高速度下降时的再生功率，由于允许的电压和电流都不变，故实际上就等于电动机的额定功率。

② 传动机构的损耗功率。如上所述，起升装置的传动机构具有一定的制动转矩，重物

在下降时必须克服这部分损耗功率，约相当于电动机额定功率的20%。

③ 电动机在再生状态下发出的电能是全部消耗在耗能电阻上的。所以，耗能电阻的容量 P_{RB} 可以粗略地按如下方法估算：

$$P_{RB} \geqslant 0.8P_{MN} \tag{12-2}$$

2. 电能的反馈

近年来，不少变频器系列都推出了"电源反馈选件"，其基本接法如图12-7所示。

图中，接线端 P 和 N 分别是直流母线的"+"极和"−"极。当直流电压超过限值时，电源反馈选件将直流电压逆变成三相交流电反馈回电源去。这样，就把直流母线上过多的再生电能又送回给电源了。

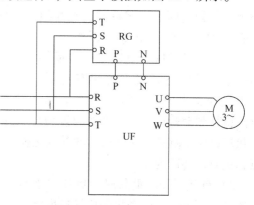

这种方式非但进一步节约了电能，并且还具有抑制谐波电流的功效。

除此以外，在起重机械中，起升机构和其他机构的变频器常常采用公用直流母线的方式，即若干台变频器的整流部分是公用的。由于各台变频器不可能同时处于再生制动状态，因此，可以互相补偿。公用直流母线方式与电源反馈相结合，非但结构简洁，并可

图 12-7　电源反馈选件的接法

使起重机械各台变频器的电压稳定、不受电源电压波动的影响，在矢量控制的情况下，还可以通过提高电动机的额定电压来减小变频器的容量。

三、溜钩的防止

1. 产生溜钩的原因与危害

1）起升机构中的制动器。起升机构中，由于重物具有重力的原因，如没有专门的制动装置，重物在空中是停不住的。为此，电动机轴上必须加装制动器，常用的有电磁铁制动器和液压电磁制动器等。多数制动器都采用常闭式的，即：线圈断电时制动器依靠弹簧的力量将轴抱住；线圈通电时松开。

2）产生溜钩的原因。在重物开始升降或停住时，要求制动器和电动机的动作之间，必须紧密配合。由于制动器从抱紧到松开，以及从松开到抱紧的动作过程需要时间（约0.6s），而电动机的转矩是在通电或断电瞬间就立刻产生或消失的。因此，两者在动作的配合上极易出现问题。如电动机已经通电，而制动器尚未松开，将导致电动机严重过载；反之，如电动机已经断电，而制动器尚未抱紧，则重物必将下滑，即出现溜钩现象。

3）原拖动系统的防溜钩措施。

① 由"停止"到运行。电磁制动器线圈与电动机同时通电。这时，存在着以下问题：

对于电动机来说，在刚通电瞬间，电磁制动器尚未松开，而电动机已经产生了转矩，这必将延长流过起动电流的时间；

对于制动器来说，在松开过程中，必将具有闸皮与制动轮之间进行滑动摩擦的过程，影响闸皮的寿命。

② 由运行到"停止"。使制动器先于电动机 0.6s 断电，以确保电动机在制动器已经抱住的情况下断电。这时：

对于电动机来说，由于在断电前制动器已经在逐渐地抱紧了，必将加大断电前的电流；

对于制动器来说，在开始抱紧和电动机断电之间，也必将具有闸皮与制动轮之间进行滑动摩擦的过程，影响闸皮的寿命。

即使这样，在要求重物准确停位的场合，仍不能满足要求。操作人员往往通过反复点动来达到准确停位的目的。这又将导致电动机和传动机构不断受到冲击，以及继电器、接触器的频繁动作，从而影响它们的寿命。

2. 变频调速系统中的防溜钩措施

不同品牌的变频器，防止溜钩的措施也各不相同。这里介绍三菱 FR-A241E 系列变频器对于溜钩的防止方法，较有参考价值。

1）重物停住的控制过程。

① 设定一个"停止起始频率" f_{BS}。当变频器的工作频率下降到 f_{BS} 时，变频器将输出一个"频率到达信号"，发出制动电磁铁断电指令，使其开始抱闸。

② 设 f_{BS} 的维持时间 t_{BB}。t_{BB} 的长短应略大于制动电磁铁从开始释放到完全抱住所需要的时间。

③ 变频器将工作频率下降至 0。上述过程如图 12-8 所示。

2）重物起升（或起降）的控制过程。

① 设定一个"升降起始频率" f_{RD}。当变频器的工作频率上升到 f_{RD} 时，将暂停上升。为了确保当制动电磁铁松开后，变频器已能控制住重物的升降而不会溜钩，所以，在工作频率到达 f_{RD} 的同时，变频器将开始检测电流，并设定检测电流所需时间 t_{RC}；

② 发出"松开指令"。当变频器确认已经有足够大的输出电流时，将发出一个"松开指令"，使制动电磁铁开始通电。

③ 设定 f_{RD} 的维持时间 t_{RD}。t_{RD} 的长短应略大于制动电磁铁从通电到完全松开所需的时间。

上述过程如图 12-9 所示。

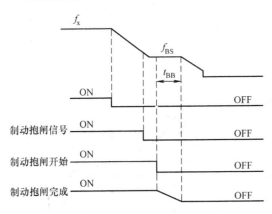

图 12-8 重物的停住过程

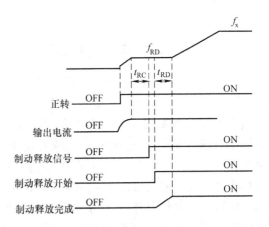

图 12-9 重物的起升（或起降）过程

任务三 车床主轴的变频调速

一、普通车床的大致构造

1. 普通车床的大致构造

如图 12-10 所示,主要部件有:

(1) 头架 用于固定工件,内藏齿轮箱,是主要的传动机构之一。

(2) 尾架 用于顶住工件,是固定工件用的辅助部件。

(3) 刀架 用于固定车刀。

(4) 床身 用于安置所有部件。

2. 普通车床的拖动系统

普通车床的运动系统主要包括以下两种运动。

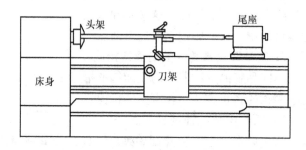

图 12-10 普通车床的外形

(1) 主运动 工件的旋转运动为普通车床的主运动,带动工件旋转的拖动系统为主拖动系统。

(2) 进给运动 主要是刀架的移动。由于在车削螺纹时,刀架的移动速度必须和工件的旋转速度严格配合,故中小型车床的进给运动通常由主电动机经进给传动链而拖动的,并无独立的进给拖动系统。

3. 主运动系统阻转矩的形成

主运动系统的阻转矩就是工件在切削过程中形成的阻转矩。理论上说,切削功率用于切削的剥落和变形。故切削力正比于被切削的材料性质和截面积,切削面积由切削深度和走刀量决定。而切削转矩则取决于切削力和工件回转半径的乘积,其大小与下列因素有关:

1) 切削深度。

2) 进刀量。

3) 工件的材质与直径等。

二、普通车床主运动的负载性质

在低速段,允许的最大进刀量都是相同的,负载转矩也相同,属于恒转矩区;而在高速段,则由于受床身机械强度和振动以及刀具强度等的影响,速度越高,允许的最大进刀量越小,负载转矩也越小,但切削功率保持相同,属于恒功率区。故车床主轴的机械特性如图 12-11 所示。恒转矩区和恒功率区的分界转速,称为计算转速,用 n_D 表示。关于计算转速大小的规定大致如下。

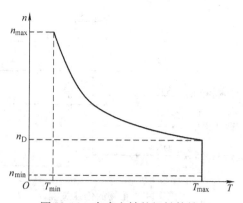

图 12-11 车床主轴的机械特性

在老系列产品中，一般规定：从最低速起，以全部级数的三分之一的最高速作为计算转速。

例如，CA6140 型普通车床主轴的转速共分 24 级：n_1、n_2、n_3、$\cdots$、n_{24}，则第八挡转速（n_8）为计算转速。

但随着刀具强度和切削技术的提高，计算转速已经大为提高，通常的规定是：以最高转速的 $1/4 \sim 1/2$ 作为计算转速，即

$$n_D \approx n_{max}/(2 \sim 4) \tag{12-3}$$

三、计算实例

某厂的意大利产 SAG 型精密车床，由于调速用电磁离合器损坏率较高，国内无配件，进口件又十分昂贵，故改用变频调速。具体情况如下。

（一）原拖动系统概况及主要计算数据

1. 原拖动系统概况

1）转速挡次。负载侧有八挡转速：75r/min、120r/min、200r/min、300r/min、500r/min、800r/min、1200r/min、2000r/min。

2）电动机的主要额定参数。额定容量为 2.2kW；额定转速为 1440r/min；过载能力为 2.5。

3）控制方式。由手柄的八个位置来控制四个电磁离合器的分与合，得到齿轮的八种组合，从而得到八挡转速。

2. 原拖动系统主要计算数据

1）调速范围。

由公式：

$$\alpha_L = n_{Lmax}/n_{Lmin} = 2000/75 = 26.67 \approx 27$$

2）负载转矩。

由（12-3）式，并根据机械工程师提供的数据，有

$$n_D = (2000/4)\text{r/min} = 500\text{r/min}$$

在各挡转速下的负载转矩可根据负载功率和转速由公式 $P_L = \dfrac{T_L n_L}{9550}$ 计算出，负载功率可按电动机的额定功率估算。本例中，考虑到设计者在选择电动机时通常都留有余量，故负载功率按 $P_L = 2\text{kW}$ 计算，计算结果见表 12-1。

表 12-1　各挡转速下的负载转矩

挡次	1	2	3	4	5	6	7	8
转速/（r/min）	75	120	200	300	500	800	1200	2000
转矩/（N·m）	38.2	38.2	38.2	38.2	38.2	23.9	15.9	9.55

3）电动机额定转矩为

$$T_{MN} = (9550 \times 2.2/1440)\text{N·m} = 14.6\text{N·m}$$

4）电动机的转差率为

$$s = (1500 - 1440)/1500 = 0.04$$

3. 用户要求

尽可能不更换电动机；在高速区，过载能力不低于 1.8；转速挡次及控制方式不变，即仍由手柄的八个位置来控制八挡转速。

（二）变频调速拖动系统的计算

1. 试探

本着"改造力求从简"的原则，决定不增加速度反馈环节，而采用"无反馈矢量控制"功能或 **V/F** 控制方式。

1）频率范围。

① 最低工作频率。由于不采用有反馈的矢量控制方式，故工作频率不宜过低，取

$$f_{\min} = 4\text{Hz}$$

② 最高工作频率。根据负载对调速范围的要求，最高工作频率为

$$f_{\max} = 4 \times \alpha_n = 4 \times 27\text{Hz} = 108\text{Hz}$$

2）传动比。

① 电动机最高转速为

$$n_{\max} = \frac{60f}{p}(1 - s) = \frac{60 \times 108}{2}(1 - 0.04)\text{r/min} = 3110\text{r/min}$$

② 传动比为

$$\lambda = \frac{n_{\text{Mmax}}}{n_{\text{Lmax}}} = \frac{3110}{2000} = 1.555$$

取

$$\lambda = 1.6$$

3）低速时的转矩校核。低速时负载转矩的折算值为

$$T_{\text{L}}' = \frac{T_{\text{L}}}{\lambda} = \frac{38.2}{1.6}\text{N·m} = 24\text{N·m}$$

所以

$$T_{\text{L}}' > T_{\text{MN}} \quad (= 14.6\text{N·m})$$

可见，在最低速时电动机将带不动负载。

为了使电动机在最低速时也能带动负载，必须加大电动机的容量，满足：

$$T_{\text{MN}} \geqslant T_{\text{L}}'$$

则

$$P_{\text{MN}} \geqslant \frac{24 \times 1440}{9550}\text{kW} = 3.62\text{kW}$$

选

$$P_{\text{MN}} = 3.7\text{kW}$$

可见，电动机的容量应加大一挡。由于是旧车床改造，而 3.7kW 电动机的机座号比 2.2kW 电动机的机座号也大一挡。因此，必须考虑电动机是否装得下的问题。如能装下，由于电动机的中心比原来略高，传动带将会松动，应适当加大电动机侧带盘的直径，相当于加大了传动比，这对于拖动负载来说，是有利的。

2. 两挡传动比方案

在项目十中，曾介绍了对于在加工过程中不进行调速的负载来说，可考虑采用两挡传动比的方案。车床在车削过程中是不进行调速的，可以考虑用此方法，今就其计算方法介绍如下：

1）频率范围及分界速。

① 频率范围。由式（10-5）得

$$\alpha_f = \sqrt{\alpha_n} = \sqrt{6.67} = 2.58$$

② 分界速的大小。由式（10-6）得

$$n_{Lmid} = (2000/2.58)\,\text{r/min} = 775.2\,\text{r/min}$$

2）分界速的修正。

① 低速挡恒转矩区的调速范围。因为在低速挡，负载的分界速与电动机的最高工作频率（设为 100Hz）相对应，则其中间速应与 f_N 相对应，故：

$$n_L \leqslant (775.2/2)\,\text{r/min} = 387.6\,\text{r/min}$$

② 修正。根据负载的实际转速挡次，取低速挡的恒转矩区为

$$n_L \leqslant 300\,\text{r/min}$$

则中间速为

$$n_{Lmid} = 300 \times 2\,\text{r/min} = 600\,\text{r/min}$$

3）最低工作频率。

① 低速挡恒转矩区的调速范围为

$$\alpha_{LD} = 300/75 = 4$$

② 最低工作频率为

$$f_{min} = (50/4)\,\text{Hz} = 12.5\,\text{Hz}$$

3. 确定传动比

1）拖动系统的工作区见表 12-2。

表 12-2　拖动系统的工作区

	低速挡		高速挡	
	恒转矩区	恒功率区	恒转矩区	恒功率区
负载转速范围/（r/min）	75~300	300~600	600~1000	1000~2000
工作频率范围/Hz	12.5~50	50~100	30~50	50~100
电动机转速范围/（r/min）	360~1440	1440~2880	864~1440	1440~2880

2）低速挡的传动比为

$$\lambda_L = 1440/300 = 4.8$$

取　　　　　　　　　　　　　　$$\lambda_L = 5$$

3）高速挡的传动比为

$$\lambda_H = 1440/1000 = 1.44$$

取　　　　　　　　　　　　　　$$\lambda_H = 1.5$$

4. 电动机容量不变的可行性核算

由于所取的 λ_L 和 λ_H 值均与计算值不同，故表 12-1 中的数据将有所调整。各挡转速的转矩核算结果见表 12-3。

根据：

电动机的转速　　　　　　　　　$$n = n_L \lambda$$

电动机的工作频率　　　　　　　$$f = \frac{np}{60\,(1-s)}$$

电动机的调频比　　　　　　　　$$k_f = \frac{f}{f_N}$$

电动机的电磁转矩
$$T_M = \frac{9550 P_{MN}}{n_M}$$

表12-3 各挡转速的转矩核算结果

负载转速/（r/min）	75	120	200	300	500	800	1200	2000
负载转矩/（N·m）	38.2	38.2	38.2	38.2	38.2	23.9	15.9	9.55
电动机转速/（r/min）	375	600	1000	1500	2500	1200	1800	3000
电动机工作频率/Hz	13	21	35	52	87	42	62.5	104
电动机的调频比	0.26	0.42	0.7	1.04	1.74	0.84	1.25	2.08
电动机电磁转矩/（N·m）	14.6	14.6	14.6	14.0	8.39	14.6	11.7	7.02
传动比	$\lambda = 5$					$\lambda = 1.5$		
负载转矩折算值/（N·m）	7.64	7.64	7.64	7.64	7.64	15.9	10.6	6.37

比较表12-3中各挡的电动机转矩与负载转矩的折算值，可以看出：

1）除第6挡（$n_L = 800$r/min）略显逊色外，其余各转速挡的拖动转矩都能满足要求；

2）在第6挡，电动机电磁转矩与负载转矩折算值之比为14.6/15.9 = 0.92，在实际工作中，已能满足要求。

故得出结论：采用两挡传动比后，可以不必加大电动机的容量。

任务四　龙门刨床的变频调速

一、龙门刨床的构造与工作特点

1. 龙门刨床的基本结构

龙门刨床主要由七个部分组成，如图12-12所示。

1）床身。是一个箱形体，上有V形和U形导轨，用于安置工作台。

2）刨台。也叫工作台，用于安置工件。下有传动机构，可顺着床身的导轨做往复运动。

3）横梁。用于安置垂直刀架。在切削过程中严禁动作，仅在更换工件时移动，用以调整刀架的高度。

4）左右垂直刀架。安装在横梁上，可沿水平方向移动，刨刀也可沿刀架本身的导轨垂直移动。

5）左右侧刀架。安置在立柱上，可上、下移动。

6）立柱。用于安置横梁。

7）龙门顶。用于紧固立柱。

2. 龙门刨床的主运动

1）主运动的工作过程。龙门刨床的刨削过程是工件（安置在刨台上）与刨刀之间做相对运

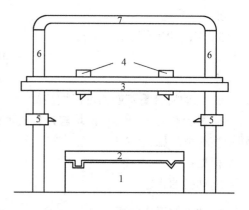

图12-12　龙门刨床的基本结构

1—床身　2—刨台　3—横梁　4—左右垂直刀架
5—左右侧刀架　6—立柱　7—龙门顶

动的过程。因为刨刀是不动的，所以，龙门刨床的主运动就是刨台频繁的往复运动。

2）主运动的工作特点。

所谓往复运动周期，是指刨台每往返一次的速度变化。以国产 A 系列龙门刨床为例，其往复周期如图 12-13 所示。

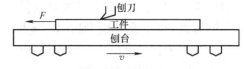

a) 刨台的运动

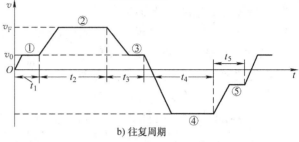

b) 往复周期

图 12-13　刨台的往复周期

图中，v 为线速度，t 为时间。各时间段（$t_1 \sim t_5$）的工况如下。

t_1 段：刨台起动、刨刀切入工件的阶段。为了减小在刨刀刚切入工件的瞬间，刀具所受的冲击，和防止工件被崩坏，故速度较低，为 v_0。

t_2 段：刨削段。刨台加速至正常的刨削速度 v_F。

t_3 段：刨刀退出工件段。为了防止工件边缘被崩裂，故将速度又降低为 v_0。

t_4 段：返回段。返回过程是不切削工件的空行程，为了节省返回时间，提高工作效率，返回速度应尽可能高一些，设为 v_R。

t_5 段：缓冲段。返回行程即将结束、再反向到工作速度之前，为了减小对传动机构的冲击，又应将速度降低为 v_0。

之后，便进入下一周期，重复上述过程。

3. 刨台运动的机械特性

以 A 系列龙门刨床为例，说明如下。

1）刨台运动的负荷性质。

① 切削速度 $v_Q \leqslant 25\text{m/min}$：在这一速度段，龙门刨床允许的最大切削力相同。在调速过程中，负荷具有恒转矩性质。

② 切削速度 $v_Q > 25\text{m/min}$：由于受横梁与立柱等机械结构的强度所限制，允许的最大切削力是随速度的增加而减小的。因此，在调速过程中负荷具有恒功率性质。其机械特性如图 12-14 所示。

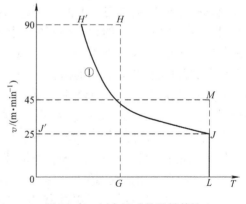

图 12-14　刨台运动的机械特性

2）负载功率。因为机械功率与转矩和转速（或切削力和线速度）的乘积成正比，所以，刨台运动的负载功率与面积 $OLJJ'$ 成正比。

3）刨台的传动机构。分成两挡，以 45m/min 为界，速比为 $2:1$。

二、刨台运动的变频调速

1. 变频调速的机械特性

由于负载的高速段具有恒功率特性，而电动机在额定频率以上也具有恒功率特性，因此，为了充分发挥电动机的潜力，电动机的工作频率应适当提高至额定频率以上，使其机械特性如图 12-15 所示。图中，曲线①是负载的机械特性，曲线②是变频调速后异步电动机的机械特性。由图可以看出，所需电动机的容量与面积 $OLKK'$ 成正比，和负载实际所需功率十分接近。上述 A 系列龙门刨床的主运动在采用变频调速后，电动机的容量可减小为原用直流电动机的 3/4，最高工作频率为 75Hz。

2. 变频调速方案的设计要点

1) 电动机选型。一般来说，以选用变频调速专用电动机为宜。

2) 变频器的选型。近年来，龙门刨床常常与铣削兼用，而铣削时的进刀速度约只有刨削时的百分之一，故要求拖动系统具有良好的低速运行性能。所以，以选用具有矢量控制功能的变频器为宜。

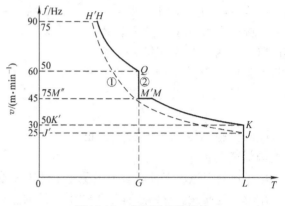

3) 制动电阻与制动单元。如上所述，刨台在工作过程中，处于频繁地往复运行的状态。为了提高工作效率、缩短辅助时间，刨台的加、减速时间应尽量短。因此，直流回路中的制动电阻与制动单元是必不可少的。制动电阻阻值

图 12-15　变频后机械特性

的确定方法与前述相同，但由于往复十分频繁，故制动电阻的容量应比一般情况下的容量加大 1~2 个挡次。

3. 刨台往复运动的控制

1) 往复指令。刨台在往复周期中，实现速度变化的指令信号是由刨台下面专用的双稳态接近开关（行程开关）的状态得到的。接近开关的状态又由装在刨台下部的四个“接近块”（相当于行程开关的挡块，分别编以 1、2、3、4 号）接近的情况所决定。刨台往复周期中的指令信号如图 12-16 所示。图中，为了直观起见，仍用行程开关和挡块来表示。$SP_1 \sim SP_2$ 是用来决定刨台的运行情况的，SP_5、SP_6 则是极限开关，用于对刨台极限位置的保护。

各接近开关在不同时序中的状态如图 12-16b 所示。图中，“1”表示接近开关被“撞”；“0”表示接近开关复位。

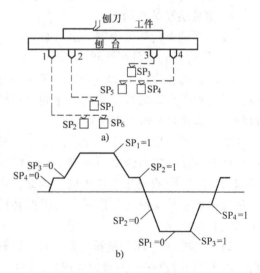

2) 刨台运动的控制电路。由于龙门刨床的

图 12-16　刨台往复周期中的指令信号

实际控制电路，除刨台的往复运动外，还必须考虑刨台运动与横梁、刀架之间的配合等，故控制电路以采用 PLC 较为方便。本节将只涉及刨台在往复周期中的切换控制，其控制电路如图 12-17 所示。

PLC 的输入信号中，SP_1、SP_2、SP_3、SP_4 分别为各切换点的接近开关，按钮开关 SB_1 用

于循环开始，SB₂ 用于紧急停机，SB₃、SB₄ 分别为正、反向点动按钮，这是在调整过程中所必需的。

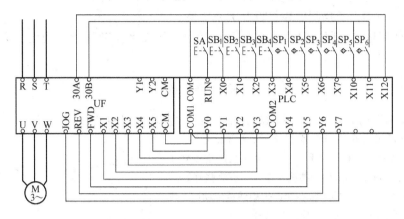

图 12-17　刨台的往复周期控制

PLC 的输出信号中，Y4、Y3、Y2 分别控制变频器的多挡转速控制端 X1、X2、X3；PLC 的 Y1、Y0 分别控制变频器的多挡加减速控制端 X4、X5；PLC 的 Y5、Y6、Y7 分别控制变频器的正转、反转和点动。

项 目 小 结

1.　了解变频调速在同步控制中的应用

所谓同步控制，就是使各单元被加工物的行进速度一致的控制。

同步控制主要解决两个问题：一是所有单元一起升速或一起降速的统调问题；二是当各单元间不同步时需对个别单元进行微调的问题。

手动同步控制可借助于按钮利用变频器外接控制的加速端和减速端进行统调和微调。

自动同步控制的统调控制通过同时调节各单元变频器的主给定信号来实现；与此同时，须取出相邻两单元间的"同步信号"，作为变频器的辅助给定信号，进行微调。

2.　掌握变频调速在起重机械中的应用

起重机械属于恒转矩负载。由于重物具有位能的缘故，不同的工作过程，将使变频调速系统的机械特性处于不同的象限。

重物在下降过程中，将使电动机处于再生（发电机）状态，故再生电能的处理必须特别注意。

重物在空间必须借助电磁制动器才能停住。由于电磁制动器从通电到松开，以及从断电到抱紧需要时间，如处理不当，常易溜钩。故对于起重机械控制系统，应注意解决好溜钩的问题。

3.　了解对混合特性的负载使用变频调速时的技巧

普通车床的机械特性属于混合特性：在计算转速以下为恒转矩特性，而在计算转速以上为恒功率特性。

因为车床在加工过程中并不调速，所以有可能把传动比分成几挡。实例主要说明，巧妙地设置传动比，可以减小拖动系统的容量。

龙门刨床的主运动是刨台的往复运动。其机械特性和车床类似，也属于混合特性。在往复运动过程中，速度大致分为低速（刨刀切入、刨刀退出、反向前）、中速（刨削速度）和高速（返回）三挡，各挡间依靠接近开关来切换。

刨台的往复运动采用变频调速结合 PLC 控制，可使系统变得十分简便，运行的可靠性也大为提高。

思 考 题

1. 图 12-1 所示电路中，如要求用模拟信号进行统调和微调，试设计其电路。

2. 图 12-2 所示电路中，UF_1 为什么没有微调信号？

3. 工厂的桥式起重机（俗称行车）大多采用绕线转子异步电动机进行调速，如采用变频调速系统，有哪些好处？

4. 如果任务三实例中的车床不允许采用两挡传动比，则改用变频调速后，电动机的容量应如何选择？

5. 该车床的 8 挡转速是通过一个 8 位旋钮开关来进行切换的，如图 12-18 所示。试结合变频器设计 8 挡转速的控制电路。

6. 试根据刨台的运行规律，画出图 12-17 中 PLC 的梯形图。

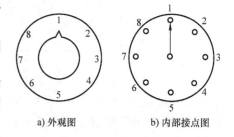

a) 外观图　　　　b) 内部接点图

图 12-18　车床的旋钮开关

项目十三　变频器与其他设备的通信

一、学习目标

1. 了解通信的基础知识。
2. 了解三菱系列变频器 RS-485 通信的内容。
3. 了解 PLC 的通信格式及变频器通信设置。
4. 掌握触摸屏（GOT）与变频器通信的设置和步骤。
5. 掌握 PLC 与变频器通信的设置和步骤。

二、问题的提出

无论计算机，还是 PLC、变频器、触摸屏，它们都是数字设备，它们之间交换的信息是由 "0" 和 "1" 表示的数字信号。通常把具有一定编码格式和位长要求的数字信号称为数据信息。

数据通信就是将数据信息通过适当的传输线路，按照一定的传输方式从一台机器传送到另一台机器，这里的机器可以是计算机、PLC、变频器、触摸屏或其他的远程 I/O 设备。有了数据通信，我们就可以方便地实现机器之间的数据交换和控制。

任务一　通信的基础知识

一、数据通信方式

数据通信中，数据的传输方式见表 13-1。

表 13-1　数据的传输方式

传输方式	含义	特点
并行通信	所传输的数据各位同时发送或接收	速度快、需要 n 根传输线，成本高
串行通信	所传输的数据按顺序一位一位发送或接收	速度慢、需要 1~2 根传输线，成本低
同步传输	将许多字符组成一个信息帧进行传输	速度快、成本高，适合 1:N 点的数据传输
异步传输	一个一个字符随时传输	速度慢、成本低，适合点对点的数据传输

1. 并行通信与串行通信

数据通信时，按同时传送位数来分，可以分为并行通信与串行通信。与并行通信相比，串行通信速度慢，需要 1~2 根传输线，故常用于长距离、速度要求不高的场合。大家熟悉的计算机与打印机的通信采用的就是并行通信。而工业控制领域所采用的绝大多数都是串行通信。

2. 同步传输

数据通信时，按发送接收方式来分，可以分为同步传输和异步传输。同步传输中，将许多字符组成一个信息组（帧）进行传输，如图13-1所示。

1）每帧开始处加上同步字符，数据位可达上千位，传输效率较高、速度较快。

2）同步传输不允许有间隙，没有帧传输时，要填上空字符。

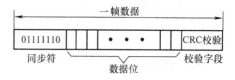

图13-1 同步传输

3）同一个传输过程中，所有的字符对应同样的位数（比特数）。

4）传输时，发送（接收）端在一个时间段内发送（接收）一个字符，无需起始、停止位。

3. 异步传输

异步传送中，以字符为单位发送。所谓异步，是指相邻两个字符数据之间停顿的时间长短不一样，每个字符的位数（比特数）也不一样，收发的每一个字符数据都是由4部分顺序组成，如图13-2所示。

1）起始/停止位：在通信线路上无数据传输时为"1"，需要传输数据时，发送设备首先发送"0"，接受设备检测到逻辑"0"，准备接收数据。停止位是字符数据结束的标志，可以是1位、1.5位或2位的"1"，停止位之后，通信线路恢复"1"状态，等待下一个字符起始位的到来。也就是说，利用起始位和停止位使收发双方同步。

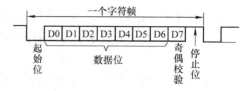

图13-2 异步传输

2）数据位的个数可以是5、6、7或8位，个人计算机中常采用7或8位数据传送，不同PLC采用的传输位数不同。

4. 奇偶校验

奇偶校验用于有限差错检测，通信双方需约定一致的奇偶校验方式。如果选择偶校验，那么组成数据位和奇偶位的逻辑1的个数必须是偶数；如果选择奇校验，那么组成数据位和奇偶位的逻辑1的个数必须是奇数。奇偶校验时校验位的产生见表13-2。

表13-2 奇偶校验时校验位的产生

校验类型	校验数据	校验位
奇校验	01100101（1的个数为偶数）	1（保证1的个数为奇数）
	01100001（1的个数为奇数）	0（保证1的个数为奇数）
偶校验	01100101（1的个数为偶数）	0（保证1的个数为偶数）
	01100001（1的个数为奇数）	1（保证1的个数为偶数）

校验位是根据数据位和校验类型由奇偶校验电路自动产生的，这种校验电路通常集成在通信控制器的芯片中。选择奇校验，若校验位为"1"，则说明传输的数据1的个数为偶数。它可以检出1位错码，2位以上不可以。

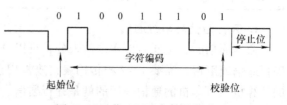

图13-3 7位ASCII字符的传送

例：传送一个 ASCII 字符 1001110（每个字符有 7 位），若选择 2 位停止位，7 位 ASCII 字符的传送就需要 11 位格式，如图 13-3 所示。

异步传送就是按照上述约定好的固定格式一帧一帧地传送，因此采用异步传送的方式硬件结构简单，但传送每一个字节都要加起始位、停止位，因此效率较低，主要用于中低速通信中。

5. 异步传输必需的规定

在异步数据传送中，CPU 与外设之间有两项规定是必需的，即字符数据格式和传送波特率，当 CPU 与外设的这两项参数设置一样时，它们之间的数据交换才能够正确进行。

二、数据传送方向

数据传送方向有单工、半双工、全双工。

单工通信：信息的传送方向是单一的，不能反方向传送，A 只能作为发送端，B 只能作为接收端。单工通信如图 13-4a 所示。

半双工通信：信息的传送方向可以是双向的，但同一时刻只限于一个方向，A、B 都可以作为发送、接收端。但传送线路只有一条，如图 13-4b 所示。

全双工通信：信息的传送可以同时双向进行，A、B 都可以一边发送数据，一边接收数据。传送线路有两条，如图 13-4c 所示。

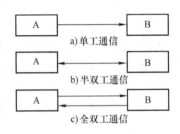

图 13-4 数据传送方向

三、传送介质

在确定了传输方式以后，就可以通过适当的传输线路将数据信息在两个机器间传输，目前在 PLC 网络中常使用的传输线路有同轴电缆、双绞线和光缆。其中，双绞线（有屏蔽）以其成本低、安装简单的特点，在中小型的 PLC 网络中得到了广泛的应用；光缆具有尺寸小、重量轻、传输距离远的特点，但成本高，安装维修需要专门仪器。

四、串行通信接口标准

数据在 PLC（计算机）与其他设备进行传输时，除了要考虑通信方式、传输线路外，设备间采用何种接口相连也是很关键的，目前比较常见的标准串行通信接口有 RS-232、RS-422、RS-485，它们在电气标准、连接器及用途上都各有特色。串行通信的几种接口标准见表 13-3。

表 13-3 串行通信的几种接口标准

串行通信接口	电气标准	连接器	用途
RS-232	工作方式：单端（不平衡传输） 节点数：1 发 1 收 最大传输电缆长度：50ft（1ft = 0.3048m） 最大传输速率：20kbit/s	DB-25 DB-9	① RS-232 规定了数据的传输格式 ② 个人计算机配用该接口与 PLC 等其他设备通信

（续）

串行通信接口	电气标准	连接器	用途
RS-422	工作方式：差分（平衡传输） 节点数：1发10收 最大传输电缆长度：400ft 最大传输速率：10Mbit/s	DB-9	① RS-485 在电气规定上与 RS-422 相仿 ② 单一的 RS-485 接口可方便地建立起设备网络（需先规定其传输协议）
RS-485	工作方式：差分（平衡传输） 节点数：1发32收 最大传输电缆长度：400ft 最大传输速率：10Mbit/s	DB-9 RJ9	③ 广泛应用于工业控制、多媒体网络 ④ 遵循变频器的传输协议，通过 RS-485 可以将多台变频器组成网络

RS-232 标准规定了电气标准、数据的传输格式。通常插头在 DCE 端（PC），插座在 DTE 端（终端现场设备）。

RS-422 与 RS-485 标准只对接口的电气特性做出规定，而不涉及接插件、电缆或协议，用户可以在此基础上建立自己的高层通信协议。

任务二 三菱系列变频器的 RS-485 通信

通信协议是指通信双方的一种约定。约定包括：数据格式、同步方式、传送速度、传送步骤、检纠错方式以及控制字符定义等问题做出统一规定，通信双方必须共同遵守。

一、数据格式

1. 计算机（PLC）发送到变频器的通信请求数据

任何数据通信的开始都是由计算机发出请求，没有计算机的请求，变频器将不能返回任何数据。PLC 向变频器发出的指令格式如下：

请求写入的数据为 4 字节时，使用格式 A。如：更改频率，PLC 写入变频器的指令格式如图 13-5 所示，其十六进制值为 H0000-H2EE0（ASCII 码）。

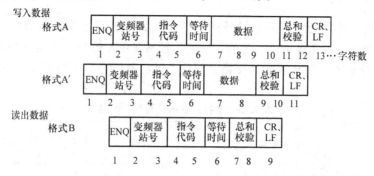

图 13-5 PLC 到变频器的通信请求数据格式

请求写入的数据为 2 字节时，使用格式 A′。如：请求变频器正转运行，PLC 写入变频器指令格式的十六进制值为 H02（ASCII 码）。

请求读出变频器数据时，使用格式 B。

2. 变频器的应答数据格式

1）PLC 使用格式 A、A′写入变频器的命令，变频器接受后应返回应答数据，应答数据格式如图 13-6 所示。

图 13-6 格式 A、A′请求后从变频器返回的应管数据

当变频器返回的应答数据发现错误时，PLC 可以进行再试。

如果连续数据错误次数超过变频器参数设定值 P.121，变频器则进入报警停止状态。

2）使用格式 B 后，从变频器返回 PLC 的应答数据如图 13-7 所示。

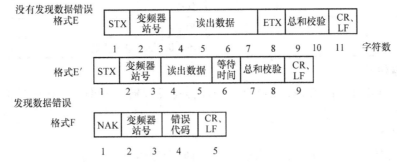

图 13-7 格式 B 请求后从变频器返回的应答数据

3. ASCII 码

通常 PLC 与其他设备的数据交换是以 ASCII 码来进行的。ASCII 码：美国（国家）信息交换标准（代）码，一种使用 7 个或 8 个二进制位进行编码的方案，最多可以给 256 个字符（包括字母、数字、标点符号、控制字符及其他符号）分配（或指定）数值。标准 ASCII 码使用 7 个二进位对字符进行编码，但由于计算机基本处理单位为字节（1B＝8bit），所以一般仍以一个字节来存放一个 ASCII 字符。每一个字节中多余出来的一位（最高位）在计算机内部通常保持为 0（在数据传输时可用作奇偶校验位）。

如：字符 A 的 ASCII 码为 01000001，通常用十六进制表示为 H41。表 13-4 为常见字符与其十六进制编码的对应表。

表 13-4 常见字符与其十六进制编码的对应表

十六进制值	字符	十六进制值	字符	十六进制值	字符	十六进制值	字符
30	0	41	A	5B	[	61	a
31	1	42	B	5C	"	62	b
32	2	43	C	5D	]	63	c
33	3	44	D	5E	^	64	d
34	4	45	E	5F	_	65	e
35	5	46	F	60	'	66	f
36	6	47	G			67	g
37	7	48	H			68	h
38	8						
39	9						

二、数据定义

数据定义就是对图 13-5 中指令格式的各部分进行解释。

1. 控制代码

控制代码的 ASCII 码见表 13-5。

表 13-5　控制代码的 ASCII 码

信号	ASCII	说明
STX	H02	正文开始（数据开始）
ETX	H03	正文结束（数据结束）
ENQ	H05	询问（通信）
ACK	H06	承认（没有发现数据错误）
LF	H0A	换行
CR	H0D	回车
NAK	H15	不承认（发现数据错误）

2. 变频器站号

由于一个 PLC 可以控制多个变频器，因此需将变频器逐一编号，该编号称为变频器站号，占 2 个字节。

3. 等待时间

变频器收到请求数据和应答数据之间的等待时间如图 13-8 所示。

规定变频器收到从计算机（PLC）来的数据和传输应答数据之间的等待时间：0 ~ 150ms 之间设定等待时间，最小设定单位为 10ms（例如：1 = 10ms，2 = 20ms）。

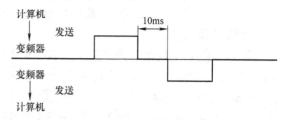

图 13-8　变频器收到请求数据和应答数据之间的等待时间

4. 数据

数据就是 PLC 发送到变频器中的具体内容。如更改频率，PLC 写入变频器的数据为一个具体的频率值，对应的十六进制值的范围：H0000 ~ H2EE0。

请求变频器正转运行，PLC 写入变频器的数据为十六进制值 H02（ASCII 码）。

5. 总和校验

总和校验代码是由被校验的 ASCII 码数据的总和（二进制）的最低一个字节（8 位）表示的两个 ASCII 码数字（十六进制），如 ASCII 码数据的总和为 H01F4，其低字节 ASCII 数据码为 F4 对应的十六进制值 H46 H34。总和校验代码的计算如图 13-9 所示。

三、三菱 PLC 串行数据通信

1. PLC 的通信格式 D8120

PLC 在和其他设备交换数据时，首先需要对其通信格式（通信协议涉及的各项）进行定义，三菱 PLC 的通信格式是通过定义 D8120 的各位来实现的。如：D8120 = H009F，其各位的含义见表 13-6。

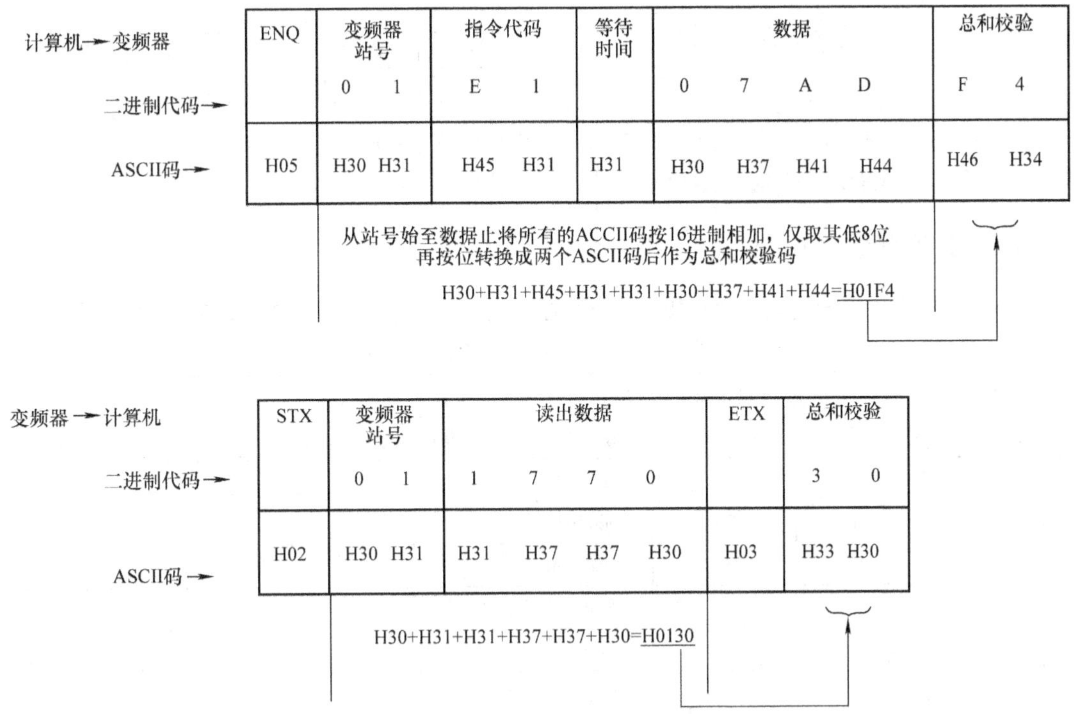

计算机→变频器	ENQ	变频器站号		指令代码		等待时间	数据				总和校验	
二进制代码→		0	1	E	1		0	7	A	D	F	4
ASCII码→	H05	H30 H31		H45 H31		H31	H30 H37 H41 H44				H46 H34	

从站号始至数据止将所有的ACCII码按16进制相加，仅取其低8位
再按位转换成两个ASCII码后作为总和校验码
H30+H31+H45+H31+H31+H30+H37+H41+H44=H01F4

变频器→计算机	STX	变频器站号	读出数据				ETX	总和校验	
二进制代码→		0 1	1	7	7	0		3	0
ASCII码→	H02	H30 H31	H31	H37	H37	H30	H03	H33 H30	

H30+H31+H31+H37+H37+H30=H0130

图 13-9 总和校验代码的计算

表 13-6 D8120 各位的含义

B15	B14	B13	B12	B11	B10	B9	B8	B7	B6	B5	B4	B3	B2	B1	B0
0	0	0	0	0	0	0	0	1	0	0	1	1	1	1	1
使用 RS 指令			保留	发送和接收	保留	无起始位无停止位		波特率为 19.2kbit/s			2 位停止位	偶数		8 位数据	

发送和接收串行数据时，变频器和 PLC 的通信格式必须一致。

2. PLC 串行数据通信指令简介

RS 指令为使用 RS-232C 及 RS-485 功能扩展板及特殊适配器，进行发送接收串行数据的指令如图 13-10 所示。

1）D200：发送数据的首地址（指针），从这里开始存放 PLC 给变频器的通信请求数据，就是图 13-5 中所列出的数据，数据的多少由 D0 给出。

2）D0：发送数据的字节数（点数），根据协议可以用常数直接指定字节数，在不进行发送的系统中，将数据发送点数设定为 K0。

3）D500：接收数据的首地址（指针），这里存放从变频器读出的数据。

4）D1：数据接收的字节数（点数），根据协议可以用常数直接指定字节数，在不进行接收的系统中，将数据接收点数设定为 K0。

发送通信数据时请使用脉冲执行方式，设置 M8122 即可。

在 PLC 的通信格式 D8120 被定义后，PLC 需要发出通信请求，请求的数据存放在 D200

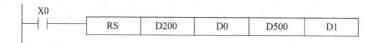

图 13-10 PLC、RS 串行数据通信指令

开始的单元中，M8122 = 1 时，通信请求发往变频器。

四、变频器通信设置

变频器通信协议通过对一系列的参数赋值来完成。变频器通信时的参数设置见表 13-7。

表 13-7 变频器通信时的参数设置

参数号	名称	设定值	说明
P.117	站号	00 ~ 31	确定从 PU 接口通信的站号，两台以上需要设定站号
P.118	通信速率	48	4800bit/s
		96	9600bit/s
		192	19200bit/s
P.119	停止位长/字节长	8 位　01	停止位长 1 位
			停止位长 2 位
		7 位 10　11	停止位长 1 位
			停止位长 2 位
P.120	奇偶校验有/无	0	无
		1	奇校验
		2	偶校验
P.121	通信再试次数	0 ~ 10	设定发生数据接收错误后允许的再试次数，如果连续发生次数超过允许值，变频器将报警停止
		9999 (65535)	如果通信错误发生，变频器没有报警停止，这时变频器通过输入 MRS 或 RESET 信号，变频器（电动机）滑行到停止。当错误发生时，轻微故障信号（LF）送到集电极开路端子输出，用 P.190 ~ P.195 任一端子设定
P.122	通信校验时间间隔	0	不通信
		0.1 ~ 999.8	设定通信校验时间［s］间隔
		9999	如果无通信状态持续时间超过允许时间，变频器进入报警停止状态
P.123	等待时间设定	0 ~ 150ms	设定数据传输到变频器和响应时间
		9999	用通信数据设定
P.124	CR，LF 有/无选择	0	无 CR/LF
		1	有 CR，无 LF
		2	有 CR/LF

任务三 变频器与其他自动化设备通信实验

一、触摸屏与变频器的通信

实验目的：在触摸屏（GOT）上显示变频器的运行参数，通过触摸屏操作变频器正转、反转、停止，显示画面如图13-11所示。如果要修改变频器的参数，需通过PLC才能完成。

操作步骤：要完成上述任务，需经过下面几个步骤。

1）通过三菱GOT设计软件GT Designer，设计GOT画面，并确定画面中各单位与功能码、软元件的连接。

2）设置触摸屏的通道，使其与变频器相连。

3）设置触摸屏、变频器的通信参数，并且参数设置要一致。

（一）用GT Designer软件设计GOT画面

打开GT Designer软件，根据工程新建向

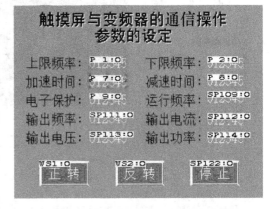

图13-11 触摸屏显示的变频器运行参数

导进行触摸屏的基本设置，使用RS-422口连接三菱A700变频器。触摸屏工程设置包括：通道、串行接口类型、连接机器等，如图13-12所示。

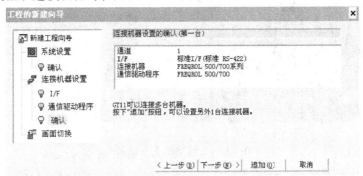

图13-12 触摸屏工程设置

接下来进入GT Designer软件设计GOT画面的主界面，如图13-13所示。

使用工具栏上的文本输入，在GOT主画面输入文本，如图13-14所示。

设定每个显示项目的连接软元件，见表13-8。

表13-8 触摸屏软元件参数

上限频率：P.1:0	运行频率：SP109:0	正传：WS1:0
下限频率：P.2:0	输出频率：SP111:0	反转：WS2:0
加速时间：P.7:0	输出电流：SP112:0	停止：SP122:0
减速时间：P.8:0	输出电压：SP113:0	
电子保护：P.9:0	输出功率：SP114:0	

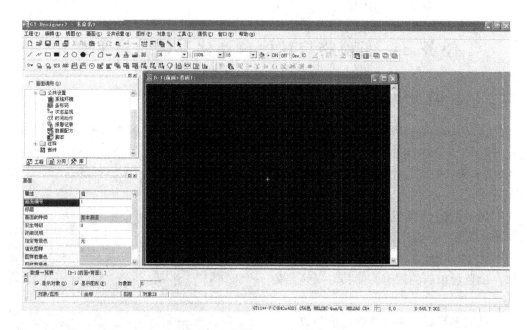

图 13-13 设计 GOT 画面的主界面

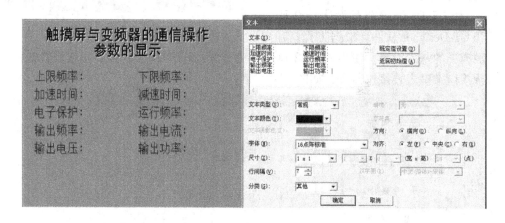

图 13-14 触摸屏文本输入

使用工具栏上的数值输入或数值显示,在触摸屏上建立显示项目与软元件的连接,如:在加速时间右侧放上数值输入框,如图 13-15a 所示,双击该框与 P . 7:0 的连接如图 13-15b 所示。

使用工具栏上的位开关画出正、反、停开关并进行软元件的连接,如图 13-16 所示。

(二)触摸屏的通道设置及其与变频器的连接

1. 各设备间的连接

个人计算机的通信口是 RS-232,三菱触摸屏接有两个通信口 RS-232、RS-422,变频器的通信口是 RS-485。用专用电缆连接个人计算机和触摸屏的 RS-232,触摸屏 RS-422 和变频器 RS-485 相连,如图 13-17 所示。

将设计、连接好的画面下载到触摸屏中。

在图 13-13 设计 GOT 画面的主界面中,按下菜单栏的"通信"按钮,选择"跟 GOT 通

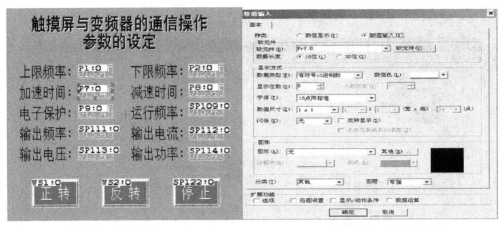

a) 触摸屏文本与软元件连接　　　　　　　　b) 加速时间与P.7:0的连接

图 13-15　数值输入项目与软元件的连接

a) 输出电流与软元件的连接

b) 正转按钮与软元件的连接

图 13-16　触摸屏显示项目与软元件的连接

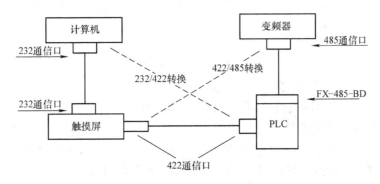

图 13-17　计算机、触摸屏、PLC、变频器间的通信

信"选项,进入图 13-18 的下载画面。

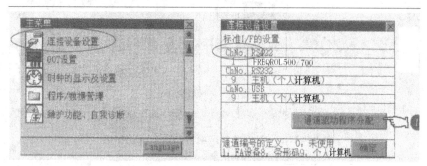

图 13-18 下载画面

2. 触摸屏通道设置

触摸屏通信口 RS-422 可以分配给变频器,也可以分配给 PLC,因此要进行设置,方法是:用手指压住触摸屏左(或右)上角 2s,弹出主菜单,如图 13-19a 所示,按下"连接设备设置"、"通道驱动程序分配",将 RS-422 分配给 FREQROL 系列变频器。

a) 触摸屏主菜单   b) 触摸屏通道设置

图 13-19 触摸屏通道设置

(三)设置触摸屏、变频器的通信参数

设置触摸屏、变频器的通信参数,参数设置应一致。

1. 设置触摸屏的通信参数

在图 13-19b 中,按下"FREQROL 500/700"进入"连接设备详细设置"页面,如图 13-20 所示,如果要修改参数,只需按下相应的参数栏就可以选择所需的参数值。

2. 变频器通信参数的设置

变频器通信参数见表 13-9。

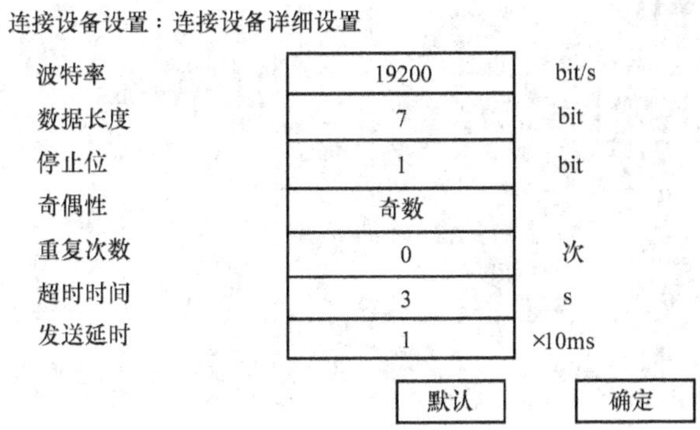

连接设备设置：连接设备详细设置

波特率	19200	bit/s
数据长度	7	bit
停止位	1	bit
奇偶性	奇数	
重复次数	0	次
超时时间	3	s
发送延时	1	×10ms

默认   确定

图 13-20 触摸屏通信参数的设置

表 13-9 变频器通信参数

PU 接口	通信参数	设定值	备注
P. 117	变频器站号	0	0 号变频器
P. 118	通信速度	192	通信波特率是 19.2bit/s
P. 119	停止位长度	10	7 位数据 1 位停止位
P. 120	是否奇偶校验	2	奇检验
P. 121	通信重试次数	9999	
P. 122	通信检查时间间隔	9999	
P. 123	等待时间设置	0	变频器设定
P. 124	CR、LF 选择	0	无 CR、无 LF
P. 79	操作模式	1	计算机通信模式
P. 342	EEPROM 保存选择	0	写入 ROM
P. 52	显示数据选择	14	输出功率

变频器的参数设置好后，要重新启动，设置的参数才能起作用。此时就可以在触摸屏上显示变频器的运行参数。

二、PLC 与变频器的通信

实验目的：在触摸屏上控制变频器正转、反转、停止、更改频率、读取频率，如图 13-21 所示。

操作步骤：要在触摸屏上向变频器写入参数，需通过 PLC 才能完成，其操作需经过下面几个步骤。

1）设置 PLC、变频器、GOT 的通信参数，并且参数设置要一致。

2）设置 PLC 的 I/O 分配表，以确定正反转各按钮与软继电器的连接编号。

根据通信协议格式为 PLC 编程，由 RS 指令发送给变频器。变频器根据 PLC 的通信请求，作出相应的操作。

（一）通信参数的设置

1. 变频器参数的设置

设置变频器的通信参数见表 13-10。

图 13-21　PLC 控制变频器运转

表 13-10　设置变频器的通信参数

PU 接口	通信参数	设定值	备注
P. 117	变频器站号	1	1 号变频器
P. 118	通信速度	192	通信波特率是 19.2kbit/s
P. 119	停止位长度	10	7 位数据/1 位停止
P. 120	是否奇偶校验	2	偶检验
P. 121	通信重试次数	9999	
P. 122	通信检查时间间隔	9999	
P. 123	等待时间设置	9999	通信设定
P. 124	CR、LF 选择	0	无 CR、无 LF
P. 79	操作模式	1	计算机通信模式

注：变频器参数设定后请将变频器的电源关闭，再重启，否则无法通信。

2. GOT 通信参数设置

GOT 通信参数设置参见图 13-20。

3. PLC 通信参数的设置

三菱 PLC 的通信格式是通过定义 D8120 的各位来实现的。PLC 通信格式见表 13-11。

表 13-11　PLC 通信格式

B15	B14	B13	B12	B11	B10	B9	B8	B7	B6	B5	B4	B3	B2	B1	B0
0	0	0	0	1	1	0	0	1	0	0	1	0	1	1	0
使用 RS 指令			保留	使用 F_{X2N}-485-BD 选用		无起始位 无停止位		波特率为 19.2kbit/s				1 位停 止位	偶数		7 位数据

注：1. 通信格式 D8120 = H0C96（即：无协议、无 SUM CHECK/RS-232、485F、无尾、无头、19200bit/s、1 停止、
偶校验、7 位数据长；不使用 CR 或 LF 代码）。

　　2. 发送通信数据使用脉冲执行方式（SET M8122），即 M8122 = 1 时，RS 指令向变频器发送。

（二）PLC 的 I/O、GOT 软元件分配表

PLC 的 I/O、GOT 软元件分配如图 13-22 所示。

画面中更改频率、当前频率、读取按钮的软元件的连接如图 13-23 所示。

也就是说：更改频率、当前频率的值分别存放在 PLC 的 D1000、D200 中，读取频率按钮
软元件的连接如图 13-24 所示。

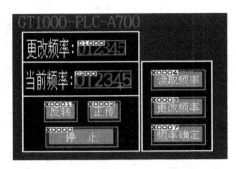

名称	位元件、数值	备注
Stop	X0	停止
REV	X1	正转
FWD	X2	反转
频率确定	X3	频率更改
读取频率	X4	频率读取

图 13-22　PLC 的 I/O、GOT 软元件分配

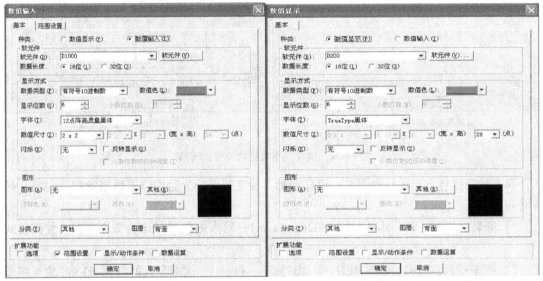

a) 更改频率与软元件的连接　　　　　　b) 当前频率与软元件的连接

图 13-23　更改频率、当前频率与软元件的连接

(三) PLC 编程

1. 三菱 FR-A700 变频器指令代码

三菱 FR-A700 变频器指令代码见表 13-12。

表 13-12　三菱 FR-A700 变频器指令代码

操作指令	指令代码（十六进制）	数据内容（十六进制）
正转	HFA	H02
反转	HFA	H04
停止	HFA	H00
运行频率写入	HED	H000 ~ H2EE0（50Hz：H1388）
运行频率读出	H6F	H000 ~ H2EE0

2. 数据定义

实现 PLC 程序对变频器运行控制，首先 PLC 给变频器一个通信请求，如图 13-5 所示。

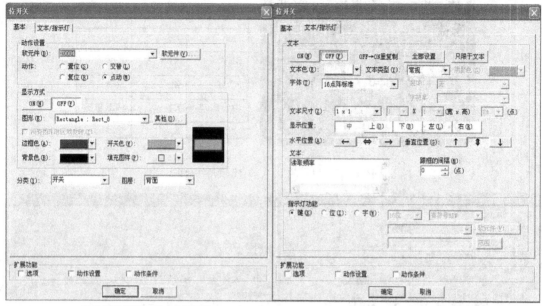

a) 读取频率按钮与软元件的连接　　　　　b) 读取频率按钮的文本输入

图 13-24　读取频率按钮软元件的连接

如：对 1 号变频器发出运行命令时，PLC 会给 1 号变频器一个通信请求数据的控制代码（等待时间为 10ms）。

1）正转：ENQ　01　HFA　1　H02　（sum）；写入的数据 H02 为 2 字节时，使用格式 A'。

2）频率写入：ENQ　01　HED　1　H1388　（sum）；请求写入的数据 H1388 为 4 字节时，使用格式 A。

3）读出频率：ENQ　01　HFA　1　（sum）；读出变频器数据时，使用格式 B。

上述控制代码必须用 ASCII 码表示。

PLC 的编程就是将上述各种格式的控制代码送入指定的寄存器，设

发送数据寄存器首地址（指针）：D10；

接收数据寄存器首地址（指针）：D33；

其中：ENQ 的代码（H05）→D10，变频器站号（01 的 ASCII 码）→D11 ~ D12，指令代码（参考表 13-12）→D13 ~ D14，等待时间（10ms）→D15，数据内容（参考表 13-12）→D16 ~ D19，更改频率写入值→D16 ~ D19，总和校验代码→D28。PLC 用 RS 指令将 D10 ~ D28 内容发送至变频器。PLC 的请求数据格式 A 中各字节含义见表 13-13。

当 M8122 被置位（SET　M8122）时，上述 PLC 的请求数据通过 RS 指令将被发送至变频器。

运行控制命令的发送（M8161 = 1，8 位处理模式）：

① 使用 RS 指令发送数据的首地址为 D10。

② 正转运行命令：发送数据的字节数为 K10（即 D10 ~ D19）。

频率写入命令：发送数据的字节数为 K12（即 D10 ~ D21）。

③ MOV H05 D10 是将 ENQ 的 ASCII 码送往 D10。

表 13-13　格式 A 中各字节含义

通信请求数据	控制代码 ASCII	第 1 字节（通信请求信号 ENQ）	第 2、3 字节（变频器 01 站号）	第 4、5 字节（指令代码）	第 6 字节（等待时间）	第 7、8 字节（数据内容）	第 9、10 字节（总和校验代码）
正转通信请求数据	ENQ 01 HFA 1 H02（sum）	MOV H05 D10	MOV H30 D11 MOV H31 D12	MOV H46 D13 MOV H41 D14（HFA）	MOV H31 D15（10ms）	MOV H30 D16 MOV H32 D17（H02）	CCD D11 D28 K9 求和（2~8 字节按 16 进制求和）→ D28 ASCI D28 D20 K2（D28 中数据低 8 位转换成 ASCII 码 → D20、D21）
运行频率写入通信请求数据	ENQ 01 HED 1 H1388（sum）			MOV H45 D13 MOV H44 D14（HED）		待写入的频率值（H1388）转换成 ASCII 码 → D16 ~ D19	

3. PLC 与变频器通信的参考程序框图

PLC 与变频器通信的参考程序框图如图 13-25 所示。

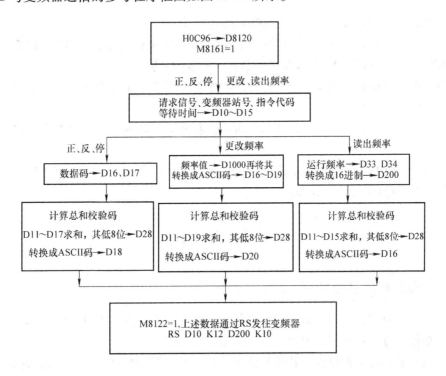

图 13-25　PLC 与变频器通信的参考程序框图

4. PLC 与变频器通信的参考程序

PLC 与变频器通信的参考程序如图 13-26 所示。

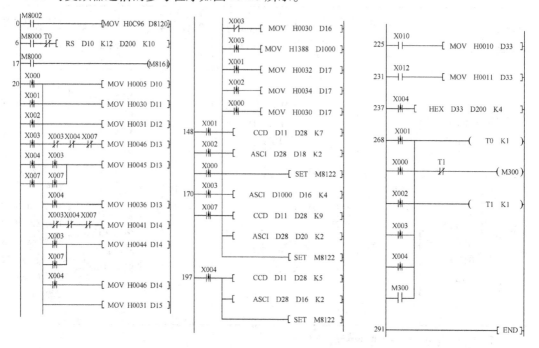

图 13-26　PLC 与变频器通信的参考程序

（四）计算机、触摸屏、PLC、变频器间的连接

1）如图 13-17 所示：将个人计算机、触摸屏 RS-232 通信口相连；PLC、触摸屏 RS-422 通信口相连，PLC 的附件 FX-485-BD 与变频器 RS-485 相连。

2）触摸屏通道设置：如图 13-19 所示，将触摸屏 RS-232 通道分配给个人计算机，触摸屏 RS-422 通道分配给 PLC。

3）触摸屏通信参数设置：如图 13-20 所示，将触摸屏的通信参数设置与 PLC、变频器一致。

4）将设计、连接好的 GOT 画面下载到触摸屏中，将调试好的 PLC 程序写入 PLC 中，此时就可以通过触摸屏修改变频器的参数了。

项 目 小 结

一、了解通信的基础知识

1）数据通信方式：并行通信、串行通信。传输方式有：同步传输、异步传输。

2）数据传送方向：单工、半双工、全双工。

3）奇偶校验：对于奇校验，若校验位为"1"，说明传输的数据 1 的个数为偶数。

4）串行通信接口标准：比较常见的标准串行通信接口有 RS-232、RS-422、RS-485，其中变频器通信多采用 RS-485。

二、变频器的 RS-485 通信内容

通信协议是指通信双方的一种约定。约定包括：数据格式、同步方式、传送速度、传送步骤、检纠错方式以及控制字符定义等问题做出统一规定，通信双方必须共同遵守。任何数据通信的开始都是由计算机发出请求。不同品牌的变频器发出的指令格式不尽相同，但主要的内容大致相当，主要包括：

1）控制代码（通信的目的是做什么操作）。

2）变频器站号。

3）等待时间（变频器收到请求数据和应答数据之间的等待时间）。

4）数据（PLC 发送到变频器中的具体内容）。

5）总和校验（通过一系列算术或逻辑操作将数据的所有字节组合起来，得到一个校验和值。以后可以通过相同的方法计算出校验和值并与上次计算出的值进行比较。若相等，说明数据没有改变；若不等，说明数据已经被修改了）。

三、三菱 PLC 串行数据通信

1. PLC 的通信格式通过定义 D8120 各位来完成。

2. PLC 通过 RS 指令进行发送、接收串行数据。在发送、接收前需要做以下工作：

1）确定发送数据的首地址（指针），将被发送数据存入对应寄存器。

2）确定接收数据的首地址（指针），这里存放着从变频器读出的数据。

四、变频器与其他自动化设备通信

1. 触摸屏（GOT）与变频器的通信

在触摸屏上显示变频器的运行参数，通过触摸屏操作变频器正转、反转、停止，显示画面如图 13-11 所示。如果要修改变频器的参数，需通过 PLC 才能完成。要完成上述任务，需经过下面几个步骤。

1）通过三菱 GOT 设计软件 GT Designer，设计 GOT 画面，并确定画面中各单位与功能码、软元件的连接。

2）设置触摸屏的通道，使其与变频器相连。

3）设置触摸屏、变频器的通信参数，并且参数设置要一致。

2. PLC 与变频器的通信

在触摸屏上控制变频器正转、反转、停止、更改频率、读取频率。要在触摸屏上向变频器写入参数，需通过 PLC 才能完成，其操作需经过下面几个步骤。

1）设置 PLC、变频器、GOT 的通信参数，并且参数设置要一致。

2）设置 PLC 的 I/O 分配表，以确定正反转各按钮与软继电器的连接编号。

3）根据通信协议格式为 PLC 编程，由 RS 指令发送给变频器。变频器根据 PLC 的通信请求，作出相应的操作。

思　考　题

1. 在工业控制领域中常采用哪种数据通信方式？

2. 奇偶校验有何意义？如何实现奇偶校验？

3. 异步数据传送中，PLC 与外设之间必须要规定的有哪几项？

4. 串行通信接口标准有哪几种？PLC 与变频器的通信使用哪一种接口？

5. 通信协议是什么？它主要包括哪些内容？

6. PLC 发送到变频器的通信请求数据有哪几种格式，分别用在哪种场合？

7. PLC 向变频器发出的指令格式通常包含哪几部分内容？

8. 如何定义 PLC 的通信格式，如何定义变频器的通信格式？

9. PLC 通过 RS 指令向变频器发送串行数据前需要做哪些工作？

10. 如果要显示、更改变频器的参数，需要使用哪几种设备？在操作上经过哪几个步骤？

项目十四 高压变频及其应用

一、学习目标

1. 了解高压变频器的概念和应用领域。
2. 了解高压变频器的构成和工作原理。
3. 了解高压变频器的常见功能。
4. 了解高压变频器的操作界面。

二、问题的提出

根据国家标准 GB/T 12497—2006《三相异步电动机经济运行》可知，额定容量大于 200kW 的电动机宜优先选用高压电动机，因此高压大容量电动机用量较大。根据统计，它们绝大多数是风机、水泵类负载，其节能潜力巨大。随着低压变频技术的成熟和普及，高压变频也越来越多地得到了认可，高压变频器通常指电压等级在 1kV 以上的大容量变频器。高压变频器的组成、控制原理、操作方式及成熟应用就是我们所关心的问题。

任务一 高压变频器的组成原理

一、高压变频器的分类

根据高压变频器有无直流环节，可以分为交—交变频器和交—直—交变频器；根据直流环节滤波元件的性质又可以分为电流型变频器和电压型变频器，如图 14-1 所示。电压型变频器又可以分为：功率器件串联直接高压二电平变频器，单元串联多重化变频器等。

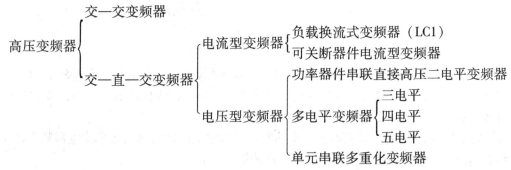

以上各种变频器都有一些应用，本文着重介绍交—交变频器、三电平变频器及单元串联多重化变频器这三种变频器。

1. 交—交变频器

交—交变频器是采用晶闸管实现的无直流环节的由交流到交流的变频器。三相高压电经隔离变压器分别给三相晶闸管组供电，每相晶闸管组为三相输入单相输出。当电压在 3kV

以下时，每相要用 12 只晶闸管，如图 14-2 所示，三相要用 36 只；当电压超过 3kV 时，晶闸管必须串联使用，所用的晶闸管要成倍增加。交—交变频器与电动机可形成图 14-2a 所示的星形接法或图 14-2b 所示的三角形接法。

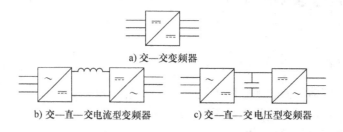

a) 交—交变频器

b) 交—直—交电流型变频器   c) 交—直—交电压型变频器

图 14-1 采用不同直流环节的高压变频器框图

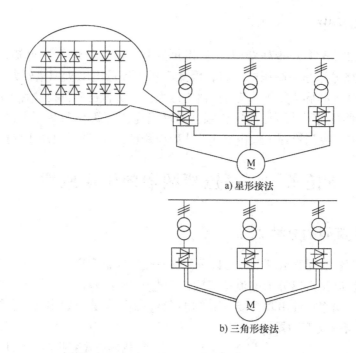

a) 星形接法

b) 三角形接法

图 14-2 交—交变频器主电路结构

交—交变频器的优点是：可用于驱动同步和异步电动机；堵转转矩和保持转矩大；动态过载能力强；可四象限运行；电动机功率因数可为 $\cos\phi = 1$；极佳的低速性能；弱磁工作范围广；转矩质量高；效率高。

其缺点是：功率因数与速度有关，低速时功率因数低；最大输出频率为电源频率的 $1/n$（$n = 2$，3，$\cdots$）；最大转速小于 500r/min；网侧谐波大。

交—交变频器适用于轧钢机、船舶主传动和矿石粉碎机等低速转动设备。

2. 中性点钳位三电平 PWM 变频器

在 PWM 电压型变频器中，当输出电压较高时，为了避免器件串联引起的静态和动态均压问题，同时降低输出谐波的影响，逆变器部分可以采用中性点钳位的三电平方式（NPC）。逆变器的功率器件可采用高压 IGBT 或 IGCT。ABB 公司生产的 ACS1000 系列变频器为采用新型功率器件——集成门极换流晶闸管（IGCT）的三电平变频器，输出电压等级有 2.2kV、3.3kV 和 4.16kV。图 14-3 所示为 ACS1000 三电平电压型变频器的主电路结构图。

整流电路为 12 脉波整流电路。它由两个整流桥组成，输入这两个整流桥的交流电要有 30°的相位差，为满足这个要求，电源变压器二次侧必须有两套绕组：一套绕组为三角形接法；另一套为星形接法。三电平变频器主电路如图 14-3 所示。

三相逆变器每个桥壁由 4 个 IGCT 组成。上面两管导通，输出电压为直流电压正半周（+）；下面两管导通，输出电压为直流电压负半周（-）；中间两管导通，输出电压为 0。这样输出相电压有三个电平，三电平变频器因此而命名。

中性点钳位二极管作用是，当中性点有电压时，能通过二极管及靠近母线的 IGCT 形成回路，将该电压经过直流母线给直流电容充电。

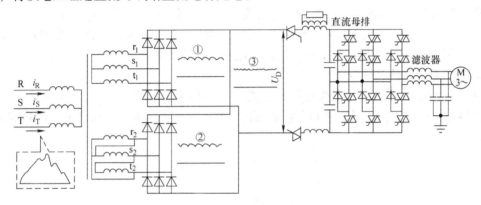

图 14-3　三电平电压型变频器主电路图

3. 单元串联多重化电压型变频器

单元串联多重化技术是一种利用多个三相输入、单相输出的功率单元模块串联而实现高压输出的技术。高压变频器组成框图如图 14-4 所示。U 相就是由 $A_1 \sim A_5$ 5 个功率单元模块串联组成的。

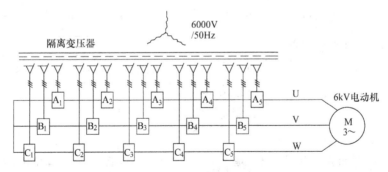

图 14-4　高压变频器组成框图

功率为 315～10000kW 的完美无谐波（Perfect Harmony）高压变频器，无须输出变压器，实现了直接 6kV 或 10kV 高压输出，输入功率因数可达 0.95 以上，总体效率（包括输入隔离变压器在内）高达 97%。这种变频器对电动机无特殊要求，可用于普通笼型电动机，对输出电缆长度也无特殊限制；且具有体积小，安装方便等优点，是目前整体尺寸最小的变频器。因此得到了广泛使用。下面以这种变频器为例，介绍高压变频器的构成及使用。

二、单元串联高压变频器的构成

1. 单元串联高压变频器主电路

高压变频器采用隔离变压器和电力电子部分集成一体式设计，隔离变压器的二次侧有 N 套绕组，降压后给 N 个功率单元供电。功率单元为三相输入、单相输出的交—直—交 PWM 电压型逆变器结构，相邻功率单元串联起来，形成星形结构，实现变压变频的高压输出，供给高压电动机。以 6 kV 输出电压等级为例，每相由 5 个额定电压为 690V 的功率单元串联而成，输出相电压最高可达 3450V，线电压达 6kV 左右，改变每相功率单元的串联个数或功率单元的电压等级，就可以实现不同电压等级的高压输出。其设计原理如图 14-5 所示。功率单元之间及变压器二次绕组之间相互绝缘。二次绕组采用延边三角形接法，实现多重化，以达到降低输入谐波电流的目的。对 6kV 电压等级变压器来说，给 15 个功率单元供电的 15 个二次绕组，每 3 个一组，分为 5 个不同的相位组，互差 12° 电角度，形成 30 脉冲的整流电路结构，可有效抵消 29 次以下的谐波，输入电流波形接近正弦波。

2. 功率单元模块工作原理

总体上来说，功率单元模块是一个三相输入单相输出的交—直—交 PWM 电压型变频器，按照交—直—交变频器的结构，它应该具有整流和逆变模块。功率单元示意图如图 14-6 所示。

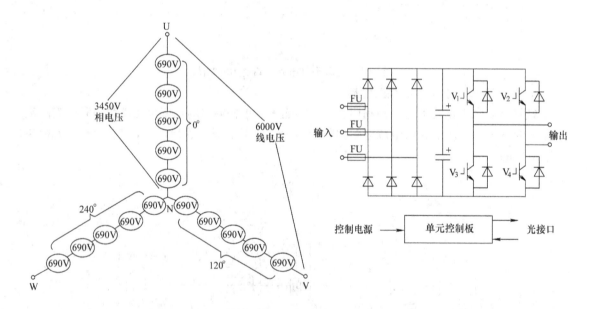

图 14-5　单元串联高压变频器原理　　　　图 14-6　功率单元示意图

它是由熔断器、三相桥式整流器、直流滤波电容及 IGBT 单相全桥逆变器组成的电压型功率单元。整流输出经滤波电容形成平直的直流电，该单元中的直流滤波电容要足够大。再经过四个 IGBT 构成的 H 形单相逆变桥，实现 PWM 控制。逆变器为基本的交—直—交单相逆变电路，通过 IGBT 逆变桥进行正弦 SPWM 脉宽调制。通过控制电力电子器件的通断时间及通断次序将直流电压转换为一系列宽度不等的矩形电压脉冲。

IGBT V_1 和 V_4 导通，逆变器输出电压为 U +。

IGBT V_2 和 V_3 导通，逆变器输出电压为 U － 。

IGBT V_1 和 V_2 或 V_3 和 V_4 导通，逆变器输出电压为 0。

IGBT V_1 和 V_3，V_2 和 V_4 不能同时导通。

逆变器输出采用多电平移相式 PWM 技术，同一相的功率单元输出相同幅值和相位的基波电压，但串联各单元的载波之间互相错开一定电角度，实现多电平 PWM，叠加以后输出电压的等效开关频率和电平数大大增加，输出电压非常接近正弦波。

主电路中各部分的协调工作及输入、输出的控制均属于高压变频器的控制电路。高压变频器控制框图如图 14-7 所示。

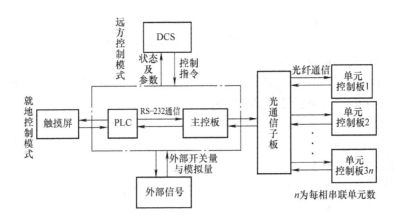

图 14-7　高压变频器控制框图

3. 控制电路的工作原理

（1）主控系统　主控系统包括主控板及光通信子板。它主要完成开关量输入输出，模拟量输入输出，各功率模块的 PWM 开关信号（逆变管的开关点）的生成，控制信号的编码和解码，以便于通过光纤来传送和接收控制信号。对系统进行自诊断，发出各种执行指令，综合和处理各种故障，与外部系统进行通信等功能。

主控板和光通信子板之间通过硬件插座进行数据传输。光通信子板通过光纤与功率模块上的控制板件进行通信和控制，向各个功率模块传输 PWM 开关信号，并返回各个功率模块状态信息。该光纤是功率模块与主控系统的唯一连接，因而高压变频器的主电路与主控系统是完全电气隔离的。主控系统板件采用整体设计，避免大量接插件，主控系统安装在整体屏蔽的机箱内，提高了系统的抗干扰能力。

（2）电气控制系统　电气控制系统包含电源部分、逻辑控制部分（包括 PLC 和电气控制元件）及人机界面。PLC 主要完成对变频器输入输出信号控制，对外围电气的控制、保护、联锁，外部故障检测，与主控系统进行通信，控制人机界面等。

人机界面通过与 PLC 相连，主要完成功能参数的设定，系统状态、运行状态，故障的显示和记录等功能，操作方便。

主控板和 PLC 之间采用 RS-232 串行通信。上位控制系统通过用户 I/O 端子发出控制命令，如控制变频器的运行/停机、复位等，同时接收变频器的反馈状态及工作参数，如运行状态、故障信息及运行频率等。

三、高压变频器的应用领域

下面介绍应用高压变频器最多的行业。

1. 火电（热电）厂的各类风机、水泵

如：送风机、引风机、一次风机、排粉机、增压风机、凝结水泵、给水泵、循环水泵及灰浆泵。

2. 炼钢、炼铁行业的各类风机

如：转炉除尘风机、高炉除尘风机、转炉吸风机、高炉鼓风机、烧结主轴风机及制氧站空气压缩机。

3. 水泥行业的各类风机

窑尾高温风机、窑尾风机、窑头风机、辊压风机及生料风机。

4. 冶金行业的各类风机、泵

如：AC 风机、接力风机、循环水泵、预转化风机、干燥排风机、排烟机、高压泵电动机、渣浆泵、循环泵、ID 风机及隔膜泵风机。

5. 化工行业

搅拌机、循环水泵。

6. 市政项目的各类水泵

生活用水水泵、工业用水水泵、污水泵、净水泵及清水泵等。

7. 石油行业的各类泵

油田注水泵、循环水泵、主管道泵、潜水泵、引风机、卤水泵、除垢泵及泥浆泵等。

任务二　高压变频器的操作及常见功能

一、常见产品界面介绍

下面以广东明阳龙源电力电子公司生产的单元串联多重化系列高压变频器为对象，介绍高压变频器的柜体配置。尽管变频器的电压等级、功率、型号以及其他因素不同，其柜体配置有所不同，但主体结构基本都包括旁路柜、变压器柜、功率单元模块柜及控制柜。图 14-8 为典型的高压变频器柜体排列图。单元串联多重化系列高压变频器的主要组件包括旁路柜、变压器柜、功率单元模块柜及控制柜等。

1. 旁路柜

该柜的主要作用是：在变频方式运行时，高压电源线从该柜进入变频器变压器柜，到电动机的输出电源线也从该柜引出。在变频器故障情况下执行工频旁路功能，即从变频状态切换至工频状

控制柜　　功率单元模块柜　　　变压器柜　　旁路柜

图 14-8　典型的高压变频器柜体排列图

态。

2. 变压器柜

该柜的主要作用是：为功率单元提供电源。柜内装有移相变压器，一次绕组为高压直接输入，N个二次绕组为N个功率模块提供交流输入电压。二次绕组通过移相技术，对电网谐波污染小，使电网输入侧的谐波总量降低到4%以下。变压器柜内部结构图如图 14-9 所示。

3. 功率单元模块柜

该柜的主要作用是：装有模块化设计的多个功率模块，每个功率模块为三相交流输入，单相逆变输出，输入分别接移相变压器的二次侧输出，每相功率模块

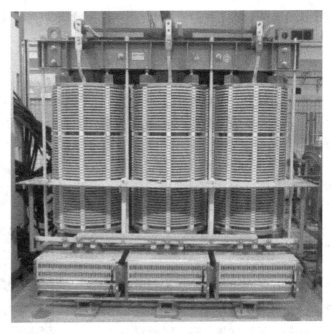

图 14-9　变压器柜内部结构图

输出串联后构成逆变主回路，输出高压正弦波直接驱动高压电动机。功率单元模块柜内部结构图如图 14-10 所示。

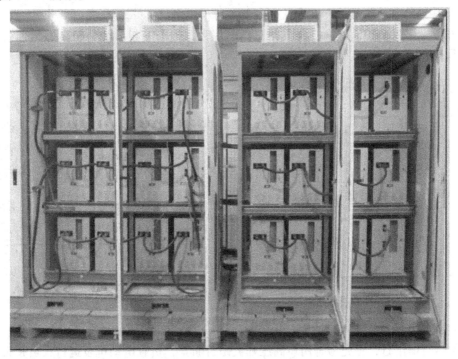

图 14-10　功率单元模块柜内部结构图

4. 控制柜

控制柜内装有变频器的控制系统，包括主控系统、电气控制系统以及用户 I/O 端子。控

制柜担负着变频器工作的指挥中心作用，具备用户所需要的各类通信、远控功能。

二、高压变频器的操作

（一）一般操作

本文以广东明阳龙源电力电子公司生产的 MLVERT-D 系列高压变频器为例介绍其操作过程。该变频器采用的西门子触摸屏 TP277 为显示界面，正常情况下显示界面如图 14-11 所示。

1）输入给定频率，按下"变频运行"按钮后，系统变频起动直至给定频率，此时会显示出变频器的一些运行参数。

2）按下"功能选择"按钮，将会弹出功能选择画面，如图 14-12 所示。

如果想监测变频器状态，请按下"状态监视"按钮；如果想查看变频器历史故障记录，请按下"历史故障"按钮；按"回主画面"按钮，触摸屏将回到主画面状态。

（二）以一拖一手动旁路柜系统为例介绍变频器操作过程

1. 操作注意事项

1）请仔细检查全部接线，并确认变频器前后柜门全部关好。

2）确认 AC220V 控制电源已合上并且供电正常，整个变频系统处于良好的预备工作状态，如图 14-13 所示。

图 14-11 显示界面

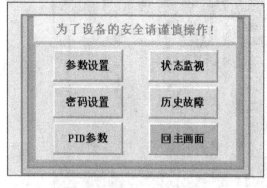

图 14-12 功能选择画面　　　　　　图 14-13 预备工作状态

2. 变频运行操作

变频运行操作时，首先检查用户高压开关是否断开，负载电动机及运行人员是否准备就绪。

1）用柜门专用钥匙将旁路柜左侧柜门打开。

2）用操作专用手柄分开 QS_1，然后依次合上 QS_2、QS_3，如图 14-14 所示，实现变频运行。

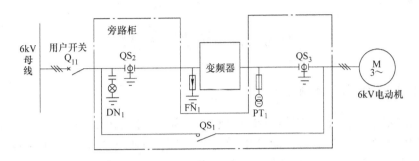

图 14-14   变频器一次回路

变频器一次回路由三个隔离开关 $QS_1 \sim QS_3$ 和原有设备组成。6kV 电源经隔离开关 QS_2 到高压变频装置，变频装置输出经隔离开关 QS_3 送至电动机，电动机变频运行；6kV 电源还可经隔离开关 QS_1 直接起动电动机，电动机工频运行。QS_1 与 QS_3 装置电气互锁，旁路柜系统满足"五防"联锁要求。高压开关 Q_{11} 与电动机为原有设备。另外，图中 DN_1 为电源指示，FN_1 为避雷器，PT_1 为电压互感器。

3）各开关操作完成之后，触摸屏上的"系统就绪"红色指示灯闪烁，如图 14-15 所示。

延时 5min 后，触摸屏上"请合高压"红色指示灯闪烁，这时把用户高压开关合上，用户高压开关合上后，触摸屏上"系统等待"红色指示灯闪烁。延时 30s 后，触摸屏上"请求运行"红色指示灯闪烁，如图 14-11 所示，此时就可以根据实际工况需要设定频率，起动"变频运行"按钮。

3. 手动工频运行

工频运行操作（单个旁路柜系统），首先检查用户高压开关是否断开，负载电动机及运行人员是否准备就绪。

1）用柜门专用钥匙将旁路柜左侧柜门打开。

2）用操作专用手柄依序分开开关 QS_3、QS_2；然后合上 QS_1，如图 14-14 所示。

3）各开关操作完成之后，触摸屏显示画面上"请合高压"红色指示灯闪烁。

4）这时把高压开关合上，负载电动机工频起动，触摸屏上"工频运行"红色指示灯闪烁，如图 14-16 所示。

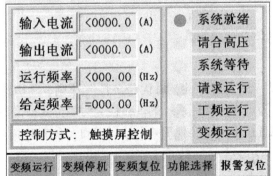

图 14-15   "系统就绪"红色指示灯闪烁

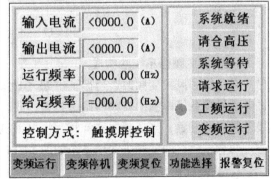

图 14-16   "工频运行"红色指示灯闪烁

任务三　应用举例

一、发电厂引风机变频改造

随着能源问题日益突出，节能问题愈来愈受到重视。据统计，目前全国各类电动机年耗电量约占全国总发电量的65%，而其中大功率风机、泵类年耗电量约占工业总耗电量的50%，最大限度地降低风机、泵类等设备的耗电量对于节能具有重要意义。

发电厂既是电能的生产者，又是电能的消费者，由于电力体制改革中厂网分开、竞价上网的出现，厂用电率已成为发电厂考核的重要指标，直接关系到电厂的经济效益和竞争力。风机是火力发电厂重要的辅助设备之一，提高风机的运行效率对降低厂用电率具有重要的作用。传统的风机风量控制大多是通过调节挡板的开度来实现，风机及电动机运行在低效率工作区，能源浪费严重，同时工频直接起动对电动机和电网的电流冲击很大，并容易造成电动机笼条松动、有开焊断条的危险。

基于以上原因，某热电厂对其中一套6kV引风机系统进行了高压变频改造，如图14-17所示。图中给水泵负责将冷水注入锅炉，送风机提供锅炉煤炭燃烧需要风量，煤炭燃烧产生的烟气通过除尘器后由引风机经烟囱排到室外。未进行变频改造前，根据负荷的变化，引风机通过挡板调节排风量，通过对引风机实施了变频改造后，节约了大量的电能，改善了工艺过程，电动机实现了软起动，延长了设备的使用寿命，减少了维修量，取得了预期的效果。

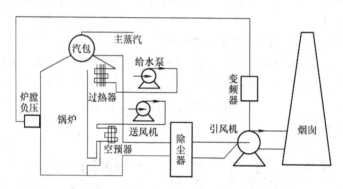

图 14-17　引风机变频改造系统图

1. 高压变频器系统的构成

对电厂引风机变频改造遵循了"最小改动，最大可靠性，最优经济性"原则，为引风机电动机配备了单独的变频器调速装置，同时为了充分保证系统的可靠性，为每台变频器加装工频旁路装置，当变频器异常时，将电动机直接手动切换到工频下运行，确保系统正常工作。每台电动机的变频方案示意图如图14-14所示。

2. 参数设置

变频器根据应用案例的不同，有些功能参数需要设置，本案例需设置的参数见表14-1，可进入触摸屏的功能选择画面，如图14-12所示，按下"参数设置"按钮进行设置。

表 14-1　引风机变频器参数设置表

功能号	功能意义	出厂值	单位	说　明
106	升频点	20.00	Hz	
107	降频点	20.00	Hz	
117	给定频率阈值	0	Hz	设定频率，必须大于这个阈值才有效
118	升频点下加速时间（从 0 ~ F_UP）	60.0	s	频率从 0 ~ 20Hz 所需时间
119	升频点上加速时间（从 F_UP ~ FMAX）	120.0	s	频率从 20 ~ 50Hz 所需时间
120	降频点下减速时间（从 F_DN ~ 0）	60.0	s	频率从 20 ~ 0Hz 所需时间
121	降频点上减速时间（从 FMAX ~ F_DN）	120.0	s	频率从 50 ~ 20Hz 所需时间
122	升降频时间最低限（从 0 ~ FTURN）	60.0	s	升速或降速时间限制
219	输入线电流量程（有效值）	80.0	A	根据主板的采样电压以及霍尔参数设定
220	输出线电流量程（有效值）	80.0	A	
223	额定过载检测电流	100.0	A	一般设定为额定电流的 1.2 倍
224	额定过载倍数	1.20		
225	额定过载倍数电流的允许过载时间，范围 1 ~ 255	60	s	

说明：风机在起动时，为了满足排烟需要，要求风机在较快的时间达到一定的风量，之后风机升速的时间可以放慢，这个分界点就是升频点。同样，风机在停止时，也需要将降频速率分成两段，这个分界点就是降频点。通过实验，本案例升频点及降频点都为 20Hz。

3. 应用效果

该热电厂引风机经过变频改造后提高了运行的自动化程度，减少了大量电能损耗，较大程度地降低了运行成本，取得了较好的经济效益和社会效益。下面以其引风机实际运行数据为例，说明节能效果。引风机运行数据见表 14-2。

表 14-2　引风机运行数据

机组负荷/MW	200	180	160	140	120	100
变频方式下进线电流/A	40	29	24	21	18	15
工频方式下进线电流/A	82	79	78	76.5	75	73.5

变频方式下，输入侧功率因数保持在 0.96 以上，这里取 0.96。工频方式下电动机工作在额定功率下的功率因数取 0.85，由于风板开度减小后电动机效率降低，电动机功率因数亦减小，取平均功率因数为 0.68，且每天以 100 ~ 200MW 负荷点各运行 4h。

则引风机变频方式下一天消耗的电能为

$$W_1 = 1.732 U I \cos\varphi_1 T = 1.732 \times 6 \times (40 + 29 + 24 + 21 + 18 + 15) \times 0.96 \times 4 \mathrm{kW \cdot h}$$
$$= 5866.08 \mathrm{kW \cdot h}$$

引风机工频频方式下一天消耗的电能为

$$W_2 = 1.732 U I \cos\varphi_2 T = 1.732 \times 6 \times (82 + 79 + 78 + 76.5 + 75 + 73.5) \times 0.68 \times 4 \mathrm{kW \cdot h}$$
$$= 13115.54 \mathrm{kW \cdot h}$$

考虑变频器室的空调、照明及变频器自身损耗，按 20kW 计算，则每天耗电为

$$W_3 = 20 \times 24 \mathrm{kW \cdot h} = 480 \mathrm{kW \cdot h}$$

则引风机采用变频方式运行后，一天可节电：

$$W = W_2 - W_1 - W_3 = (13115.54 - 5866.08 - 480)\text{kW} \cdot \text{h} = 6769.46\text{kW} \cdot \text{h}$$

若按全年统计，节能效果非常显著。同时，引风机的无功耗能亦大幅降低，这里不再一一计算。并且变频运行后挡板全开，电动机基本保持在高效点，运行效率也大大提高。

二、高压变频器在冶金企业中的应用

某炼钢公司四炼钢厂设置 7# 和 8# 两个炼钢电炉，每个电炉配置除尘风机一台（配套电动机功率为 1600kW），电炉除尘风机需要六种风量来适应电炉炼钢工艺要求。炼钢电炉在正常的冶炼过程中，一个冶炼周期分为如下时间段：①加铁水 3min；②装料 3min；③供电 21min；④供电供氧 30min；⑤等样 5min；⑥出钢 5min；⑦堵眼 3min，总共为 70min。其中 ①、②、⑤、⑥、⑦ 五个时间段烟尘较少，除尘风机可以低速运行，低速运行时间共为 19min，占总冶炼周期的 27%。考虑风机本身的加减速过程，低速运行的时间比重按 20% 计算。按冶炼工艺要求，烟尘较大时需要 120 万 m³/h 的风量，由 1600kW 风机全速运行，提供 85 万 m³/h 的风量，另配 560kW 风机全速运行，提供 35 万 m³/h 的风量。烟尘较小时，如需 80 万 m³/h 的风量，可由 560kW 风机全速运行，提供 35 万 m³/h 的风量，由 1600kW 风机调速运行，提供 45 万 m³/h 的风量（为额定风量的 52.9%）。风机高低速运行时间可按图 14-18 所示进行分配。

$t_1 \sim t_2$ 为加铁水和装料时间（低速）、$t_3 \sim t_4$ 为供电和供电供氧冶炼时间（高速）、$t_5 \sim t_6$ 为等样、出钢、堵眼时间（低速）、t_2 为炉前生产现场采集的电炉送电和送氧信号开始由低速升至高速的升速点、t_4 为炉前生产现场采集的电炉停送电和停送氧信号开始由高速减速至低速的减速点。

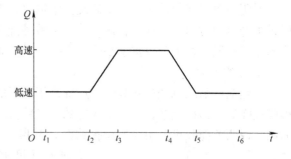

图 14-18　风机高低速运行时间分配

为满足生产变化的需要，电炉除尘风机在低速段暂定五种风量来适应电炉炼钢工艺要求。图 14-19 所示为五种风量对应的不同低速段。$t_A \sim t_B$、$t_Q \sim t_R$ 为低速的第一低速段（最低速），$t_B \sim t_P$ 为低速段第五低速段（最高速）。$t_B \sim t_D$ 为第二个低速段，其中 $t_B \sim t_C$ 为风机升速时间；$t_D \sim t_F$ 为第三个低速段，其中 $t_D \sim t_E$ 为风机升速时间；$t_F \sim t_H$ 为第四个低速段，其中 $t_F \sim t_G$ 为风机升速时间；$t_H \sim t_J$ 为第五个低速段，其中 $t_H \sim t_I$ 为风机升速时间；风机升速时可以根据需要跨越任一升速点；在 t_J 点风机开始减速。$t_J \sim t_L$ 为第五个低速段转换为第四个低速段，其中 $t_J \sim t_K$ 为风机减速时间；$t_L \sim t_N$ 为第四个低速段转换为第三个低速段，其中 $t_L \sim t_M$ 为风机减速时间；$t_N \sim t_P$ 为第三个低速段转换为第二个低速段，其中 $t_N \sim t_O$ 为风机减速时间；$t_P \sim t_R$ 为第一低速段，其中 $t_P \sim t_Q$ 为风机减速时间；$t_Q \sim t_R$ 为低速段的第一低速段（最低速）。

为了提高风机的运行效率，对该电炉除尘风机进行变频调速改造，采用 2250kVA/6kV 变频器，外加自动工频旁路开关柜，一次回路如图 14-20 所示。加减速时间可以按工艺要求设定。

变频器一次回路由三个高压真空接触器 $KM_1 \sim KM_3$ 和两个高压隔离开关 QS_1 和 QS_2 组成。6kV 电源经高压隔离开关 QS_1、真空接触器 KM_2 到高压变频装置，变频装置输出经真空

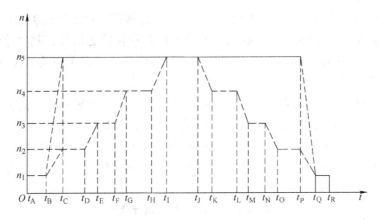

图 14-19 五种风量对应的低速段

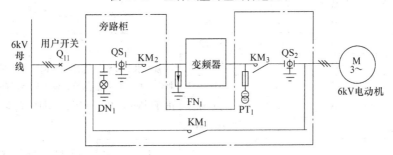

图 14-20 高压变频调速装置主回路(一拖一)方案

接触器 KM$_3$、高压隔离开关 QS$_2$ 送至电动机,电动机变频运行;6kV 电源还可经真空接触器 KM$_1$ 直接起动电动机,电动机工频运行。KM$_1$ 与 KM$_3$ 电气互锁,保证任何时候不能同时合闸。隔离开关 QS$_1$、QS$_2$ 作用是:隔离变频器进行维护,保证维护人员安全,非维护期两个隔离开关处于合状态。高压开关 Q$_{11}$ 与电动机为原有设备。

除尘风机变频器参数设置见表 14-3。

表 14-3 除尘风机变频器参数设置表

功能号	功能意义	出厂值	单位	说 明
106	升频点	15.00	Hz	
107	降频点	15.00	Hz	
117	给定频率阈值	0	Hz	设定频率时,必须大于这个阈值才有效
118	升频点下加速时间(从 0 ~ F_UP)	60.0	s	频率从 0 ~15Hz 所需时间
119	升频点上加速时间(从 F_UP ~ FMAX)	240.0	s	频率从 15 ~50Hz 所需时间
120	降频点下减速时间(从 F_DN ~0)	60.0	s	频率从 15 ~0Hz 所需时间
121	降频点上减速时间(从 FMAX ~ F_DN)	240.0	s	频率从 50 ~15Hz 所需时间
122	升降频时间最低限(从 0 ~FTURN)	60.0	s	升速或降速时间限制
219	输入线电流量程(有效值)	220.0	A	根据主板的采样电压以及霍尔参数设定
220	输出线电流量程(有效值)	220.0	A	
223	额定过载检测电流	270.0	A	一般设定为额定电流的1.2倍
224	额定过载倍数	1.20		
225	额定过载倍数电流的允许过载时间,范围1 ~255	60	s	

变频器与炼钢厂现场接口：就地操作箱上包括起停按钮、状态运行指示；炉前操作台包括高速按钮、低速1~5挡按钮；变频器向就地操作箱提供状态信号；就地操作箱向变频器提供远控指令；炉前操作台向变频器提供工况转速指令。以上开关量均采用无源触点输出，触点容量均为AC220V/3A。

变频器与炼钢厂PLC控制系统接口：炼钢厂PLC为西门子S7-300，变频器内置PLC为西门子S7-200，通信时以炼钢厂PLC作为主站，变频器PLC作为从站，实现数据通信；变频器需上传到炼钢厂PLC的信息包括：故障报警（综合）、高压合闸允许、高压紧急分断、模拟量信号、变频器运行频率及变频器输入电流（4~20mA电流源，带载能力大于500Ω）。

变频改造后的运行情况见表14-4。

表14-4　变频改造后的运行情况

速度点	电动机转速 /（r/min）	变频器频率 /Hz	输入电流 /A	输出电流 /A	运行情况
1	225	15	6.69	55.22	
2	375	25	20.50	66.91	加铁水、装料、等样、出钢、堵眼时间段烟尘较少，除尘风机可以低速运行，低速运行时间共19min，占总冶炼周期的27%，需要大风机供给45万 m^3/h 的风量
3	375	25	20.50	66.91	
4	525	35	32.42	99.09	
5	645	43	94.40	126.90	
6	750	50	178.10	201.60	供电、供电供氧时间段烟尘较多，除尘风机需要高速运行，高速运行时间为51min，占总周期的73%，需要大风机全速运行，供给85万 m^3/h 的风量

通过运行结果表明，电炉除尘风机未进行变频调速以前，在各种工况下的电动机电流为180A；采用变频调速后，除尘风机在低速段平均节电率可达47.5%以上。

项 目 小 结

本项目介绍了高压变频器的构成、原理、操作及应用。

一、高压变频器的组成及原理

1. 高压变频器的分类

根据高压变频器有无直流环节，可以分为交—交变频器和交—直—交变频器；根据直流环节滤波元件的性质又可以分为电流型变频器和电压型变频器。电压型变频器则可以分为：功率器件串联直接高压二电平变频器；单元串联多重化变频器等。

2. 单元串联高压变频器的构成

单元串联高压变频器为采用多个低压的功率单元串联实现高压输出的变频器。其输入侧采用降压变压器给每个功率单元供电，输出侧采用功率单元串联，可适用任何电压等级的普通电动机。

3. 高压变频器的应用领域

高压变频器主要应用在电力、冶金、石油、化工等行业的风机、水泵等负载中。

二、高压变频器的操作及常见功能

1. 高压变频器常见界面介绍

高压变频器主要由控制柜、功率单元模块柜、变压器柜及旁路柜组成。

2. 高压变频器的操作

本项目以西门子 TP277 触摸屏为操作界面，介绍了单元串联高压变频器的操作。

三、高压变频器的应用实例

本项目以发电厂引风机及炼钢厂电炉除尘风机的变频改造为例，介绍了高压变频器的典型应用。

思　考　题

1. 简述三电平高压变频器的特点。
2. 简述单元串联多重化高压变频器的特点。
3. 试述常用高压变频器主电路整体工作原理。
4. 简述常用高压变频器控制电路工作原理。
5. 简述高压变频器的应用领域和主要用途。

附　　录

附录 A　简易实验台的制作

由于变频器课程开设得还不普遍，所以变频器的实验台也很难买到。即使能买到，价格也很高。如果只是想要让学生们验证一下变频器的基本功能和基本运行方式，不带负载也是可以的。不带负载的实验台制作起来比较简单，下面介绍一种最简单的实验台的制作方法。

一、需要的材料和元器件

1）木板一块：$70 \times 60cm^2$。

2）变频器一台：容量为 0.4kW 或 0.75kW。

3）交流电压表两块：量程为 450V。

4）直流电流表一块或直流电压表一块：作为频率表使用，其量程需查看变频器说明书。

5）电位器一只：作为外部频率给定，其阻值需查看变频器说明书。

6）万能转换开关一只、钮子开关四只、小红黑接线柱若干。

7）断路器（Q）一只：容量为 5A。

8）信号灯一只。

二、实验台的制作

实验台的面板布置图如图 A-1 所示。

实验台的电路原理图如图 A-2 所示。

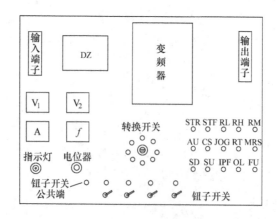

图 A-1　实验台的面板布置图

1）按照图 A-1 将各元器件摆放到位，再按照图 A-2 将断路器、电压表 V_1、V_2 和变频器连接起来。

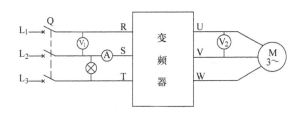

图 A-2　实验台的电路原理图

2）将变频器的常用控制端子都引到实验台面板上，每个控制端子和一个接线柱相连。实验台下部有四个钮子开关，每个钮子开关的一端与相对应的接线柱相连，另一端连在一起接到了公共接线柱上。转换开关的周围也同样接有很多接线柱。

3）电位器和作为频率表使用的直流电流表或电压表的连接需参考变频器的说明书。需要说明的是，对于模拟量的输入（出）线，应采用屏蔽线。

4）实验时只需要按照实验指导书的内容，将相关的接线柱用连接导线连接即可。

附录 B　三菱 FR-A700 变频器简介

日本三菱变频器是在我国应用得较多的变频器之一，其特点是：功能设置齐全，编码方式简单明了，较易掌握。新系列的主要产品有：FR-A700、FR-A500 系列等。

一、三菱 FR-A700 变频器端子图

三菱 FR-A700 变频器端子图如图 B-1 所示。

二、三菱 FR-A700 变频器端子说明

（一）三菱 FR-A700 主回路端子说明

端子记号	端子名称	说　明
R、S、T	交流电源输入	连接工频电源
U、V、W	变频器输出	接三相笼型异步电动机
R1、S1	控制回路电源	与交流电源端子 R、S 连接
P、PR	连接制动电阻器	在 P、PR 之间连接选件制动电阻器
P、N	连接制动单元	连接制动单元
P、P1	连接改善功率因数的 DC 电抗器	连接选件改善功率因数用电抗器
PR、PX	连接内部制动回路	用短路片将 PX、PR 间短路时（出厂设定），内部制动回路便生效（7.5K 以下装有）
○	接地	变频器外壳接地用，必须接大地

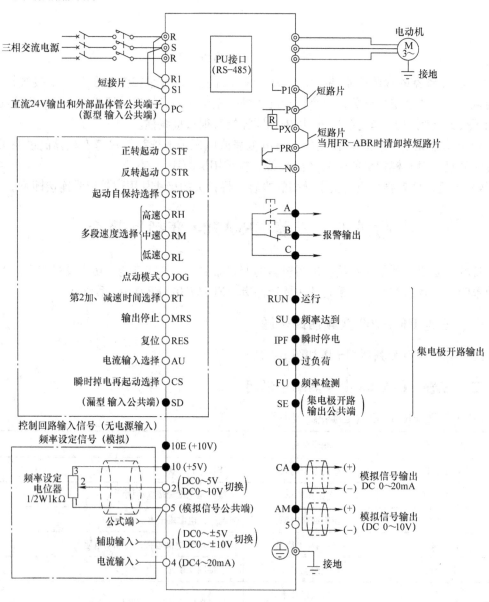

◎ 主回路端子
○ 控制回路输入端子
● 控制回路输出端子

图 B-1　三菱 FR-A700 变频器端子图

（二）三菱 FR-A700 控制回路端子说明

类型		端子记号	端子名称	说 明	
输入信号	开关量输入	STF	正转起动	STF 处于 ON 便正转，处于 OFF 便停止。程序运行模式时为程序运行开始信号（ON 开始，OFF 停止）	STF、STR 同时为 ON，电动机停止
		STR	反转起动	STR 信号 ON 为逆转，OFF 为停止	
		STOP	起动自保持选择	使 STOP 信号处于 ON，可以选择起动信号自保持	
		RH、RM、RL	多段速度选择	用 RH、RM 和 RL 信号的组合可以选择多段速度	输入端子功能选择（P.180～P.186）用于改变端子功能
		JOG	点动模式选择	JOG 信号 ON 时选择点动运行	
		RT	第 2 加、减速时间选择	RT 信号处于 ON 时，选择第二功能	
		AU	电流输入选择	AU 信号处于 ON 时，变频器可用直流 4～20mA 作为频率设定信号	
		CS	瞬时掉电再起动选择	CS 信号预先处于 ON，瞬时掉电再恢复时变频器可自动起动	
		MRS	输出停止	MRS 信号为 ON（20ms 以上）时，变频器输出停止	
		RES	复位	用于解除保护回路动作的保持状态，使变频器复位	
		SD	输入公共端（漏型）	接点输入端子和 FM 端子的公共端。当某开关量端子与 SD 接通时，该开关量为 ON	
	模拟信号频率设定	10E	频率设定用电源	DC10V，容许负荷电流为 10mA	
		10		DC5V，容许负荷电流为 10mA	
		2	频率设定（电压）	输入 DC0～5V（或 DC0～10V）时，5V（DC10V）对应于最大输出频率	
		4	频率设定（电流）	DC4～20mA，20mA 为最大输出频率。只有在端子 AU 信号为 ON 时，该输入信号有效	
		5	频率设定公共端	频率设定信号（端子 2、1 或 4）和模拟输出端子 AU 的公共端子。请不要接大地	
输出信号	接点	1	辅助频率设定	输入 DC0～±5V 或 DC0～±10V 时，端子 2 或 4 的频率设定信号与这个信号相加	输出端子功能选择（P.190～P.195）用于改变端子功能
		A、B、C	报警输出	异常时：B-C 间不通（A-C 间通）正常时：B-C 间通（A-C 间不通）	
	集电极开路	RUN	变频器正在运行	变频器正常运行时为低电平	
		SU	频率达到	输出频率达到给定频率的 ±10% 时为低电平	
		OL	过负荷报警	失速保护功能动作时为低电平	
		IPF	瞬时停电	瞬时停电，欠电压保护动作时为低电平	
		FU	频率检测	输出频率为设定的检测频率以上时为低电平	
		SE	集电极开路输出公共端	端子 RUN、SU、OL、IPF、FU 的公共端	

三、三菱 FR-A700 变频器主要功能说明

（一）型号规格

型号 FR-A700-□K	1.5	2.2	3.7	5.5	7.5	11	15	18.5	22	30	37	45	55
配用电动机容量/kW	1.5	2.2	3.7	5.5	7.5	11	15	18.5	22	30	37	45	55
输出 额定容量/kVA	3	4.2	6.9	9.1	13	17.5	23.6	29	32.8	43.4	54	65	84
额定电流/A	4	6	9	12	17	23	31	38	43	57	71	86	110
过载能力	150% 60s, 200% 0.5s （反时限特性）											
电压	三相，380~480V 50/60Hz											
制动转矩 最大值/时间	100% 5s					20						
允许使用率	2%ED					连续						
输入 额定输入电压	三相，380~480V 50/60Hz											
电压波动范围	323~528V 50/60Hz											
频率波动范围	±5%											
变频器容量/kVA	4.5	5.5	9	12	17	20	28	34	41	52	66	80	100
保护结构（JEM 1030）	封闭型（IP20 NEMA1）									开放型（IP00）		
冷却方式	自冷	强制风冷										
大约重量/kg	3.5	3.5	3.5	6.0	6.0	13.0	13.0	13.0	13.0	24.0	35.0	35.0	36.0

（二）常用功能表

功能	参数	名　称	设定范围	最小设定单位	初始值
基本功能	◎0	转矩提升	0~30%	0.1%	6/4/3/2/1%
	◎1	上限频率	0~120Hz	0.01Hz	120/60Hz
	◎2	下限频率	0~120Hz	0.01Hz	0Hz
	◎3	基准频率	0~400Hz	0.01Hz	50Hz
	◎4	多段速设定（高速）	0~400Hz	0.01Hz	50Hz
	◎5	多段速设定（中速）	0~400Hz	0.01Hz	30Hz
	◎6	多段速设定（低速）	0~400Hz	0.01Hz	10Hz
	◎7	加速时间	0~3600/360s	0.1/0.01s	5/15s
	◎8	减速时间	0~3600/360s	0.1/0.01s	5/15s
	◎9	电子过电流保护	0~500/0~3600A	0.01/0.1A	额定电流
直流制动	10	直流制动动作频率	0~120Hz, 9999	0.01Hz	3Hz
	11	直流制动动作时间	0~10s, 8888	0.1s	0.5s
	12	直流制动动作电压	0~30%	0.1%	4/2/1%
—	13	起动频率	0~60Hz	0.01Hz	0.5Hz
—	14	适用负载选择	0~5	1	0

（续）

功能	参数	名　称	设定范围	最小设定单位	初始值
JOG选择	15	点动频率	0 ~ 400Hz	0.01Hz	5Hz
	16	点动加减速时间	0 ~ 3600/360s	0.1/0.01s	0.5s
—	17	MRS输入选择	0, 2, 4	1	0
—	18	高速上限频率	120 ~ 400Hz	0.01Hz	120/60Hz
—	19	基准频率电压	0 ~ 1000V, 8888, 9999	0.1V	9999
加减速时间	20	加减速基准频率	1 ~ 400Hz	0.01Hz	50Hz
	21	加减速时间单位	0, 1	1	0
防止失速	22	失速防止动作水平（转矩限制水平）	0 ~ 400%	0.1%	150%
	23	倍速时失速防止动作水平补偿系数	0 ~ 200%, 9999	0.1%	9999
多段速度设定	24 ~ 27	多段速设定（4速 ~ 7速）	0 ~ 400Hz, 9999	0.01Hz	9999
—	28	多段速输入补偿选择	0, 1	1	0
—	29	加减速曲线选择	0 ~ 5	1	0
—	30	再生制动功能选择	0, 1, 2, 10, 11, 12, 20, 21	1	0
频率跳变	31	频率跳变1A	0 ~ 400Hz, 9999	0.01Hz	9999
	32	频率跳变1B	0 ~ 400Hz, 9999	0.01Hz	9999
	33	频率跳变2A	0 ~ 400Hz, 9999	0.01Hz	9999
	34	频率跳变2B	0 ~ 400Hz, 9999	0.01Hz	9999
	35	频率跳变3A	0 ~ 400Hz, 9999	0.01Hz	9999
	36	频率跳变3B	0 ~ 400Hz, 9999	0.01Hz	9999
—	37	转速显示	0, 1 ~ 9998	1	0
频率检测	41	频率到达动作范围	0 ~ 100%	0.1%	10%
	42	输出频率检测	0 ~ 400Hz	0.01Hz	6Hz
	43	反转时输出频率检测	0 ~ 400Hz, 9999	0.01Hz	9999
第2功能	44	第2加减速时间	0 ~ 3600/360s	0.1/0.01s	5s
	45	第2减速时间	0 ~ 3600/360s, 9999	0.1/0.01s	9999
	46	第2转矩提升	0 ~ 30%, 9999	0.1%	9999
	47	第2V/F（基准频率）	0 ~ 400Hz, 9999	0.01Hz	9999
	48	第2失速防止动作水平	0 ~ 220%	0.1%	150%
	49	第2失速防止动作频率	0 ~ 400Hz, 9999	0.01Hz	0Hz
	50	第2输出频率检测	0 ~ 400Hz	0.01Hz	30Hz
	51	第2电子过电流保护	0 ~ 500A, 9999/ 0 ~ 3600A, 9999	0.01/0.1A	9999

（续）

功能	参数	名 称	设定范围	最小设定单位	初始值
监视器功能	52	DU/PU 主显示数据选择	0, 5~14, 17~20, 22~25, 32~35, 50~57, 100	1	0
	54	CA 端子功能选择	1~3, 5~14, 17, 18, 21, 24, 32~34, 50, 52, 53	1	1
	55	频率监视基准	0~400Hz	0.01Hz	50Hz
	56	电流监视基准	0~500/0~3600A	0.01/0.1A	变频器额定电流
再试	57	再起动自由运行时间	0, 0.1~5s, 9999/ 0, 0.1~30s, 9999	0.1s	9999
	58	再起动上升时间	0~60s	0.1s	1s
—	59	遥控功能选择	0, 1, 2, 3	1	0
—	60	节能控制选择	0, 4	1	0
自动加减速	61	基准电流	0~500A, 9999/ 0~3600A, 9999	0.01/0.1A	9999
	62	加速时基准值	0~220%, 9999	0.1%	9999
	63	减速时基准值	0~220%, 9999	0.1%	9999
	64	升降机模式起动频率	0~10Hz, 9999	0.01Hz	9999
—	65	再试选择	0~5	1	0
—	66	失速防止动作水平降低开始频率	0~400Hz	0.01Hz	50Hz
再试	67	报警发生时再试次数	0~10, 101~110	1	0
	68	再试等待时间	0~10s	0.1s	1s
	69	再试次数显示和消除	0	1	0
—	70	特殊再生制动使用率	0~30%/0~10%	0.1%	0%
—	71	适用电动机	0~8, 13~18, 20, 23, 24, 30, 33, 34, 40, 43, 44, 50, 53, 54	1	0
—	72	PWM 频率选择	0~15/0~6, 25	1	2
—	73	模拟量输入选择	0~7, 10~17	1	1
—	74	输入滤波时间常数	0~8	1	1
—	75	复位选择/PU 脱离检测/PU 停止选择	0~3, 14~17	1	14
—	76	报警代码选择输出	0, 1, 2	1	0
—	77	参数写入选择	0, 1, 2	1	0
—	78	反转防止选择	0, 1, 2	1	0
—	◎79	运行模式选择	0, 1, 2, 3, 4, 6, 7	1	0

（续）

功能	参数	名　称	设定范围	最小设定单位	初始值
电动机常数	80	电动机容量	0.4~55kW, 9999/ 0~3600kW, 9999	0.01/ 0.1kW	9999
	81	电动机极数	2, 4, 6, 8, 10, 12, 14, 16, 18, 20, 112, 122, 9999	1	9999
	82	电动机励磁电流	0~500A, 9999/ 0~3600A, 9999	0.01/0.1A	9999
	83	电动机额定电压	0~1000V	0.1V	200/400V
	84	电动机额定频率	10~120Hz	0.01Hz	50Hz
	89	速度控制增益（磁通矢量）	0~200%, 9999	0.1%	9999
	90	电动机常数（R1）	0~50Ω, 9999/ 0~400mΩ, 9999	0.001Ω/ 0.01mΩ	9999
	91	电动机常数（R2）	0~50Ω, 9999/ 0~400mΩ, 9999	0.001Ω/ 0.01mΩ	9999
	92	电动机常数（L1）	0~50Ω（0~1000mH）, 9999/ 0~3600mΩ（0~400mH）, 9999	0.001Ω （0.1mH）/ 0.01mΩ （0.01mH）	9999
	93	电动机常数（L2）	0~50Ω（0~1000mH）, 9999/ 0~3600mΩ（0~400mH）, 9999	0.001Ω （0.1mH）/ 0.01mΩ （0.01mH）	9999
	94	电动机常数（X）	0~500Ω（0~100%）, 9999/ 0~100Ω（0~100%）, 9999	0.01Ω （0.1%）/ 0.01Ω （0.01%）	9999
	95	在线自动调谐选择	0~2	1	0
	96	自动调谐设定/状态	0, 1, 101	1	0
PU接口通信	117	PU 通信站号	0~31	1	0
	118	PU 通信速率	48, 96, 192, 384	1	192
	119	PU 通信停止位长	0, 1, 10, 11	1	1
	120	PU 通信奇偶校验	0, 1, 2,	1	2
	121	PU 通信再试次数	0~10, 9999	1	1
	122	PU 通信校验时间间隔	0, 0.1~999, 8s, 9999	0.1s	9999
	123	PU 通信等待时间设定	0~150ms, 9999	1	9999
	124	PU 通信有无 CR/LF 选择	0, 1, 2	1	1
—	◎125	端子 2 频率设定增益	0~400Hz	0.01Hz	50Hz
—	◎126	端子 4 频率设定增益	0~400Hz	0.01Hz	50Hz

（续）

功能	参数	名　称	设定范围	最小设定单位	初始值
PID运行	127	PID 控制自动切换频率	0~400Hz, 9999	0.01Hz	9999
	128	PID 动作选择	10, 11, 20, 21, 50, 51, 60, 61	1	10
	129	PID 比例带	0.1~1000%, 9999	0.1%	100%
	130	PID 积分时间	0.1~3600s, 9999	0.1s	1s
	131	PID 上限	0~100%, 9999	0.1%	9999
	132	PID 下限	0~100%, 9999	0.1%	9999
	133	PID 动作目标值	0~100%, 9999	0.01%	9999
	134	PID 微分时间	0.01~10.00s, 9999	0.01s	9999
第2功能	135	工频电源切换输出端子选择	0, 1	1	0
	136	MC 切换互锁时间	0~100s	0.1s	1s
	137	起动等待时间	0~100s	0.1s	0.5s
	138	异常时工频切换选择	0, 1	1	0
	139	变频-工频自动切换频率	0~60Hz, 9999	0.01Hz	9999
—	154	失速防止动作中的电压降低选择	0, 1	1	1
—	155	RT 信号执行条件选择	0, 10	1	0
—	156	失速防止动作选择	0~31, 100, 101	1	0
—	157	OL 信号输出延时	0~25s, 9999	0.1s	0s
—	158	AM 端子功能选择	1~3, 5~14, 17, 18, 21, 24, 32~34, 50, 52, 53	1	1
—	159	变频-工频自动切换范围	0~10Hz, 9999	0.01Hz	9999
—	◎160	用户参数组读取选择	0, 1, 9999	1	0
输入端子的功能分配	178	STF 端子功能选择	0~20, 22~28, 37, 42~44, 60, 62, 64~71, 9999	1	60
	179	STR 端子功能选择	0~20, 22~28, 37, 42~44, 61, 62, 64~71, 9999	1	61
	180	RL 端子功能选择	0~20, 22~28, 37, 42~44, 62, 64~71, 9999　参见 P236	1	0
	181	RM 端子功能选择		1	1
	182	RH 端子功能选择		1	2
	183	RT 端子功能选择		1	3
	184	AU 端子功能选择	0~20, 22~28, 37, 42~44, 62~71, 9999	1	4
	185	JOG 端子功能选择	0~20, 22~28, 37, 42~44, 62, 64~71, 9999	1	5
	186	CS 端子功能选择		1	6
	187	MRS 端子功能选择		1	24
	188	STOP 端子功能选择		1	25
	189	RES 端子功能选择		1	62

（续）

功能	参数	名　　　称	设定范围	最小设定单位	初始值
输出端子的功能分配	190	RUN 端子功能选择	0～8，10～20，25～28，30～36，39，41～47，64，70，84，85，90～99，100～108，110～116，120，125～128，130～136，139，141～147，164，170，184，185，190～199，9999 参见 P236	1	0
	191	SU 端子功能选择		1	1
	192	IPF 端子功能选择		1	2
	193	OL 端子功能选择		1	3
	194	FU 端子功能选择		1	4
	195	ABC1 端子功能选择	0～8，10～20，25～28，30～36，41～47，64，70，84，85，90，91，94～99，100～108，110～116，120，125～128，130～136，139，141～147，164，170，184，185，190，191，194～199，9999	1	99
	196	ABC2 端子功能选择		1	9999
多段速度设定	232～239	多段速设定（8 速～15 速）	0～400Hz，9999	0.01Hz	9999
校正参数	C0（900）	CA 端子校正	—	—	—
	C1（901）	AM 端子校正	—	—	—
	C2（902）	端子 2 频率设定偏置频率	0～400Hz	0.01Hz	0Hz
	C3（902）	端子 2 频率设定偏置	0～300%	0.1%	0%
	125（903）	端子 2 频率设定增益频率	0～400Hz	0.01Hz	50Hz
	C4（903）	端子 2 频率设定增益	0～300%	0.1%	100%
	C5（904）	端子 4 频率设定偏置频率	0～400Hz	0.01Hz	0Hz
	C6（904）	端子 4 频率设定偏置	0～300%	0.1%	20%
	126（905）	端子 4 频率设定增益频率	0～400Hz	0.01Hz	50Hz
	C7（905）	端子 4 频率设定增益	0～300%	0.1%	100%
模拟输出电流校正	C8（930）	电流输出偏置信号	0～100%	0.1%	0%
	C9（930）	电流输出偏置电流	0～100%	0.1%	0%

（续）

功能	参数	名　称	设定范围	最小设定单位	初始值
模拟输出电流校正	C10 (931)	电流输出增益信号	0 ~ 100%	0.1%	100%
	C11 (931)	电流输出增益电流	0 ~ 100%	0.1%	100%
校正参数	C12 (917)	端子1偏置频率（速度）	0 ~ 400Hz	0.01Hz	0Hz
	C13 (917)	端子1偏置（速度）	0 ~ 300%	0.1%	0%
	C14 (918)	端子1增益频率（速度）	0 ~ 400Hz	0.01Hz	50Hz
	C15 (918)	端子1增益（速度）	0 ~ 300%	0.1%	100%
	C16 (919)	端子1偏置指令（转矩/磁通）	0 ~ 400%	0.1%	0%
	C17 (919)	端子1偏置（转矩/磁通）	0 ~ 300%	0.1%	0%
	C18 (920)	端子1增益指令（转矩/磁通）	0 ~ 400%	0.1%	150%
	C19 (920)	端子1增益（转矩/磁通）	0 ~ 300%	0.1%	100%
	C38 (932)	端子4偏置指令（转矩/磁通）	0 ~ 400%	0.1%	0%

对端子功能的重新定义说明如下：

1）输入端子有其固功能，如想改变其功能，可给 P. 180 ~ P. 189 重新赋值。

输入端子新名称：RL，RH，RT，AU，JOG，CS，OH，REX，X14

设定值：0，2，3，4，5，6，7，8，14。

例：将 RT 端子设置为 OH 端子，应预置 P. 183 = 7。

2）输出端子有其固功能，如想改变其功能，可给 P. 190 ~ P. 196 重新赋值。

输出端子新名称：SU，IPF，OL，FU，FU2，FU3，KA1，KA2，KA3

设定值：1，2，3，4，5，6，17，18，19

例：将 IPF 端子定义为 KA1，应预置 P. 192 = 17。

（三）三菱 FR - A700 变频器常用功能详注

1. 监视器显示和监视器输出信号

1）转速显示和极数设定（P. 37，P. 144，P. 505）。

参数号	名称	初始值	设定范围	内　容
37	转速显示	0	0	频率显示，设定
			1~9998	设定 P.505 时的机械速度
144	速度设定转换	4	0，2，4，6，8，10，102，104，106，108，110	对于电动机转速显示设定电动机的极数
505	速度设定基准	50Hz	1~120	设定 P.37 基准速度

注：对 P.37，P.144，P.505 的说明：

1）显示机械速度时，在 P.37 中设定以 P.505 中设定的频率运行时的机械速度。

例如，设定 P.505 = "60Hz"，P.37 = "1000"时，运行频率为 60Hz 时的运行速度监视器显示为"1000"。运行频率为 30Hz 时，显示为"500"。

2）显示电动机旋转速度时，在 P.144 中设定电动机极数（2，4，6，8，10，12），电动机极数 + 100（102，104，106，108，110，112）。

2）监视器内容一览（P.52，P.158，P.54）。

监视器的种类	单位	P.52 参数设定值		P.54(CA) P.158(AM) 设定值	端子 CA，AM 满刻度值	内　容
		DU LED	PU 主监视器			
输出频率	0.01Hz	0/100		1	P.55	显示变频器输出频率
输出电流	0.01A/ 0.1A	0/100		2	P.56	显示变频器输出电流有效值
输出电压	0.1V	0/100		3	800V	显示变频器输出电压
异常显示	—	0/100		×	—	分别显示过去 8 次异常历史
频率设定值	0.01Hz	5	*1	5	P.55	显示设定的频率
运行速度	1(r/min)	6	*1	6	将 P.55 转换为 P.37 的值之后的值	显示电动机转速（基于 P.37，P.144 的设定）
电动机转矩	0.1%	7	*1	7	P.866	以电动机额定转矩为 100%，按百分比显示电动机转矩（V/F 控制时为 0% 显示）
直流侧电压	0.1V	8	*1	8	800V	显示直流母线电压值
再生制动使用率	0.1%	9	*1	9	P.70	在 P.30，P.70 中设定制动使用率
电子过电流负载率	0.1%	10	*1	10	100%	过电流动作水平作为 100% 显示电动机过电流的累计值
输出电流峰值	0.01A/ 0.1A	11	*1	11	P.56	保持显示输出电流监视器的峰值（每次启动时清除）
直流侧电压峰值	0.1V	12	*1	12	800V	保持显示直流母线电压值的峰值（每次启动时清除）
输入功率	0.01kW/ 0.1kW	13	*1	13	变频器的额定容量×2	显示变频器输入端的功率

（续）

监视器的种类	单位	P.52 参数设定值		P.54(CA) P.158(AM) 设定值	端子 CA，AM 满刻度值	内　容
		DU LED	PU 主监视器			
输出功率	0.01kW/ 0.1kW	14	*1	14	变频器的额定容量×2	显示变频器输出端的功率
负载表	0.1%	17		17	100%	P.56 设定值为 100% 以百分比显示转矩电流
电机励磁电流	0.01A/ 0.1A	18		18	P.56	显示电动机的励磁电流值
累计通电时间	1h	20		×	—	累计显示变频器输出后的通电时间 监视器值超过 65535h 次数时可以在 P.563 中确认
基准电压输出	—	—		21		端子 CA： P.291=0，1 时，输出 1440 脉冲/s P.291≠0，1 时，输出 50k 脉冲/s 端子 AM：输出 10V
电动机负载率	0.1%	24		24	200%	变频器额定电流值作为 100% 以百分比显示输出电流值 监视器值=输出电流监视器值/ 变频器额定电流×100[%]
累计电量	0.01kW/ 0.1kW	25		×	—	以输出电力监视器为基础累计显示电量，能够通过 P.170 清除

注：对 P.52，P.54，P.158 的说明：

在 P.52DU/PU 主显示数据选择中设定操作面板（FR-DU07），参数单元（FR-PU04-CH）所显示的监视器。

在 P.54CA 端子功能选择中设定输出至端子 CA（脉冲列输出）的监视器。

在 P.158AM 端子功能选择中设定输出至端子 AM（模拟输出（0~DC10V 电压输出））的监视器。

请参见上表，设定所显示的监视器。（带"×"标记的监视器不能选择）

2. 遥控功能（P.59）

参数号	名　称	初始值	设定范围	内　容	
				RH，RM，RL 信号功能	频率设定记忆功能
59	遥控功能选择	0	0	多段速度设定	—
			1	遥控设定	有
			2	遥控设定	无
			3	遥控设定	无 （通过 STF/STR-OFF，清除遥控设定频率）

遥控功能（P.59）可以用图 B-2 表示。

3. 自锁功能（STF、STR、STOP）

三菱的自锁功能也叫三线式控制，其接线图及波形图如图 B-3 和图 B-4 所示。

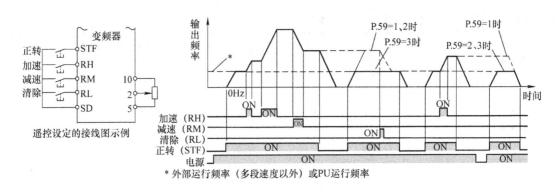

* 外部运行频率（多段速度以外）或 PU 运行频率

图 B-2　遥控功能（P.59）示例

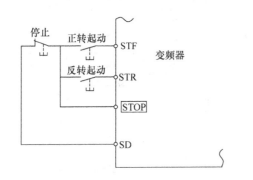

图 B-3　三菱的自锁功能接线图

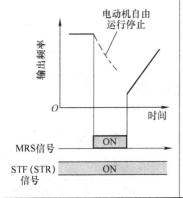

图 B-4　三菱的自锁功能波形图

4. 变频器封锁输出

参数号	名　称	初始值	设定范围	内　容
17	MRS 输入选择	0	0	常开输入
			2	常闭输入（b 接点输入规格）
			4	外部端子：常闭输入（b 接点输入规格） 通信：常开输入
MRS 运行图			对运行图说明	

输出断路信号（端子 MRS）

如果变频器运行中输出断路信号（MRS）变为 ON，将在瞬间使输出停止。

5. 模拟量输入选择

模拟量输入选择通过设定 P.73 实现（显示主速设定）。

P.73 设定值	端子2输入	端子1输入	端子4输入	P.73 设定值	补偿输入端子和补偿方法	极性可逆
0	0～10V	0～±10V		0		
1（初始值）	0～5V	0～±10V		1（初始值）	端子1 叠加补偿	否（显示无法接受负极性的频率指令信号的状态）
2	0～10V	0～±5V		2		
3	0～5V	0～±5V		3		
4	0～10V	0～±10V		4	端子2 比例补偿	
5	0～5V	0～±5V		5		
6	4～20mA	0～±10V	AU信号 OFF 时 ×	6		
7	4～20mA	0～±5V		7		
10	0～10V	0～±10V		10	端子1 叠加补偿	是
11	0～5V	0～±10V		11		
12	0～10V	0～±5V		12		
13	0～5V	0～±5V		13		
14	0～10V	0～±10V		14	端子2 比例补偿	
15	0～5V	0～±5V		15		
16	4～20mA	0～±10V		16	端子1 叠加补偿	
17	4～20mA	0～±5V		17		

极性可逆时的运行图	极性可逆时的说明
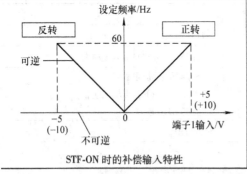 STF-ON 时的补偿输入特性	通过模拟输入正反转（极性可逆运行） · 在 P.73 设定"10～17"后，极性可逆运行有效。 · 通过在端子1±输入（0～±5V 或者 0～±10V），能够通过极性正反转运行。

6. 频率设定电压（电流）的偏置和增益

参数号	名称	初始值	设定范围		内容
125	端子2频率设定增益频率	50Hz	0～400Hz		设定端子2输入增益（最大）的频率
126	端子4频率设定增益频率	50Hz	0～400Hz		设定端子4输入增益（最大）的频率
241	模拟输入显示单位切换	0	0	百分比显示	选择模拟输入显示的单位
			1	V/mA 显示	
C2（902）	端子2频率设定偏置频率	0Hz	0～400Hz		设定端子2输入的偏置频率
C3（902）	端子2频率设定偏置	0%	0～300%		设定端子2输入的偏置电压（电流）的百分比换算值

（续）

参数号	名　　称	初始值	设定范围	内　　容
C4(903)	端子2频率设定增益	100%	0～300%	设定端子2输入的增益电压（电流）的百分比换算值
C5(904)	端子4频率设定偏置频率	0Hz	0～400Hz	设定端子4输入的偏置频率
C6(904)	端子4频率设定偏置	20%	0～300%	设定端子4输入的偏置电流（电压）的百分比换算值
C7(905)	端子4频率设定增益	100%	0～300%	设定端子4输入的增益电流（电压）的百分比换算值

7. 输出频率的检测

参数号	名　　称	初始值	设定范围	内　　容
41	频率到达动作范围	10%	0～100%	设定SU信号置于ON的电平
42	输出频率检测	6Hz	0～400Hz	设定FU(FB)信号置于ON的频率
43	反转时输出频率检测	9999	0～400Hz	设定反转时FU(FB)信号置于ON的频率
			9999	P.42设定值相同
50	第2输出频率检测	30Hz	0～400Hz	设定FU2(FB2)信号置于ON的频率
116	第3输出频率检测	50Hz	0～400Hz	设定FU3(FB3)信号置于ON的频率
865	低速度检测	1.5Hz	0～400Hz	设定LS信号为ON时的频率

图解频率到达工作范围	对频率到达工作范围的解释
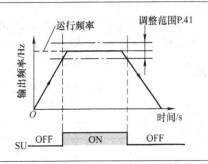	输出频率到达工作范围（SU信号，P.41） ·输出频率到达运行频率时，输出频率到达信号（SU）。 ·设定频率为100%，P.41能够在1%～±100%的范围内调整。

图解输出频率检测

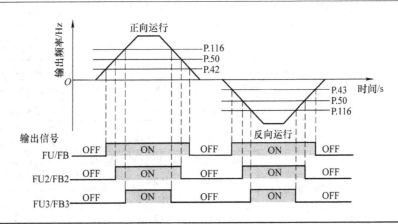

8. PID 控制

监视器的种类	单位	P.52 参数设定值		P.54(CA) P.158(AM) 设定值	端子 CA,AM 满刻度值	内 容
		DU LED	PU 主监视器			
PID 目标值	0.1%	52		52	100%	显示 PID 控制时的目标值、测量值、偏差
PID 测量值	0.1%	53		53	100%	
PID 偏差	0.1%	54		×	—	

参数号	名 称	初始值	设定范围		内 容	
128	PID 动作选择	10	10	PID 负作用	偏差量信号输入(端子1)	
			11	PID 正作用		
			20	PID 负作用	测定值(端子4)	
			21	PID 正作用	目标值(端子2 或 P.133)	
129	PID 比例带	100%	0.1~1000%	如果比例常数范围较窄(参数设定值较小),反馈量的微小变化会引起执行量的很大改变。因此随着比例范围变窄,响应的灵敏性(增益)得到改善,但稳定性变差,例如:发生振荡 增益 K_p =1/比例常数		
			9999	无比例控制		
130	PID 积分时间	1s	0.1~3600s	在偏差步进输入时,仅在积分(I)动作中得到与比例(P)动作相同的操作量所需要的时间(T_i)。随着积分时间的减少,到达设定值就越快,但也容易发生振荡		
			9999	无积分控制		
131	PID 上限	9999	0~100%	设定上限。如果反馈量超过此设定,就输出 FUP 信号。测定值(端子4)的最大输入(20mA/5V/10V)等于100%		
			9999	功能无效		
132	PID 下限	9999	0~100%	设定下限。如果检测值超过此设定,就输出 FDN 信号。测定值(端子4)的最大输入(20mA/5V/10V)等于100%		
			9999	功能无效		

信号		使用端子	功 能	内 容	参数设定
输入	X14	通过 P.178~P.189	PID 控制选择	进行 PID 控制时将 X14 置于 ON	P.178~P.189 中的任意一个设定 14
	2	2	目标值输入	PID 控制的目标值由端子输入	P.128=20,21 P.133=9999
				0~5V...0~100%	P.73=1,3,5,11,13,15
				0~10V...0~100%	P.73=0,2,4,10,12,14
				4~20mA...0~100%	P.73=6,7
	PU	—	目标值输入	PID 控制的目标值由面板输入	P.128=20,21 P.133=0~100%
	4	4	测量值输入	输入检测器发出的信号(测量值信号)	P.128=20,21
				4~20mA...0~100%	P.267=0
				0~5V...0~100%	P.267=1
				0~10V...0~100%	P.267=2

附录 C　森兰变频器简介

森兰变频器是国产变频器中应用得比较普遍的变频器之一，它采用了一些较有独创性的技术，如拟超导技术等。主要产品有：BT40 系列通用型变频器，BT12S 系列水泵、风机专用变频器，以及 SB60G 系列"全能王"变频器等。

一、森兰 SB60G 系列变频器端子图

森兰 SB60G 系列变频器端子图如图 C-1 所示。

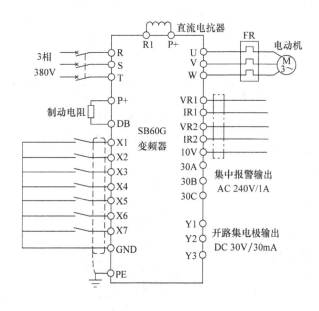

图 C-1　森兰 SB60G 系列变频器端子图

二、森兰 SB60G 系列变频器控制回路端子说明

端子名称	功　　　　能
输入端子 X1 ~ X7	开关量输入端子。用编程的方法可将 X1 ~ X7 端子定义为各种功能。相关功能码为 F500 ~ F506
输出端子 Y1、Y2、Y3	开路集电极输出，端子可承受 DC 30V/30mA 电流，相关功能码为 F508、F509、F510
外控模拟信号端子 VR1、IR1、VR2、IR2	相关功能码为 F001、F002、F003、功能组 F3 和 F8
故障输出端子 30A、30B、30C	变频器故障时，常开触点 30A、30B 闭合，常闭触点 30A、30C 断开。端子可承受 AC240V/1A 或者 DC30V/1A 电流，相关功能码为 F507

三、森兰 SB60G 系列变频器主要功能说明

（一）型号规格

SB60G		0.75	1.5	2.2	4.0	5.5	7.5	11
配用电动机容量/kW		0.75	1.5	2.2	4.0	5.5	7.5	11
输出	额定容量/kVA	1.6	2.4	3.6	6.4	8.5	12	16
	额定电流/A	2.5	3.7	5.5	9.7	13	18	24
	电压/V	0 ~ 380						
	频率/Hz	0 ~ 400						
过载能力		150%，1min						
输入电源		3 相 380V 50/60Hz						
冷却方式		强制风冷						
防护等级		IP20						

（二）常用功能表

分类	功能码	功能名称	设定范围	更改	出厂值
基本功能	F000	频率给定	0.10 ~ 400.0Hz	○	50
	F001	频率给定方式	0：主给定与辅助给定	×	0
			5：上位机给定		
	F002	主给定信号	0：F000	×	0
			1：面板电位器		
			2：电压输入端 VR1		
	F003	辅助给定信号	0：电压输入端 VR1	×	0
			1：电流输入端 IR1		
	F004	运行指令	0：面板控制	×	0
			1：外控端子控制		
	F007	电动机停机方式	0：减速停机	○	0
			1：自由制动		
	F008	最高频率	50.00 ~ 400.0Hz	×	50
	F009	加速时间	0.1 ~ 3600s	○	10
	F010	减速时间	0.1 ~ 3600s	○	10
	F011	电子热保护功能	0：无效	○	0
			1：电子热保护不动作，过载预报动作		
	F013	电动机控制模式	0：U/f 开环控制	×	0
			1：U/f 闭环控制		
			2：无反馈矢量控制		
			3：PG 反馈矢量控制		
U/f 控制功能	F100	U/f 曲线模式	0：电压/频率比呈线性	×	0
			1：电压/频率比为任意值		
	F101	基本频率	10.00 ~ 400.0Hz	×	50
	F102	最大输出电压	220 ~ 380V	×	380V

（续）

分类	功能码	功能名称	设定范围	更改	出厂值
U/f 控制功能	F103	转矩补偿	0 ~ 50	×	10
	F104	U/f_1 频率	0.00，5.0 ~ 400.0Hz	×	8
	/	U/f_1 电压	0 ~ 380V		
	F113	/	/	×	9
		U/f_5 频率	0.00，5.0 ~ 400.0Hz	×	40
		U/f_5 电压	0 ~ 380V	×	246
	F114	转差补偿	0.00 ~ 10.00Hz	○	0
	F115	自动节能模式	0：自动节能模式无效	×	0
			1：自动节能模式有效		
	F116	瞬停再起动	0：瞬停再起动无效	×	0
			1：再起动时频率从 0 开始		
	F119	过电流自处理功能	0：过电流自处理功能无效	×	1
			1：过电流自处理功能有效		
	F120	过电流限值	20% ~ 150%	×	110
矢量控制功能	F200	电动机参数测试	0：电动机参数自动测试无效	×	0
			1：电动机参数自动测试有效		
	F201	电动机额定频率	20.0 ~ 400Hz	×	50
	F202	电动机额定转速	500 ~ 24000r/min	×	1440
	F203	电动机额定电压	220 ~ 380V	×	380
	F204	电动机额定电流		×	I_{MN}
	F205	电动机空载电流		×	I_{MO}
	F206	电动机常数 R	1 ~ 5000	×	2000
	F207	电动机常数 X	1 ~ 5000	×	1000
	F208	电动机转矩	20 ~ 200	○	100
	F209	制动转矩	0 ~ 150	○	100
模拟给定功能	F300	主给定为 0 时的模拟量	0.00 ~ 10.00	×	0
	F301	主给定为 100% 时的模拟量	0.00 ~ 10.00	×	10
	F302	主给定为 0 时的频率	0.00 ~ 400.0Hz	×	0
	F305	辅助给定为 0 时的模拟量	0.00 ~ 10.00	×	5
	F306	辅助给定增益	0.00 ~ 100.0	×	0
	F307	辅助给定极性	0：正极性	×	0
			1：负极性		
辅助功能	F403	直流制动起始频率	0.00 ~ 60.00Hz	○	5
	F407	载波设定	0 ~ 7	×	0
	F410	欠电压保护值	350 ~ 450V	○	400
	F412	自动稳压（AVR）	0：自动稳压无效	×	1
			1：自动稳压有效		

（续）

分类	功能码	功能名称	设定范围	更改	出厂值
辅助功能	F413	升、降速方式	0：线性升、降速	×	0
			1：S形升、降速		
	F414	S曲线选择	0～4	×	0
	F415	冷却风扇控制	0：自动运转	○	0
			1：一直运转		
端子功能	F500	X1功能选择	0：多段频率端子1　　1：多段频率端子2		
			2：多段频率端子3　　3：多段频率端子4		
	F501	X2功能选择	4：加、减速时间　　7：外部故障常开输入		
	F502	X3功能选择	8：外部故障常闭输入　9：外部复位输入		
	F503	X4功能选择	10：外部点动输入　　11：程序运行优先输入		
	F504	X5功能选择	12：程序运行暂停输入　13：正转输入（FWD）		
	F505	X6功能选择	14：反转输入（REV）15：脉冲输入（EF）		
	F506	X7功能选择			
	F507	继电器输出端子	0：运行中　1：停止中　2：频率到达		
	F508	Y1输出端子	4：过载预报　5：外部报警　6：面板操作		
	F509	Y2输出端子	8：程序运行中　　9：程序运行		
	F510	Y3输出端子	16：Y1—输出电流模拟　Y2—输出电流模拟量		
	F511	外部磁抱闸选择	0：禁止外部磁抱闸选择	×	0
			1：允许外部磁抱闸选择		
	F512	外部磁抱闸延时	0.0～20.0s	×	1
辅助频率功能	F600	起动频率	0.10～50.00Hz	○	1
	F601	起动频率持续时间	0.0～20.0s	○	0.5
	F602	停止频率	0.10～50.00Hz	○	2
	F604	点动频率	0.10～400Hz	○	5
	F605	点动加速时间	0.1～600.0s	○	0.5
	F606	点动减速时间	0.1～600.0s	○	0.5
	F607	上限频率	0.50～400.0Hz	○	50
	F608	下限频率	0.10～400.0Hz	○	0.5
	F609	回避频率1	0.00～400.0Hz	○	0
	F610	回避频率2	0.00～400.0Hz	○	0
	F616	回避频率3	0.00～400.0Hz	○	0
	F617	回避频率宽度	0.00～10.0Hz	○	0.5
	F618	多段频率1	0.10～400.0Hz	○	2
	/	/			
	F630	多段频率15		○	60

（续）

分类	功能码	功能名称	设定范围	更改	出厂值
简易PLC功能	F700	程序运行	0：程序运行无效	×	0
			3：循环程序运行		
	F701	程序运行时间单位	0：1s　1：1min	×	0
	F703	程序运行时间1	0.0～3600s	○	1
	F704	运行方向及升降速1	01～18		
	/	/	/	○	1
	F731	程序运行时间15	01～18	○	13
	F732	运行方向及升降速15	0.0～3600s	○	8
过程PID控制功能	F800	过程PID控制	0：PID控制无效	×	0
			1：PID控制有效		
	F801	给定值1	0.0～100	○	50
	F814	比例增益	0.0～1000.0	○	1
	F815	积分时间	0.1～100.0s	○	1
	F816	微分时间	0.0～10.0s	○	0.5
	F817	微分增益	5.0～50.0	○	10
	F818	采样周期	0.01～10.00s	○	0.05
	F819	PID低通滤波器	0.00～2.00	○	0.1
	F820	偏差极限	0.1～20.0	○	0.5
	F821	PID关断频率	0：正常运行	○	1
			1：小于等于下限频率时停机		
	F822	反馈过高报警	100～150	○	120
	F823	反馈过低报警	10～120	○	80
	F824	电动机台数	0：一拖一　1：一拖二	×	0
	F825	换机延时时间	0.0～600.0s	○	30
	F826	切换互锁时间	0.1～20.0s	×	0.5
	F827	定时换机时间	0～1000h	○	120
	F828	休眠电动机设定	0：禁止休眠	×	0
			1：允许休眠		
	F829	休眠频率	20.00～50.00Hz	○	40
	F830	休眠时间	60.0～5400s	○	1800
	F831	休眠设定值	0.0～100.0	○	40

通信参数：F900～F904

显示功能：FA00～FA15

厂家保留功能：FB00～FB01

上位机显示参数：FC00～FC11

参 考 文 献

[1] 张燕宾 . 变频器应用教程［M］. 北京：机械工业出版社，2011.

[2] 刘美俊 . 变频器应用与维护技术［M］. 北京：中国电力出版社，2012.

[3] 广东容济自动化设备有限公司 . 变频器维修技术［M］. 广州：广东科技出版社，2010.